高等工科院校精品教材

塑 性 力 学

（第 2 版）

王春玲　张为民　主编

U0170138

中国建材工业出版社

图书在版编目（CIP）数据

塑性力学/王春玲，张为民主编 . -- 2 版 . --北京：
中国建材工业出版社，2020.2
ISBN 978-7-5160-2681-6

Ⅰ.①塑… Ⅱ.①王… ②张… Ⅲ.①塑性力学—高
等学校—教材 Ⅳ.①O334

中国版本图书馆 CIP 数据核字（2019）第 209135 号

塑性力学（第 2 版）

Suxing Lixue（Di-er Ban）

王春玲 张为民 主编

出版发行：中国建材工业出版社
地　　址：北京市海淀区三里河路 1 号
邮　　编：100044
经　　销：全国各地新华书店
印　　刷：北京鑫正大印刷有限公司
开　　本：787mm×1092mm 1/16
印　　张：12.75
字　　数：300 千字
版　　次：2020 年 2 月第 2 版
印　　次：2020 年 2 月第 1 次
定　　价：**49.80 元**

第 2 版前言

本书第 1 版自 2005 年出版以来，受到众多院校的欢迎，取得了较好的反响，现由于学科的发展、教学方式的转变、工程实践及科研的需要，教材也亟须与时俱进地进行修订和完善。

本书在保持第 1 版特色的基础上，吸取了国内外现有教材的优点，叙述深入浅出，易于理解。书中基本公式书写和推导力求简洁，而且为了便于记忆和适应不同读者的要求，部分公式给出了张量记法；示例分析紧贴实际，形象直观，便于提高读者学习兴趣。此外，为方便读者学习，书后附有每章习题的参考答案、直角坐标系中张量的概念、主要符号，同时增补了一些算例分析，丰富了岩土材料的屈服条件，细化了应力状态和应变分析理论。

本书主要内容包括绪论、单向应力状态下的弹塑性问题、应力状态和应变分析、屈服条件、塑性本构关系、弹塑性力学边值问题的简单实例、理想刚塑性材料的平面应变问题、极限分析原理、结构的塑性极限分析及有限单元法解弹塑性问题等。

本书可作为工程力学、工民建、桥梁、岩土、机械等专业高年级本科生及研究生教材，也可作为上述相关专业工程领域科技人员的学习和参考用书。

本书第 4、6、9 章由张为民编写，第 1、2、3、5、7、8 章由王春玲编写，附录及习题答案由孔旭光编写。

另外，本书的再版编写，是在我校教务处、研究生院、理学院力学系的多方面大力支持下完成的，在此 并致谢！

限于编者水平，书中难免存在一些不妥之处，诚恳欢迎读者批评指正！

编 者
2020 年 1 月

第 1 版前言

本书是在西安建筑科技大学多年一直使用的塑性力学讲稿及数年教学经验的基础上加以整理和补充而成的。在本书的编写过程中，吸收了国内现有教材的优点，同时突出了本书的特色。

为了兼顾工程力学专业高年级学生和工科研究生这两种不同对象的需要，本书在结构上采取由浅入深、先易后难的原则，除重点讲授塑性力学的基本概念、基本理论和基本方法，加强与土建工程相关的内容外，还针对工科学生数学起点低、力学概念差，增写了一些数学知识和力学概念，并补充了一些工程实例及塑性有限元知识。所以，本书也可作为工科有关专业高年级学生的选修课或工程技术人员的自学参考用书。

本书分 9 章：第 1 章　简单应力状态下的弹塑性问题；第 2 章　应力状态和应变分析；第 3 章　屈服条件；第 4 章　塑性本构关系；第 5 章　弹塑性力学边值问题的简单实例；第 6 章　理想刚塑性平面应变问题；第 7 章　极限分析原理；第 8 章　结构的塑性极限分析；第 9 章　有限单元法解弹塑性问题。书后附有习题参考答案、主要符号列表和参考文献。

由于各校塑性力学课程学时多少很不一致，在本书目录上有 * 号的内容可以删去不讲或留给学生自学。

本书第 6 章由张为民编写，第 1、2、4、9 章由刘彤编写，其余 4 章由王春玲编写。全书的编写工作由王春玲负责，书稿由未寅审阅。

衷心感谢黄义教授对本书提出的宝贵修改意见和建议。另外，在教材的编写过程中，还得到了我校研究生处、教材科、力学教研室的多方面支持，在此一并致谢！

限于编者水平，书中肯定存在一些不妥之处，诚恳欢迎批评指正。

编　者
2004 年 12 月

目　　录

绪　　论

0.1　塑性变形及性质

我们将物体受到外部荷载作用时所产生的形状和大小的改变称为变形或形变，通常外部荷载作用包括机械外力、温度、电磁力等各种物理因素。如果将引起变形的外部作用荷载取消后，物体能够完全恢复到原来的形状和大小，这种变形称为**弹性变形**。在弹性变形的范围内，如图 0-1（a）所示，其应力-应变曲线往返的路径是一致的。但是当应力超过某一个限度（通常把它称为弹性极限）以后，即使将力去掉也不能恢复原形，其中有一部分变形被保留下来，如图 0-1（b）所示。在力去掉以后能立即消失的这部分变形（CE）是弹性变形，除此以外被保留下来的部分（OC）称为非弹性变形。在非弹性变形当中，有一部分（DC）会随时间而慢慢消失，这种现象称为弹性后效，最后不能消失的部分（OD）称为永久变形。在一定的应力之下，永久变形随时间而徐缓增加的现象称为蠕变（弹性后效和蠕变现象是由于材料的黏性而引起的）。这种和时间有关的永久变形称为流态变形，而和时间无关，只和应力有关的永久变形就是**塑性变形**。物体整个变形过程可以分成由两个不同的阶段组成，即**弹性变形阶段**和**塑性变形阶段**。

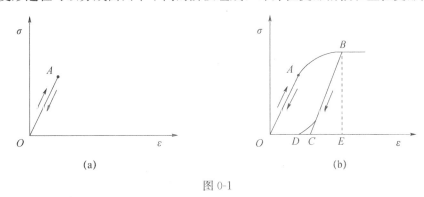

图 0-1

一般在常温的情况下，对硬金属材料来说，流态变形与塑性变形相比是非常小的，因此，就把非弹性变形作为塑性变形来理解〔即认为图 0-1（b）上 D 点和 C 点重合〕。但对常温下的软金属材料以及高温下的金属材料，这种和时间有关的变形是不能忽略的。

材料产生这种永久变形的能力是它的另一个重要的力学性质，就是材料的塑性性质。

在本书中将不考虑那些应变过程中与时间有关系的变形现象，如蠕变、松弛（是指物体在变形保持一定时，其内部应力随时间增长而减小的现象）、黏性等。

将只产生弹性变形的物体称为**弹性体**，弹性体内的应力与变形始终保持——对应的单值关系（在大多数情况下或工程实际中通常都近似地按线性关系来处理）。绝大多数由工程材料制成的工程结构，在一定荷载范围内，都可以看成是弹性体。弹性体在几何上既可以是杆状结构（一维），也可以是板壳结构（二维）或者块体结构（三维）。弹性力学的主要任务是研究弹性体受外部荷载作用时其内部所产生的应力和变形规律。在弹性力学问题中，外部荷载在其作用位置处的变形上所做的功将转换为变形能储存在弹性体内，当外部荷载取消时，变形能将全部释放。因此，弹性变形是一个没有能量消耗的**可逆过程**。

当物体进入塑性变形阶段以后，物体内的应力与变形之间不再是原来的——对应的单值关系，而是与加载历史有关（大多数情况下两者是非线性关系）。从物理关系上来看，塑性变形属于不可逆过程，必然伴随着能量的消耗，因此塑性变形过程比弹性变形过程要复杂得多。我们把研究物体处于塑性变形阶段的应力与变形规律的学科，称为**塑性力学**。

0.2 塑性力学的任务

塑性力学就是研究物体发生塑性变形时应力和变形分布规律的学科，它作为固体力学中的一个重要分支，和固体力学其他分支一样，所研究的问题一般大致可以分为两个方面：一是根据试验观察所得结果为出发点，建立塑性状态下变形的基本规律，即本构关系，以及有关的基本理论；二是应用这些关系和理论求解具体问题。塑性力学求解的工程问题又可分为两类：一类是出于机械加工工艺的需要，希望材料发生永久变形，以得到一定形状的零件，如金属压延、拉拔等。这类问题的塑性变形较大，需要研究最为有利的加载方式，以便最好地发挥材料塑性变形的特性，使其变形均匀且不发生破坏以及如何施加的力最小或消耗的能量最少等。另一类即求物体在荷载等外界因素的作用下应力和变形的分布，包括研究在加载过程中，物体内各处的应力及变形，以及确定物体内已进入塑性状态的范围。工程结构在受载过程中，由于应力分布的不均匀性，虽然局部区域的应力已超过弹性极限，产生了一定的塑性变形，但整个结构仍具有承载能力。这类问题需要探讨如何充分利用材料的潜力，以求最大限度地提高结构的承载能力。

塑性力学和弹性力学有着密切的关系。弹性力学中的某些基本假设以及关于应力、应变的分析等，这些和材料物性无关的基本概念和基本假设都可以在塑性力学中得到应用。塑性力学也采用连续介质力学的宏观研究方法，从材料的宏观塑性行为中抽象出力学模型，建立相应的数学方程来予以描述。因此，应力平衡方程和应变位移间的几何关系，它们对弹性力学和塑性力学都一样。弹塑性的差别主要表现在应力与应变间的物理关系，即所谓的本构关系上。塑性力学中没有一个像广义胡克定律那样统一的应力-应变关系。其次，由于方程是非线性的，且变形与加载的历程有关，求解问题时不可避免地存在数学上的困难。还有，在求解问题时，物体的弹性区和塑性区往往是共存的，需要决定两个区域的分界面及形状，并满足分界面上应力与变形的连续条件，从而又增加了解题的困难。所以塑性力学首先要解决的问题是在试验资料的基础上确定塑性本构关系，加上平衡和几何的考虑，进而建立弹塑性边值问题；然后，根据不同的具体情况，寻求数学计算方法求解弹塑性边值问题。

塑性力学是结构极限设计、金属压力加工、高温蠕变、爆炸力学、断裂力学以及弹塑性有限元等课程必不可少的基础。本课程着重讨论金属材料的塑性性能，不考虑时间、加载速度等因素对材料力学性质的影响，所得结果可部分地应用于解决土壤、岩石、高分子化合物等的力学问题。

0.3　塑性力学的研究方法和体系

在研究塑性力学时通常将其分成两部分，即基本理论部分和问题求解部分。

0.3.1　基本理论部分

将物体视为由无数个质点组成，质点之间是连续的，没有任何空隙，这就是所谓的连续性假设，即假设物体是连续介质。组成连续介质的每个质点从宏观尺度上看是无限小，在数学推导中可当作无限小的几何点处理，就可以使用连续函数、微分运算等数学工具。

使用包含物质点的微六面体，考虑微六面体的平衡，可得出一组应力平衡微分方程，但未知应力数总是超出微分方程数，因此塑性力学问题总是超静定的，必须考虑变形条件。由于物体在变形后仍保持连续，那么每个微六面体之间的变形还必须是协调的，这样可得到一组表示变形连续性的微分方程，同时还需要考虑应力与变形之间的关系，因为应力与变形之间的关系不仅取决于材料性质，还与加载历史或加载过程有关，故称为本构关系，描述本构关系的方程称为本构方程。

总之，塑性力学从三个方面着手——静力学平衡、变形协调、本构关系，建立塑性力学的三大基本方程：①描述物体平衡状态的平衡方程；②描述物体位移与应变关系的几何方程；③刻画物体应力与变形及加载历史的本构方程。前两类方程与材料性质无关，因此是普遍适用的，也就是说既适用于弹性力学也适用于塑性力学。塑性力学与弹性力学的主要区别在于第三类方程不同。建立弹性本构关系相对较简单，而建立塑性本构关系要复杂得多，这也就构成了塑性力学基本理论的主要内容。

0.3.2　问题求解部分

塑性力学问题求解最终归结为在给定边界条件下求解三大基本方程，或者采用等效的积分法进行求解。弹性问题，由于其基本方程是偏微分方程，在数学上求解尚有一定的难度，只有少数一些简单问题可以求出精确的解析解。大多数工程实践中的弹性问题，通常采用数值解法获得其近似解。数值方法主要有差分法、有限元法、边界元法和加权参数法等，其中有限元法则在所有数值方法中应用最多也最广泛。塑性力学问题，由于塑性本构关系具有非线性和非单值——对应（取决于加载历史）等特点，因此塑性力学问题比起弹性问题要复杂得多，更难求出精确的解析解。只有在一些几何形体简单、边界条件简单和塑性本构方程大大简化的极少数情况下，可以用解析法求出解析解。如桁架问题、梁的弯曲问题及理想刚塑性平面应变问题等。绝大多数工程实际问题，都采用数值方法（非线性有限元方法）进行求解。

0.4　塑性力学的基本假设

　　为了数学上处理问题方便，我们将塑性力学研究对象的物理几何性质进行了抽象，提出如下假设作为研究的前提：

　　(1) 连续性。物体由无数个互相连续的物质点组成，是一种完全密实的连续介质，没有任何空隙，且它在整个变形过程中始终保持连续性不变。这样物体内的应力、变形和位移等物理量是连续的，可由坐标的连续函数来表示。

　　(2) 均匀性。物体中不同点处的塑性性质相同，这样表征塑性性质的材料常数不随空间坐标而变化。

　　(3) 各向同性。物体在同一点处所有各个方向上的力学性质都相同，与考察的方向无关。绝大多数的金属（晶体）材料在宏观上都是各向同性的。例如钢材是一种晶体材料，它由微小的晶粒组成，每个晶粒内部的分子、原子按照一定的方向排列，因而是各向异性的，但材料质点中包含许多排列方向各不相同的晶粒，就统计平均行为而言，可以认为钢材是各向同性的，但木材、复合材料等必须考虑其各向异性。

　　(4) 小变形。物体的变形相对物体的结构尺寸非常小，称之为小变形，否则称之为大变形或有限变形。对于小变形的情况，在研究物体受荷载作用后的平衡状态时，可以不考虑物体尺寸的改变；在研究物体的变形时，可以略去变形的乘积项，从而应变与位移导数之间的几何关系是线性的，这种线性称之为几何线性。

　　(5) 与时间的关系。在建立塑性本构关系时，忽略时间因素的影响，即不考虑应变率的影响，忽略蠕变和松弛效应。这个假设在应变率不大、温度不高和时间不太长的情况下是适用的。有了这个假设，在分析塑性力学问题时，物体内每一点的应力、变形与外荷载之间总是按照某一关系（与时间无关）同步地从初始状态变化到最终状态。

　　(6) 材料的弹性性质不受塑性变形的影响。

　　(7) 平均正应力（静水压力）不影响材料的屈服，它只与材料体积应变有关，并且体积变化是弹性的。这是根据著名的 Bridgman 试验结果作出的假设，详见 1.1.3。对多数金属来说，这个结论是比较符合的，但对于软金属、矿物以及岩土等材料，静水压力的影响较为显著，不能忽略，将放弃这一假设。

思　考　题

　　1. 弹性力学与塑性力学的本质区别是什么？
　　2. 弹性力学与塑性力学在哪些方面有相同之处？

第1章 单向应力状态下的弹塑性问题

1.1 金属材料的基本试验

在建立塑性理论和进行结构弹塑性分析之前，必须着重研究材料在塑性阶段的力学性质和变形规律。由单向拉伸（或压缩）和薄壁筒扭转试验所得到的应力-应变曲线是塑性理论最基本的试验资料。由于扭转试验所得的曲线与拉伸曲线近似，而拉伸试验又容易实现，在此仅介绍单向拉伸（或压缩）的某些试验结果，此外，还将介绍与塑性理论密切相关的静水压力试验。

1.1.1 单向拉伸试验

一般来说，当物体承受外力时，应力和应变在物体内随着点的位置坐标而变化，但是一点的应力和应变又不好测量，因此需要找一个应力和应变都均匀的状态来测量。单向拉伸或单向压缩试验就能近似地做到这一点。

这类试验通常在常温、准静态加载的试验条件下进行，试件如图 1-1 所示。在材料试验机上进行单向拉伸（或单向压缩），便可得到荷载-轴向伸长（或缩短）的关系，从而得出材料的应力-应变关系。在荷载 P 作用下，试件的初始长度 l_0 和初始横截面面积 A_0 将分别变为 l 和 A。假定试件中部的应力和变形都是均匀的，故可定义名义应力 $\sigma = P/A_0$ 和名义应变 $\varepsilon = (l-l_0)/l_0$。图 1-2（a）、（b）分别显示了铝和低碳钢两种材料典型的拉伸试验曲线。

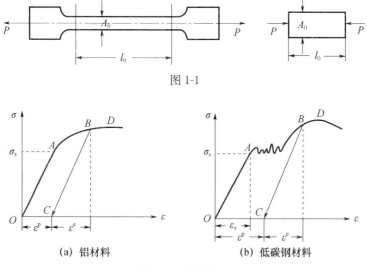

图 1-1

图 1-2 拉伸试验

在拉伸的初始阶段，材料的应力与应变成正比，服从胡克（Hooke）定律（其中 E 为弹性模量）：

$$\sigma = E\varepsilon \tag{1-1}$$

在图 1-2 上表现为一段直线。在到达**比例极限**之后，直线开始弯曲，直到**弹性极限**。在弹性极限之前，如果卸去荷载，而使应力下降到零，则应变也沿原来曲线下降到零，变形将完全恢复，这是弹性的基本特征。当超过弹性极限后，如果卸除荷载，虽然应力降到零，应变却不为零，残留的这部分应变称为塑性应变 ε^p，此时，试件内仍保留一部分变形，通常称之为永久变形或塑性变形。可见弹性与塑性的根本区别不在于应力-应变关系是否线性，而在于卸载后变形是否可恢复。

有些材料在达到弹性极限之后，还将出现一个应力保持基本不变而应变显著增加的阶段，这个阶段称为材料的屈服阶段，这种现象称为材料的**屈服**。低碳钢等金属材料的屈服阶段很长，其应变可以达到最大弹性应变的 10～15 倍。对于很多材料，其比例极限值、弹性极限值、屈服极限值三者相差不大，通常在工程上可不加区分，我们以后将用 σ_s 表示屈服极限，也称为**屈服应力**。

铝、铜和某些高强度合金钢没有明显的屈服阶段，因此，工程上通常采取产生 0.2% 的塑性应变相对应的应力作为**条件屈服应力**，并以 $\sigma_{0.2}$ 表示，又称**名义屈服应力**，如图 1-3（a）所示；也可以将拉伸曲线中割线模量为 $0.7E$ 处的应力定义为条件屈服应力，如图 1-3（b）所示。后一种定义方法比前一种更简单，对于一般钢材，两种方法确定的条件屈服应力值近似相等。

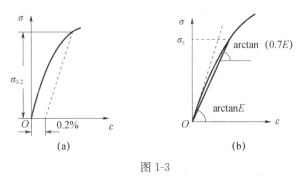

图 1-3

经过屈服阶段后，材料又恢复了抵御变形的能力，必须增加荷载才能继续产生变形，这种现象称为材料的**强化**（或硬化）。与弹性阶段相比，材料要产生相同的应变增量，所需的应力增量要小得多，而且随着变形的增加而逐渐减小，即所谓**渐减强化**，在 σ-ε 图上表现为一段斜率渐减的曲线，其斜率 E_t 称为材料的**切线模量**。

在材料产生了一定的塑性变形以后，如果减小荷载，其应力-应变关系将不再按原有的曲线退回原点，而是沿着一条与初始弹性阶段相平行的直线变化（斜率为 E）。当荷载完全卸掉之后，应变的弹性部分

$$\varepsilon^e = \sigma/E \tag{1-2}$$

就会恢复，而塑性应变 ε^e 将会残存下来。从图 1-2 可以看出，应变可以分解为弹性应变和塑性应变两部分，即

$$\varepsilon = \varepsilon^e + \varepsilon^p \tag{1-3}$$

式中，ε^e 已由式（1-2）同应力 σ 联系起来，故有

$$\varepsilon^p = \varepsilon - \frac{\sigma}{E} \tag{1-4}$$

在**加载**和**卸载**过程中，应力和应变服从不同的规律，是材料在塑性阶段的一个重要特点。判别材料是加载还是卸载的准则，称之为**加载、卸载准则**。在单向应力状态下，该准则可写成

$$\begin{cases} \sigma d\sigma \geqslant 0 & \text{加载} \\ \sigma d\sigma < 0 & \text{卸载} \end{cases} \tag{1-5}$$

此式也适用于 $\sigma < 0$ 的压缩情形。有了这一准则，我们可以把单向拉伸在塑性阶段的应力-应变关系归纳为

$$\begin{cases} d\sigma = E_t d\varepsilon & \sigma d\sigma \geqslant 0 \\ d\sigma = E d\varepsilon & \sigma d\sigma < 0 \end{cases} \tag{1-6}$$

需要注意的是，这时一般只能写出增量形式的应力-应变关系。

若从图 1-2（b）中的 B 点卸载到 C 点，再从 C 点重新加载，开始时应力和应变仍服从弹性规律 $d\sigma = E d\varepsilon$，到 B 点后才会重新进入塑性状态。与 B 点相应的应力叫**后继屈服应力**。由于前面已经提到的材料的强化，后继屈服应力通常比初始屈服应力值高，其提高的程度与塑性变形的历史有关，或者说与塑性阶段的加载历史有关。因此后继屈服应力可写成下述函数形式

$$\sigma = H(\varepsilon^p) \tag{1-7}$$

或

$$\varphi(\sigma, h_a) = 0 \tag{1-8}$$

式中，h_a 是记录材料的塑性加载历史的参数；φ 被称为加载函数。

通常后继屈服应力的提高是有限度的。图 1-2（b）中的曲线的最高点（D 点）所对应的应力 σ_b，称为材料的**强度极限**，它是材料所能承受的最大应力值。

1.1.2　包辛格效应

如果从试件的自然状态起，一开始就反向加载，在应变不太大的范围内，材料一般呈现与正向加载同样的性质。但如果正向加载在塑性变形发展到一定程度之后卸载，例如从图 1-4 上的 B 点开始卸载，然后反向加载，会出现什么现象呢？对于单晶体材料所做的试验表明，在这种情况下反向屈服应力的绝对值要大于初始屈服应力 σ_s，即正向强化时反向也强化，见图 1-4 中的 B'' 点。对于一般材料，在这种情况下，反向屈服应力的绝对值小于初始屈服应力 σ_s，即正向强化时反向会弱化，见图 1-4 中的 B' 点。这种现象称为**包辛格**（Bauschinger）**效应**，它使具有强化性质的材料由于塑性变形的增加，屈服应力在一个方向上提高，同时在反方向上降低，材料具有了各向异性性质。在求解问题时，为了简化，通常忽略这一效应，但有反方向塑性变形的问题须考虑包辛格效应。后继屈服应力不仅与所经过的

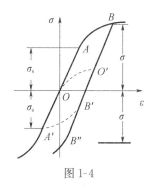

图 1-4

塑性变形的大小有密切关系，还受到它所经历的塑性变形的加载方向的影响。

由上述试验现象，我们看到材料的塑性变形有以下几个共同的特点：

（1）应力-应变关系呈非线性。σ 与 ε 之间的线性关系式（1-1）是有适用范围的。

（2）由于加载过程和卸载过程应力-应变服从不同的规律，应力与应变之间不存在单值对应关系。对于不同的加载路径，同一个应力 σ 可对应于不同的应变 ε，或同一个应变 ε 可对应于不同的应力 σ。应力的大小不仅与当时的应变大小有关，还与应变发展的历史有关。所以说，应力与应变之间的**非单值性**是一种**路径有关性**。

（3）由于塑性应变不可恢复，所以外力所做的塑性功具有不可逆性，或者叫耗散性。在一个加载-卸载的应力循环中，外力做功恒大于零，这一部分能量被材料的塑性变形所消耗。

1.1.3 静水压力试验

在各向均匀高压的条件下，人们对金属材料进行了大量试验研究，主要结论为：

（1）静水压力对材料屈服极限的影响忽略不计。

对钢试件做静水压力拉伸和无静水压力拉伸的对比试验发现，静水压力对屈服极限影响很小，可以忽略不计，即材料的塑性变形与静水压力无关。但对于铸铁、岩石、土壤等材料，静水压力对屈服极限和塑性变形的大小都有显著影响，不能忽略。

（2）静水压力与材料的体积改变近似地服从线性弹性规律。

试验时，若卸除静水压力，材料体积变化可以恢复，没有残留的体积变形，因而可以认为各向均压时体积变化是弹性的，或者说，塑性变形不引起体积变化。当压力约为金属的屈服极限时，材料的体积变形与按弹性规律计算的结果相差约为 1%，可以忽略不计，完全可以按弹性规律计算。试验还表明，这种弹性的体积变形是很小的。例如弹簧钢在 10000 个大气压下体积仅缩小 2.2%。因此，对于一般应力状态下的金属材料，当发生较大的塑性变形时，可以忽略弹性的体积变化，而认为材料在塑性状态时的体积是不可压缩的，即体积不变仅改变形状。

基于上述试验结论，我们提出"平均正应力（静水压力）不影响材料的屈服，它只与材料体积应变有关，并且体积应变是弹性的"这一假设。

另外温度和应变速率对材料的性质有如下影响：

温度升高将使屈服应力 σ_s 降低，而塑性变形的能力（韧性）提高。在高温条件下，材料会产生蠕变、应力松弛等具有明显黏性效应的现象。通常，塑性力学不考虑这种与时间有关的塑性变形。

如果在试验中将加载速度提高几个数量级，则屈服应力 σ_s 也会相应提高，但材料的塑性变形能力有所下降。对于一般加载速度的情形，可以不考虑这一效应。对于冲击碰撞或爆炸加载条件下材料性能的改变，就需要考虑应变速率效应对材料性质的影响，这个问题通常在塑性动力学中专门研究。

1.2 应力-应变关系的简化模型

将具体材料的单向拉伸（或压缩）试验曲线直接用于实际计算，往往是不方便的。因此，人们通常根据不同的问题，对不同材料在不同的条件下进行不同的简化，从而得到基本上能反映该材料的力学性质而又便于数学计算的简化模型。最常用的模型有以下四种。

1.2.1 理想弹塑性模型

在这种模型中，认为材料中应力达到屈服极限以前，应力-应变服从线弹性关系；应力一旦达到屈服极限，则应力保持为常数 σ_s（图 1-5），即

$$\sigma = \begin{cases} E\varepsilon & (\varepsilon \leqslant \varepsilon_s) \\ \sigma_s & (\varepsilon > \varepsilon_s) \end{cases} \tag{1-9}$$

对于低碳钢一类材料，σ-ε 曲线有一较长的水平屈服阶段，当所研究问题应变不太大时，可以不必考虑后面的强化阶段，而采用理想弹塑性模型比较合适。

1.2.2 理想刚塑性模型

该材料模型略去理想弹塑性模型的线弹性部分，在应力达到屈服极限 σ_s 前材料为刚性的，而应力达到 σ_s 后材料为理想塑性的（图 1-6），即

$$\varepsilon = \begin{cases} 0 & (\sigma < \sigma_s) \\ 不定 & (\sigma = \sigma_s) \end{cases} \tag{1-10}$$

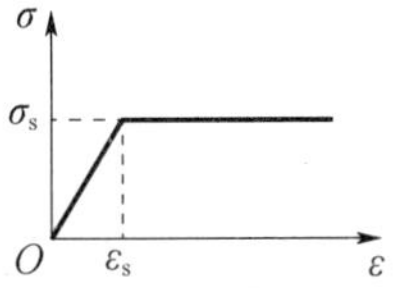

图 1-5 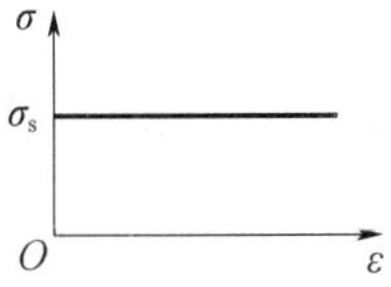   图 1-6

比较图 1-5 与图 1-6，可以看出理想刚塑性模型可以被看成理想弹塑性模型的一种特殊情况，即 $E \to \infty$ 而已。

在弹性应变比塑性应变小得多以至可以忽略时，如进行结构塑性极限分析，则采用理想刚塑性模型。

1.2.3 线性强化弹塑性模型

对于一般合金钢、铝合金等强化材料，可以用两段折线近似实际的拉伸曲线。如图 1-7 所示。当应力达到屈服极限 σ_s 前，应力-应变关系呈线弹性关系，应力超过 σ_s，则为线性强化关系，即

$$\sigma = \begin{cases} E\varepsilon & (\varepsilon \leqslant \varepsilon_s) \\ \sigma_s + E_1(\varepsilon - \varepsilon_s) & (\varepsilon > \varepsilon_s) \end{cases} \tag{1-11}$$

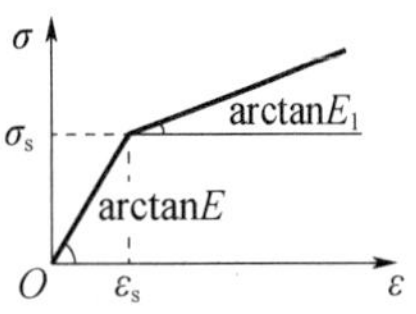

图 1-7

式中，E_1 为强化阶段直线斜率。

当 $E_1 = 0$ 时即为理想弹塑性模型。

1.2.4 线性强化刚塑性模型

该模型忽略了线性强化弹塑性模型中的线弹性部分，即在应力达到 σ_s 前材料为刚

性的，应力超过 σ_s 后应力-应变关系呈线性强化（图 1-8），即

$$\varepsilon=\begin{cases} 0 & (\sigma\leqslant\sigma_s) \\ \dfrac{1}{E_1}(\sigma-\sigma_s) & (\sigma>\sigma_s) \end{cases} \tag{1-12}$$

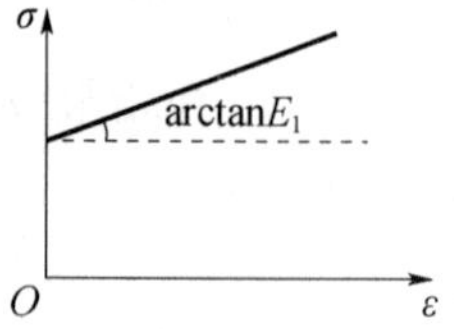

以上仅对拉伸应力状态进行了讨论，其关系同样适用于压缩应力状态。

除以上四种简化模型外，还有一种在数学上统一处理弹塑性的**幂次强化模型**，在单向拉伸情形下其应力-应变关系为

$$\sigma=A\varepsilon^n \tag{1-13}$$

更一般地可写成

$$\sigma=A\,|\,\varepsilon\,|^{\,n}\mathrm{sign}\varepsilon \tag{1-14}$$

而

$$\mathrm{sign}\varepsilon=\begin{cases} 1, & \text{当}\ \varepsilon>0 \\ 0, & \text{当}\ \varepsilon=0 \\ -1, & \text{当}\ \varepsilon<0 \end{cases}$$

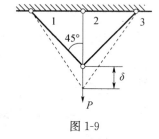

图 1-8

式中，A 和 n 均为材料常数，$A>0$，$0\leqslant n\leqslant1$。当取 $n=0$ 时，相当于理想刚塑性材料，$n=1$ 时为线性弹性材料。当 $0<n<1$ 时，σ-ε 曲线在 $\varepsilon=0$ 处斜率为无穷大，与材料实际性能不符，但这样的 σ-ε 曲线用于处理应变较大的问题还是方便可行的。

1.3　理想弹塑性材料的三杆桁架

现在来研究图 1-9 所示的三杆对称桁架受竖直力 P 作用的问题。这是一个静不定桁架，三根杆件均只受轴向力的作用，处于单向拉伸或压缩状态。

设各杆的初始横截面面积均为 A_0，相邻杆间夹角为 $45°$，第 2 根杆的初始长度为 l_0，则第 1 和第 3 杆的长度均为 $\sqrt{2}\,l_0$。用 F_{N_1}、F_{N_2} 和 F_{N_3} 表示 1、2 和 3 杆所受的轴向拉力，则三杆交点的平衡方程为

$$\begin{cases} F_{N_1}=F_{N_3} \\ (F_{N_1}+F_{N_3})/\sqrt{2}+F_{N_2}=P \end{cases}$$

图 1-9

消去 F_{N_3}，并用 A_0 通除后，得到以应力表示的平衡方程

$$\sqrt{2}\sigma_1+\sigma_2=P/A_0 \tag{1-15}$$
$$\sigma_1=F_{N_1}/A_0 \quad \sigma_2=F_{N_2}/A_0$$

变形协调关系可由三杆交节点的竖向位移 δ 导出：

$$\delta=\varepsilon_2 l_0=\varepsilon_1 l_1\sqrt{2}=2\varepsilon_1 l_0$$

于是第 1 杆和第 2 杆的应变之间满足

$$\varepsilon_2=2\varepsilon_1 \tag{1-16}$$

平衡方程式（1-15）和变形协调关系式（1-16）均与材料的性能无关。

1.3.1 弹性阶段

弹性阶段的应力-应变关系为

$$\sigma_1 = E\varepsilon_1 \quad \sigma_2 = E\varepsilon_2 \tag{1-17}$$

联立式（1-15）、式（1-16）和式（1-17），求解得到

$$\sigma_2 = 2\sigma_1$$

且有

$$\begin{cases} \sigma_1 = \sigma_3 = \dfrac{1}{2+\sqrt{2}}\dfrac{P}{A_0} \\[3mm] \sigma_2 = \dfrac{2}{2+\sqrt{2}}\dfrac{P}{A_0} \end{cases} \tag{1-18}$$

当 P 增加时，第 2 杆首先屈服。$\sigma_2 = \sigma_s$ 对应的外载为

$$P_e = \sigma_s A_0 \left(1 + \frac{1}{\sqrt{2}}\right) \tag{1-19}$$

P_e 是该桁架处在弹性范围内所能承受的最大荷载，称为**弹性极限荷载**。在 P_e 的作用下，节点的竖直位移为

$$\delta_e = \varepsilon_2 l_0 = \frac{\sigma_2}{E} l_0 = \frac{\sigma_s}{E} l_0 \tag{1-20}$$

1.3.2 约束塑性变形阶段

当 $P > P_e$ 时，第 2 杆已产生塑性变形，但第 1 杆和第 3 杆仍处于弹性范围内，因此，第 2 杆的塑性变形要受到 1、3 杆的限制。结构的这种状态称为**约束塑性变形状态**。

由于材料是理想弹塑性的，进入塑性状态的第 2 杆内应力不再增加，即

$$\sigma_2 = \sigma_s$$

于是，由平衡方程式（1-15）直接解出：

$$\sigma_1 = \left(\frac{P}{A_0} - \sigma_s\right) \bigg/ \sqrt{2} \tag{1-21}$$

由此可以看出，当三杆桁架中的一杆进入塑性后，桁架就变成静定的了。

1.3.3 塑性流动阶段

继续增加荷载 P，使第 1 杆和第 3 杆达到屈服。在式（1-21）中，令 $\sigma_1 = \sigma_s$，得到相应的外载为

$$P_s = \sigma_s A_0 (1 + \sqrt{2}) \tag{1-22}$$

P_s 称为**塑性极限荷载**。由于此时全部结构都已进入塑性变形阶段，变形已不再受任何限制，结构将产生无限制的塑性变形或称**塑性流动**。因此，P_s 表示了**结构的极限承载能力**。

由上面的结果可知，对于夹角 45°的对称三杆桁架，有

$$P_s / P_e = \sqrt{2} \tag{1-23}$$

同时可求得

$$\delta_s = \varepsilon_2 l_0 = 2\varepsilon_1 l_0 = 2\sigma_1 l_0/E = 2\sigma_s l_0/E = 2\delta_e \tag{1-24}$$

桁架的荷载-位移曲线如图 1-10 所示。

由式（1-22）可以看出，P_s 与材料的 E 无关，因此，若采用理想刚塑性材料模型即 $E \to \infty$，求出的塑性极限荷载 P_s 还是一样的。

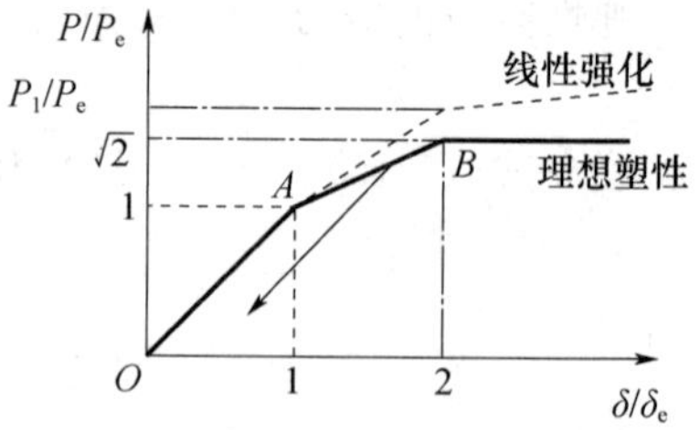

对于理想弹塑性材料构成的一般静不定结构，其变形过程都会出现上述三个阶段。在约束塑性阶段，变形比弹性阶段增长得快，但仍属同一量级，同时承载能力仍在提高。到了塑性流动阶段，结构丧失了进一步承载的能力，将在塑性极限荷载的作用下无限制地变形下去。这些结论都具有一定的普遍意义。

图 1-10

1.3.4 卸载

若加载到 P（$P_e < P < P_s$）后卸载，因卸载服从弹性规律，故应力按式（1-18）变化。利用式（1-19），当荷载变化为 ΔP 时，各杆内应力和应变相应的变化为

$$\begin{cases} \Delta\sigma_2 = \dfrac{2}{2+\sqrt{2}} \cdot \dfrac{\Delta P}{A_0} = \dfrac{\Delta P}{P_e}\sigma_s, \quad \Delta\sigma_1 = \Delta\sigma_3 = \dfrac{1}{2+\sqrt{2}} \cdot \dfrac{\Delta P}{A_0} = \dfrac{\Delta P}{2P_e}\sigma_s \\ \Delta\varepsilon_2 = \dfrac{\Delta\sigma_2}{E}, \quad \Delta\varepsilon_1 = \Delta\varepsilon_3 = \dfrac{\Delta\sigma_1}{E} \end{cases} \tag{1-25}$$

若将 P 全部卸除，则**残余应力**可由约束塑性阶段的应力值减去式（1-25）中以 P 代替 ΔP 所得的应力值得到，结果为

$$\begin{cases} \tilde{\sigma}_2 = \sigma_2 - \Delta\sigma_2 = \left(1 - \dfrac{P}{P_e}\right)\sigma_s < 0 \\ \tilde{\sigma}_1 = \sigma_1 - \Delta\sigma_1 = \tilde{\sigma}_3 = \left(\dfrac{P}{P_e} - 1\right)\sigma_s/\sqrt{2} > 0 \end{cases} \tag{1-26}$$

$\tilde{\sigma}_1$、$\tilde{\sigma}_2$、$\tilde{\sigma}_3$ 代表外载卸至零时构件内的残余应力，注意这个残余应力状态必须与零外载相平衡。

由此，可求得残余应变和残余位移：

$$\begin{cases} \tilde{\varepsilon}_1 = \varepsilon_1 - \Delta\varepsilon_1 = \tilde{\sigma}_1/E = \dfrac{1}{\sqrt{2}}\dfrac{\sigma_s}{E}\left(\dfrac{P}{P_e} - 1\right) > 0 \\ \tilde{\varepsilon}_2 = \varepsilon_2 - \Delta\varepsilon_2 = 2\tilde{\varepsilon}_1 > 0 \end{cases} \tag{1-27}$$

$$\tilde{\delta} = \tilde{\varepsilon}_2 l_0 = 2\tilde{\varepsilon}_1 l_0 = \sqrt{2}\dfrac{\sigma_s}{E}\left(\dfrac{P}{P_e} - 1\right)l_0 = \sqrt{2}\left(\dfrac{P}{P_e} - 1\right)\delta_e > 0 \tag{1-28}$$

注意这个残余应变状态自相协调。

对于单向拉伸试件，卸载后的残余应变是塑性应变；而对静不定结构，残余应变中可以含有弹性应变。在本例中，由于在 P（$P_e < P < P_s$）作用下第 1 杆和第 3 杆仍处于弹性范围内，所以第 1 杆和第 3 杆的残余应变 $\tilde{\varepsilon}_1 = \tilde{\varepsilon}_3$ 也是弹性应变。

1.3.5 重复加载

若在卸载以后再重复加载，从 P 卸载到零的过程是一个弹性变形过程，从零再加

载到 P 也是一个弹性过程。由于第 2 杆是从压应力 $\tilde{\sigma}_2$（<0）开始的，它的受拉弹性范围现在是 $|\tilde{\sigma}_2|+\sigma_s$，比第一次加载时的弹性范围 σ_s 扩大了，从而使得桁架结构的弹性范围也扩大了。如果将桁架加载到 P_s 后卸载，则以后的弹性范围最大可以扩大到 $\sqrt{2}\sigma_s$，用力表示弹性范围，最大可以扩大到 P_s。由此我们注意到，在结构内部产生某种有利的残余应力状态可以扩大它的弹性范围。结构的这种性质，我们常加以利用。

上述讨论的同材料强化后试件的弹性范围将会扩大，其表面上有相似之处，但本质上有所不同。因为我们讨论的材料是没有强化的理想弹塑性材料，卸载后重复加载扩大弹性范围所挖掘的是结构的承载潜力，而不是材料承载潜力。

1.4 线性强化弹塑性材料的三杆桁架

为了检验材料强化对结构弹塑性状态的影响，本节仍考虑图 1-9 所示的三杆桁架，但假设材料是线性强化材料，应力-应变关系为

$$\sigma=\begin{cases} E\varepsilon & (\sigma\leqslant\sigma_s) \\ \sigma_s+E_1\left(\varepsilon-\dfrac{\sigma_s}{E}\right) & (\sigma>\sigma_s) \end{cases} \tag{1-29}$$

当 $P\leqslant P_e$ 时，桁架处于弹性阶段，对弹性阶段的分析与 1.3 节相同，解式（1-18）仍成立，且弹性极限荷载 P_e 仍由式（1-19）给出。

但当 $P>P_e$ 后，第 2 杆进入塑性（强化）阶段，应力-应变应服从式（1-29）的第二式，即

$$\sigma_2=\sigma_s+E_1\left(\varepsilon_2-\dfrac{\sigma_s}{E}\right)$$

将上式与式（1-15）、式（1-16）及式（1-29）的第一式 $\sigma_1=E\varepsilon_1$ 联立，可以解得

$$\begin{cases} \sigma_1=\dfrac{\dfrac{P}{A_0}-\sigma_s\left(1-\dfrac{E_1}{E}\right)}{2\left(\dfrac{E_1}{E}+\dfrac{1}{\sqrt{2}}\right)} \\[4ex] \sigma_2=\dfrac{\dfrac{E_1}{E}\cdot\dfrac{P}{A_0}+\sigma_s\left(1-\dfrac{E_1}{E}\right)\Big/\sqrt{2}}{\dfrac{E_1}{E}+\dfrac{1}{\sqrt{2}}} \end{cases} \tag{1-30}$$

随着荷载的增加，当 $\sigma_1=\sigma_s$ 时，第 1 杆也进入塑性状态，以 P_1 表示相应的荷载，则由式（1-30）的第一式可得

$$P_1=\sigma_s A_0\left(\sqrt{2}+1+\dfrac{E_1}{E}\right) \tag{1-31}$$

与理想弹塑性材料的塑性极限荷载之比为

$$\dfrac{P_1}{P_s}=1+\dfrac{E_1}{E}\cdot\dfrac{1}{1+\sqrt{2}} \tag{1-32}$$

若 $\dfrac{E_1}{E}=\dfrac{1}{10}$（中等强化的情形），则 $\dfrac{P_1}{P_s}=1.041$。由此可见，考虑材料强化所得到的 P_1 与理想弹塑性桁架的塑性极限荷载 P_s 差别并不大，这说明理想弹塑性的近似还是比

较好的,强化对它的影响并不是很大。

但是,对于由强化材料制成的桁架,当各杆均进入塑性之后,应力仍随应变的增大而增大。因此,P_1 并不是桁架承载能力的极限。换句话说,由强化材料制成的结构,不会发生塑性流动,也不存在塑性极限荷载。

对线性强化材料,可求得相应于 P_e 的位移 $\delta_e = \sigma_s l_0 / E$,与式(1-20)相同;而对应于 P_1 的位移 $\delta_1 = \varepsilon_2 l_0 = 2\varepsilon_1 l_0 = 2\dfrac{\sigma_1}{E} l_0 = 2\dfrac{\sigma_s}{E} l_0 = 2\delta_e$,也与式(1-24)的 δ_s 相似。由此我们可以画出线性强化弹塑性材料的三杆桁架的荷载-位移曲线,如图 1-10 中的虚线所示。由图 1-10 可见,由强化材料制成的桁架也具有三个变形阶段:弹性阶段、约束塑性变形阶段、**自由塑性变形阶段**。第三阶段与理想弹塑性桁架不同。在约束塑性变形阶段,材料的强化效应不显著。在自由塑性变形阶段,随着变形的发展,强化的效应越来越大,但变形增加很快。

当桁架的材料为理想刚塑性和线性强化刚塑性时,桁架的荷载-位移关系可以分别由理想弹塑性解和线性强化解令 $E \to \infty$ 得到。

1.5 加载路径对桁架应力和应变的影响

同样以理想弹塑性材料的三杆桁架为例,桁架承受竖向力 P 和水平力 Q 的作用,如图 1-11(a)所示。A_0 和 l_0 分别为各杆的初始横截面面积及第 2 杆的初始长度,其三杆交点的竖向位移和水平位移分别以 δ_y 和 δ_x 来表示。

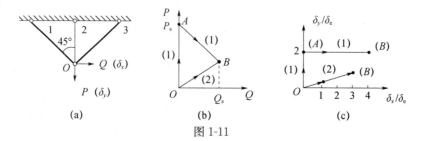

图 1-11

用 σ_1、σ_2 和 σ_3 表示第 1、第 2 和第 3 杆所受的轴向拉应力,此时的基本方程如下:
平衡方程为

$$\begin{cases} \sigma_2 + \dfrac{1}{\sqrt{2}}(\sigma_1 + \sigma_3) = \dfrac{P}{A_0} \\ \dfrac{1}{\sqrt{2}}(\sigma_1 - \sigma_3) = \dfrac{Q}{A_0} \end{cases} \tag{1-33}$$

几何方程为

$$\begin{cases} \varepsilon_1 = \dfrac{\delta_x}{2l_0} + \dfrac{\delta_y}{2l_0} \\ \varepsilon_2 = \dfrac{\delta_y}{l_0} \\ \varepsilon_3 = \dfrac{\delta_y}{2l_0} - \dfrac{\delta_x}{2l_0} \end{cases} \tag{1-34}$$

且

$$\varepsilon_2 = \varepsilon_1 + \varepsilon_3$$

应力-应变关系为

$$\sigma = \begin{cases} E\varepsilon & (\varepsilon \leqslant \varepsilon_s) \\ \sigma_s & (\varepsilon > \varepsilon_s) \end{cases} \tag{1-35}$$

为了方便讨论问题，将上述基本方程用其相应的增量表示，以 ΔP 和 ΔQ 表示 P 和 Q 的改变量，以 $\Delta\sigma_1$、$\Delta\sigma_2$、$\Delta\sigma_3$、$\Delta\varepsilon_1$、$\Delta\varepsilon_2$、$\Delta\varepsilon_3$、$\Delta\delta_x$、$\Delta\delta_y$ 分别表示应力、应变和节点位移的改变量，则：

平衡方程为

$$\begin{cases} \Delta\sigma_2 + \dfrac{1}{\sqrt{2}}(\Delta\sigma_1 + \Delta\sigma_3) = \dfrac{\Delta P}{A_0} \\ \dfrac{1}{\sqrt{2}}(\Delta\sigma_1 - \Delta\sigma_3) = \dfrac{\Delta Q}{A_0} \end{cases} \tag{1-36}$$

几何方程为

$$\begin{cases} \Delta\varepsilon_1 = \dfrac{\Delta\delta_x}{2l_0} + \dfrac{\Delta\delta_y}{2l_0} \\ \Delta\varepsilon_2 = \dfrac{\Delta\delta_y}{l_0} \\ \Delta\varepsilon_3 = \dfrac{\Delta\delta_y}{2l_0} - \dfrac{\Delta\delta_x}{2l_0} \\ \text{且有} \quad \Delta\varepsilon_2 = \Delta\varepsilon_1 + \Delta\varepsilon_3 \end{cases} \tag{1-37}$$

应力-应变关系为

$$\Delta\sigma = \begin{cases} E\Delta\varepsilon & (\varepsilon \leqslant \varepsilon_s) \\ 0 & (\varepsilon > \varepsilon_s) \end{cases} \tag{1-38}$$

我们将 P 和 Q 按不同的加载方案施加在桁架上，如图 1-11（b）所示，研究其对桁架内的应力和应变有什么影响。

1.5.1 第一种方案：非比例加载

对桁架先施加荷载 P，同时保持 $Q=0$，直至极限荷载 $P_s = \sigma_s A_0(1+\sqrt{2})$。如图 1-11（b）中的 OA 段所示。这时，杆内应力和节点位移分别由 1.3 节的式（1-24）给出：

$$\begin{cases} \sigma_1 = \sigma_2 = \sigma_3 = \sigma_s \\ \delta_y = \delta_s = 2\delta_e = 2\dfrac{\sigma_s}{E}l_0, \quad \delta_x = 0 \end{cases} \tag{1-39a}$$

然后，在保持节点竖向位移 δ_y 不变的情况下增加 Q，此时相应的 P 也将有所改变。此时节点位移增量为

$$\Delta\delta_y = 0 \quad \Delta\delta_x = \delta_x > 0$$

由增量形式的几何方程式（1-37）可知

$$\Delta\varepsilon_2 = 0 \quad \Delta\varepsilon_1 = \dfrac{\Delta\delta_x}{2l_0} > 0 \quad \Delta\varepsilon_3 = -\dfrac{\Delta\delta_x}{2l_0} < 0$$

这就是说，第 1 杆继续伸长，第 2 杆长度不变，不发生新的变形（在小变形假设下是如此），而第 3 杆发生卸载，于是

$$\begin{cases} \Delta\sigma_1=\Delta\sigma_2=0 \\ \Delta\sigma_3=E\Delta\varepsilon_3=-E\delta_x/2l_0<0 \end{cases} \tag{1-39b}$$

由增量形式的平衡方程式（1-36）可以求得

$$\begin{cases} \dfrac{\Delta P}{A_0}=\dfrac{\Delta\sigma_3}{\sqrt{2}}<0 \\ \dfrac{\Delta Q}{A_0}=-\dfrac{\Delta\sigma_3}{\sqrt{2}}>0 \end{cases} \tag{1-40}$$

显然有

$$\Delta P=-\Delta Q$$

这表明，要保持 δ_y 不变，Q 增加时 P 必须减小，如图 1-11（b）中的 AB 段所示。

当 $\Delta\sigma_3=-2\sigma_s$，使 $\sigma_3=-\sigma_s$ 时，第 3 杆进入反向（压缩）屈服，整个桁架再次进入塑性流动状态，此时，Q 不再增加。由式（1-40）可知，这时外载为

$$\begin{cases} Q=Q_s=\Delta Q=\sqrt{2}\sigma_s A_0 \\ P=\Delta P+P_s=-\sqrt{2}\sigma_s A_0+\sigma_s A_0(1+\sqrt{2})=\sigma_s A_0 \end{cases} \tag{1-41}$$

用改变量〔式（1-39b）〕叠加上初始值〔式（1-39a）〕，得出此时桁架的应力为

$$\sigma_1=\sigma_2=\sigma_s,\qquad \sigma_3=-\sigma_s \tag{1-42a}$$

节点位移中垂直位移 δ_y 始终保持不变，水平位移 δ_x 可由式（1-39b）的第二式令 $\Delta\sigma_3=-2\sigma_s$，求得

$$\begin{cases} \delta_y=\delta_s=2\delta_e=2\dfrac{\sigma_s}{E}l_0=2l_0\varepsilon_s \\ \delta_x=-2l_0\Delta\sigma_3/E=4l_0\sigma_s/E=4\delta_e=4l_0\varepsilon_s \end{cases} \tag{1-42b}$$

再结合式（1-34），应变如下：

$$\varepsilon_1=3\varepsilon_s\quad \varepsilon_2=2\varepsilon_s\quad \varepsilon_3=-\varepsilon_s \tag{1-42c}$$

$$\varepsilon_s=\sigma_s/E$$

1.5.2 第二种方案：比例加载

由前面的讨论可见，非比例加载最终两项荷载的比例为 $P:Q=1:\sqrt{2}$，现讨论比例加载情况。设在整个加载过程中，$P:Q=1:\sqrt{2}$ 均保持单调增加，如图 1-11（b）中的路径 OB 段所示，直到桁架达到式（1-41）给出的塑性极限状态，即 $P=\sigma_s A_0$，$Q=\sqrt{2}\sigma_s A_0$。这种加载路径称为**比例加载**。

当荷载从零开始增加时，桁架首先处于弹性阶段，由协调关系 $\varepsilon_2=\varepsilon_1+\varepsilon_3$ 得

$$\sigma_2=\sigma_1+\sigma_3 \tag{1-43}$$

再将 $Q=\sqrt{2}P$ 代入平衡方程式（1-33）中，并同式（1-43）联立解出

$$\begin{cases} \sigma_1=\dfrac{P}{A_0}\left[\dfrac{3+\sqrt{2}}{2+\sqrt{2}}\right]>0 \\ \sigma_2=\dfrac{P}{A_0}\left(\dfrac{2}{2+\sqrt{2}}\right)>0 \\ \sigma_3=-\dfrac{P}{A_0}\left[\dfrac{1+\sqrt{2}}{2+\sqrt{2}}\right]<0 \end{cases} \tag{1-44}$$

由式（1-44）可以看出，三者之中 σ_1 的绝对值最大。随着 P 的增长，第 1 杆最先达到屈服，当 $\sigma_1 = \sigma_s$ 时，桁架达到弹性极限状态，这时有

$$
\begin{cases}
P_e = \sigma_s A_0 \dfrac{2(1+\sqrt{2})}{2+3\sqrt{2}} \\[2mm]
\sigma_1{}^e = \sigma_s \\[2mm]
\sigma_2{}^e = \dfrac{2\sqrt{2}}{2+3\sqrt{2}}\sigma_s \\[2mm]
\sigma_3{}^e = -\dfrac{2+\sqrt{2}}{2+3\sqrt{2}}\sigma_s
\end{cases}
\tag{1-45a}
$$

再由各杆的应变值 $\varepsilon_i{}^e = \dfrac{\sigma_i{}^e}{E}$，$(i=1,2,3)$ 和几何方程式（1-34）可求得此时 O 点的位移值为

$$
\begin{cases}
\delta_x^e = \dfrac{4+4\sqrt{2}}{2+3\sqrt{2}}\delta_e \\[2mm]
\delta_y^e = \dfrac{2\sqrt{2}}{2+3\sqrt{2}}\delta_e
\end{cases}
\tag{1-45b}
$$

若继续加载，则第 1 杆进入屈服阶段，$\sigma_1 = \sigma_s$、$\Delta\sigma_1 = 0$，由增量形式的平衡方程式（1-36）及 $\Delta Q = \sqrt{2}\Delta P$ 得

$$
\begin{cases}
\Delta\sigma_3 = -2\Delta P/A_0 < 0 \\[2mm]
\Delta\sigma_2 = (1+\sqrt{2})\Delta P/A_0 > 0
\end{cases}
\tag{1-45c}
$$

式（1-45c）说明第 2 杆继续受拉，第 3 杆继续受压，各杆应力由式（1-45a）和式（1-45c）叠加计算得

$$
\sigma_1 = \sigma_s, \quad \sigma_2 = \sigma_2{}^e + \Delta\sigma_2, \quad \sigma_3 = \sigma_3{}^e + \Delta\sigma_3
$$

当 $\sigma_2 = \sigma_2{}^e + \Delta\sigma_2 = \sigma_s$ 时，可得

$$
\Delta P = \sigma_s A_0 \frac{\sqrt{2}}{2+3\sqrt{2}}
$$

求出 ΔP 后，由 ΔP 值通过式（1-45c）求得 $\Delta\sigma_3$，可得 $\sigma_3 = \sigma_3{}^e + \Delta\sigma_3 = -\sigma_s$，说明桁架进入塑性状态，而此时的极限荷载为

$$
P = P_e + \Delta P = \sigma_s A_0
$$

$$
Q = \sqrt{2}\sigma_s A_0 = Q_s
$$

这与第一种加载方案终止时的极限荷载即式（1-41）完全相同。这说明极限荷载值不因加载路径的不同而改变。

再利用式（1-45c）有

$$
\Delta\varepsilon_2 = \Delta\sigma_2/E = (1+\sqrt{2})\frac{\Delta P}{A_0 E}
$$

$$
\Delta\varepsilon_3 = \Delta\sigma_3/E = -\frac{2\Delta P}{A_0 E}
$$

和增量形式的几何方程式（1-37）的后两式相结合，有

$$\Delta\delta_x=(\Delta\varepsilon_2-2\Delta\varepsilon_3)l_0$$
$$\Delta\delta_y=\Delta\varepsilon_2 l_0$$

便可求出对应于 $\Delta P=\sigma_s A_0\dfrac{\sqrt{2}}{2+3\sqrt{2}}$ 时的位移增量：

$$\Delta\delta_x=\frac{5+\sqrt{2}}{3+\sqrt{2}}\delta_e$$

$$\Delta\delta_y=\frac{1+\sqrt{2}}{3+\sqrt{2}}\delta_e$$

最终位移由上式和式（1-45b）的叠加而得

$$\begin{cases}\delta_x=3\delta_e=3\dfrac{\sigma_s}{E}l_0=3\varepsilon_s l_0\\[2mm]\delta_y=\delta_e=\dfrac{\sigma_s}{E}l_0=\varepsilon_s l_0\end{cases}\qquad(1\text{-}46a)$$

由几何方程式（1-34）得应变为

$$\varepsilon_1=2\varepsilon_s,\qquad\varepsilon_2=\varepsilon_s,\qquad\varepsilon_3=-\varepsilon_s\qquad(1\text{-}46b)$$

将式（1-46）与式（1-42）比较，可知沿两种不同的加载路径达到同一塑性极限荷载时，杆中的位移和应变都不一样，其实从前面的分析可知，此时所得的杆件中的应力是一样的。图 1-11 (b)、(c) 分别显示了两种加载方案的加载路径和节点位移的相应变化情况，其中，δ_e 按式（1-20）定义。

对于更复杂的静不定结构和更复杂的加载路径，当最终塑性极限荷载值相同时，结构内的应力分布也可能不同。

本节的例子说明了当物体和结构发生塑性变形时，其应力、应变和位移不仅依赖于外载的最终值，还依赖于加载历程，这是塑性问题不同于弹性问题的一个重要特点。

习　题

1-1　在拉伸试验中，伸长率 $\varepsilon=(l-l_0)/l_0$，截面收缩率 $\psi=(A_0-A)/A_0$，其中，A_0 和 l_0 分别为试件的初始横截面面积和初始长度，试证明当材料体积不变时有如下关系：

$$(1+\varepsilon)(1-\psi)=1$$

1-2　为了使幂强化应力-应变曲线在 $0\leqslant\varepsilon\leqslant\varepsilon_s$ 时能满足胡克定律，建议采用以下应力-应变关系：

$$\sigma=\begin{cases}E\varepsilon&(0\leqslant\varepsilon\leqslant\varepsilon_s)\\B(\varepsilon-\varepsilon_0)^m&(\varepsilon\geqslant\varepsilon_s)\end{cases}$$

（1）为保证 σ 及 $\dfrac{d\sigma}{d\varepsilon}$ 在 $\varepsilon=\varepsilon_s$ 处连续，试确定 B、ε_0 值。

（2）如将该曲线表示成 $\sigma=E\varepsilon[1-\omega(\varepsilon)]$ 的形式，试给出 $\omega(\varepsilon)$ 的表达式。

1-3　如图所示等截面直杆，截面面积为 A_0，且 $b>a$。在 $x=a$ 处作用一个逐渐增加的力 P。该杆为线性强化弹塑性材料，拉伸和压缩时性能相同。求左端反力 F_{N_1} 和力

P 的关系。

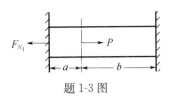

题 1-3 图

1-4 若上题的杆为理想弹塑性材料，拉伸和压缩时性能相同。按加载过程分析结构所处不同状态，并求力 P 作用截面的位移 δ 与 P 的关系。

1-5 如图所示三杆桁架，若 $\theta_1 = \theta_2 = 60°$，杆件截面面积均为 A_0，理想弹塑性材料。加载时保持 $P = Q$ 并从零开始增加，求三杆内力随 P 的变化规律。

1-6 如图所示三杆桁架，理想弹塑性材料，杆件截面面积均为 A_0，求下述两种加载路径的节点位移和杆件应变：

（1）先加竖向力 $P(\delta_x = 0)$，使结构刚到达塑性极限状态，保持 δ_y 不变，开始加力 Q，使桁架再次达到塑性极限状态。

（2）先加水平力 $Q(\delta_y = 0)$，使结构刚到达塑性极限状态，保持 δ_x 不变，开始加力 P，使桁架再次达到塑性极限状态。

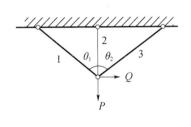

题 1-5 图

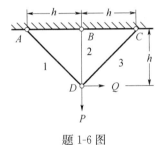

题 1-6 图

第2章　应力状态和应变分析

2.1　应力的概念

为了研究物体在某一点 M 处沿某一截面 mn 上的内力，采用截面法，即假想用该截面 mn 将物体沿该截面分为Ⅰ和Ⅱ两部分，而将Ⅱ部分撇开，如图 2-1 所示，撇开的部分Ⅱ将在截面 mn 上对留下的部分作用一定的内力。一般情况下，内力沿整个截面的分布是不均匀的，所以，工程上不仅需要知道截面上总的内力大小，而且需要知道内力在截面上各点的分布情况。为此，在截面上 M 点附近画出一块微小的面积 ΔA。作用在该微小面积 ΔA 上的内力为 ΔF，则内力的平均集度，ΔF 在 ΔA 上的平均值 $\Delta F/\Delta A$ 就称为该微小面积上的平均应力。假定内力连续分布，令 ΔA 无限减小而趋于零，则 $\Delta F/\Delta A$ 将趋于一定的极限 p，即

$$p = \lim_{\Delta A \to 0} \frac{\Delta F}{\Delta A}$$

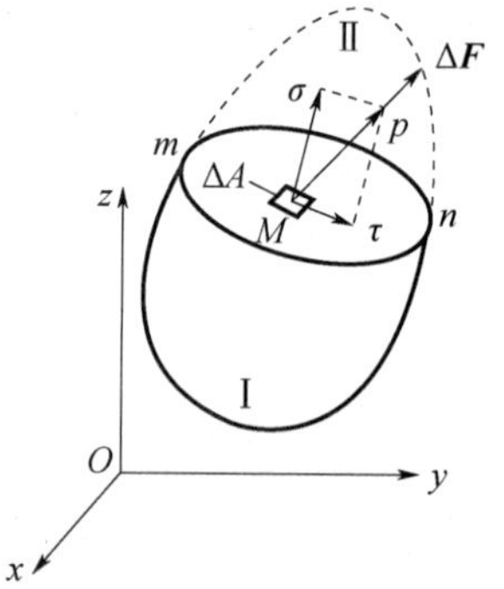

这个极限矢量 p 就是物体在截面 mn 上的 M 点的全应力。因为 ΔA 是标量，所以 M 点应力 p 的方向就是 ΔF 的极限方向。

若把应力矢量 p 沿微元面的法线方向和切线方向分解，则沿法线方向的应力分量 σ 称为正应力，沿切线方向的应力分量 τ 称为剪应力，如图 2-1 所示。

研究一个具体的问题时，总是在一个选定的坐标系里进行。在给定的直角坐标系里，若 i、j、k 分别为三个坐标方向的单位向量，那么应力矢量 p 还可以表示为

图 2-1

$$p = p_x i + p_y j + p_z k \tag{2-1}$$

式中，p_x、p_y、p_z 分别为应力矢量 p 沿三个坐标方向的分量。

2.2　一点的应力状态

一点的应力矢量与该点的位置以及通过该点的截面方位有关，所以，凡提到应力，应同时指明它是对物体内的哪一点，并过该点的哪一个截面。物体内同一点各微元面上的应力状况，称为一点的应力状态。

2.2.1　应力张量

为了分析这一点的应力状态，必须弄清过该点的各个截面上的应力状况，即各个截

面上应力的大小和方向，在这一点从物体内取出一个微小的正平行六面体，它的棱边分别平行于三个坐标轴而长度为 $MA=\Delta x$，$MB=\Delta y$，$MC=\Delta z$，如图 2-2 所示。将每一面上的应力分解为一个正应力和两个剪应力，分别与三个坐标轴平行。为了表明这个正应力的作用面和作用方向，加上一个下标字母。例如，正应力 σ_x 是作用在垂直于 x 轴的面上，同时也是沿着 x 轴的方向作用的；剪应力用 τ 表示，并加上两个下标字母，前一个字母表明作用面垂直于哪一个坐标轴，后一字母表明作用方向沿哪一个坐标轴。例如，剪应力 τ_{xy} 表示剪应力作用面与 x 轴垂直，它的方向与 y 轴平行。

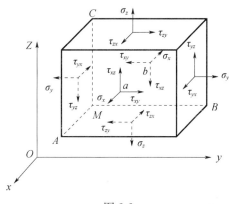

图 2-2

如果某一个截面上的外法线是沿着坐标轴的正方向，这个截面就称为一个正面，这个面上的应力就以沿坐标轴正方向为正，沿坐标轴负方向为负；相反，如果某一个截面上的外法线是沿着坐标轴的负方向，这个截面就称为一个负面，这个面上的应力就沿坐标轴负方向为正，沿坐标轴正方向为负。图 2-2 上所示的应力全都是正的。注意，虽然上述正、负号规定是对于正应力来说的，结果是和材料力学中的规定相同（拉应力为正而压应力为负），但是，对于剪应力来说，结果和材料力学中的规定不完全相同。

六个剪应力之间具有一定的互等关系，例如，以连接六面体前后两面中心的直线 ab 为矩轴，列出力矩平衡方程，得

$$2\tau_{yz}\Delta z\Delta x\frac{\Delta y}{2}-2\tau_{zy}\Delta y\Delta x\frac{\Delta z}{2}=0$$

同样，可以列出其余两个相似的方程，简化以后得

$$\tau_{yz}=\tau_{zy} \qquad \tau_{zx}=\tau_{xz} \qquad \tau_{xy}=\tau_{yx}$$

这就证明了剪应力互等性：作用在两个互相垂直的面上并且垂直于这两面交线的剪应力是互等的（大小相等，正负号也相同）。因此，剪应力记号的两个下标字母可以对调。

如果采用材料力学中的正负号规定，剪应力的互等性则表示成为 $\tau_{xy}=-\tau_{yx}$，显然不如采用上述规定时来得简单，但应当指出，在利用莫尔圆（应力圆）时，就必须采用材料力学中的规定。

过同一点 M 的三个相互垂直面上的应力矢量的分量 σ_{ij}（i，$j=1$，2，3），共九个量，按定义可以证明（见 2.2.3 节）作为一个整体组成一个二阶张量，称之为应力张量，记应力张量为 σ_{ij}，而其中的每一个量，就称为应力张量的分量。在直角坐标系下，可以表示为

$$\sigma_{ij} = \begin{bmatrix} \sigma_{xx} & \sigma_{xy} & \sigma_{xz} \\ \sigma_{yx} & \sigma_{yy} & \sigma_{yz} \\ \sigma_{zx} & \sigma_{zy} & \sigma_{zz} \end{bmatrix} \quad 或 \quad \sigma_{ij} = \begin{bmatrix} \sigma_x & \tau_{xy} & \tau_{xz} \\ \tau_{yx} & \sigma_y & \tau_{yz} \\ \tau_{zx} & \tau_{zy} & \sigma_z \end{bmatrix} \tag{2-2}$$

上式左边是弹性力学的习惯写法，右边是工程力学的习惯写法，意义相同。若我们把坐标轴 x、y、z 分别用 x_1、x_2、x_3 表示，或简记为 x_j （$j=1$，2，3），则式（2-2）也可改写为

$$\sigma_{ij} = \begin{bmatrix} \sigma_{11} & \sigma_{12} & \sigma_{13} \\ \sigma_{21} & \sigma_{22} & \sigma_{23} \\ \sigma_{31} & \sigma_{32} & \sigma_{33} \end{bmatrix} = \sigma_{ji} \tag{2-3}$$

由于剪应力互等，即 $\tau_{yz}=\tau_{zy}$、$\tau_{zx}=\tau_{xz}$、$\tau_{xy}=\tau_{yx}$，所以九个应力分量中仅有六个是独立的，因此应力张量为对称张量。在它的九个应力分量中，独立的分量只有六个。

2.2.2 斜面上的应力

应力张量 σ_{ij} 描绘了一点处的应力状态，也就是知道了一点的应力张量 σ_{ij}，就可以完全确定通过该点的任意一个斜面上的应力。为了证明这一点，围绕该点（O 点）取一个微元四面体作为单元体，使它的三个微分面分别垂直于相应的坐标轴，而第四个面平行于欲求应力的斜面，如图 2-3 所示。当此单元体无限趋近于该点（O 点）时，则此第四个面即为过该点的欲求应力的斜面。令此斜面外法线 N 的方向余弦为 l_x、l_y、l_z，或简记为 l_i。斜面上的总应力 $\boldsymbol{P}_N$ 沿三个坐标轴方向的分量分别为 p_x、p_y、p_z，或简记为 p_j。考察四面体单元的平衡：该四面体上所受的力，除了四个微元面上暴露出来的力外，还受体力作用，设体力在三个坐标轴方向的分量分别用 X、Y、Z 表示，则由平衡条件 $\sum F_x = 0$，可得

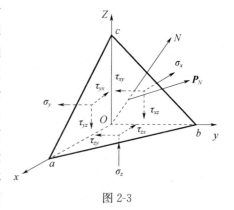

图 2-3

$$p_x \Delta S - \sigma_x \Delta S_x - \tau_{yx} \Delta S_y - \tau_{zx} \Delta S_x + \frac{1}{3} X \Delta S \Delta h = 0 \tag{2-4}$$

式中，ΔS 为斜面 abc 的面积；Δh 为点 O 到斜面 abc 的距离；ΔS_x、ΔS_y、ΔS_z 分别为微元面中 Obc、Oac 和 Oab 的面积。

则由几何关系可得

$$\begin{cases} \Delta S_x = \Delta S \cdot l_1 \\ \Delta S_y = \Delta S \cdot l_2 \\ \Delta S_z = \Delta S \cdot l_3 \end{cases} \tag{2-5}$$

将式（2-5）代入式（2-4），并令单元体无限趋近于该点（O 点），得

$$p_x = \sigma_x l_1 + \tau_{yx} l_2 + \tau_{zx} l_3 \tag{2-6}$$

同样由平衡条件 $\sum F_y = 0$ 和 $\sum F_z = 0$，可得

$$\begin{cases} p_y = \tau_{xy} l_1 + \sigma_y l_2 + \tau_{zy} l_3 \\ p_z = \tau_{xz} l_1 + \tau_{yz} l_2 + \sigma_z l_3 \end{cases} \tag{2-7}$$

若采用张量记法，式（2-6）和式（2-7）可合并简写为

$$p_j = \sigma_{ij} l_i \tag{2-8}$$

由此可知，过某点的任意斜面上的应力分量，都可以用过该点的平行于坐标面的微分面上的九个应力分量（由于剪应力互等，只有六个是独立的）来表示，所以这九个应力分量就完全确定了该点的应力状态。这样，就把各点应力状态的问题简化为求各点应力张量的问题。

根据式（2-8），可进一步求出物体内任一点在任意斜面上的总应力大小 $\boldsymbol{P}_N$、正应力大小 σ_N 和剪应力大小 τ_N：

$$\begin{cases} p_N = \sqrt{p_x^2 + p_y^2 + p_z^2} \\ \quad = \sqrt{(\sigma_x l_1 + \tau_{yx} l_2 + \tau_{zx} l_3)^2 + (\tau_{xy} l_1 + \sigma_y l_2 + \tau_{zy} l_3)^2 + (\tau_{xz} l_1 + \tau_{yz} l_2 + \sigma_z l_3)^2} \\ \sigma_N = p_N \cdot N = p_x l_1 + p_y l_2 + p_z l_3 = p_i l_i \\ \tau_N = \sqrt{p_N{}^2 - \sigma_N^2} \end{cases} \tag{2-9}$$

上式中的第二式，结合式（2-8）可简写为

$$\begin{aligned} \sigma_N &= p_j l_j = \sigma_{ij} l_i l_j \\ &= \sigma_x l_1^2 + \sigma_y l_2^2 + \sigma_z l_3^2 + 2\tau_{xy} l_1 l_2 + 2\tau_{yz} l_2 l_3 + 2\tau_{zx} l_3 l_1 \end{aligned} \tag{2-10}$$

2.2.3 应力分量的坐标变换

下面介绍坐标变换时应力分量的变化规律，证明九个应力分量作为一个整体可组成一个二阶对称张量。

如果坐标系仅做平移，则同一点的各个应力分量是不会发生变化的；只有在坐标系做旋转时，同一点的各个应力分量才会改变。设在一给定的坐标系 $oxyz$ 下，某一点（设为点 M）的应力张量为

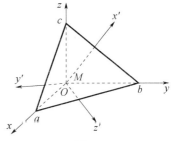

图 2-4

$$\sigma_{ij} = \begin{bmatrix} \sigma_x & \tau_{xy} & \tau_{xz} \\ \tau_{yx} & \sigma_y & \tau_{yz} \\ \tau_{zx} & \tau_{zy} & \sigma_y \end{bmatrix}$$

坐标轴旋转任一角度而得一新的坐标系 $Ox'y'z'$，如图 2-4 所示。新旧坐标系之间的变换关系见表 2-1。

表 2-1 新旧坐标系之间的变换关系

	x	y	z
x'	$l_{1'1} = \cos(x', x)$	$l_{1'2} = \cos(x', y)$	$l_{1'3} = \cos(x', z)$
y'	$l_{2'1} = \cos(y', x)$	$l_{2'2} = \cos(y', y)$	$l_{2'3} = \cos(y', z)$
z'	$l_{3'1} = \cos(z', x)$	$l_{3'2} = \cos(z', y)$	$l_{3'3} = \cos(z', z)$

在新坐标系 $Ox'y'z'$ 里，该点的应力张量表示为

$$\sigma'_{i'j'} = \begin{bmatrix} \sigma'_{x'} & \tau'_{x'y'} & \tau'_{x'z'} \\ \tau'_{y'x'} & \sigma'_{y'} & \tau'_{y'z'} \\ \tau'_{z'x'} & \tau'_{z'y'} & \sigma'_{z'} \end{bmatrix}$$

利用任意斜截面应力公式式（2-8），可求过点 M 且法线为 i'（$i' = x'$, y', z'）轴

的面上的应力，在旧的坐标系 $Oxyz$ 下的分量 $p_{i'j}$ 为

$$p_{i'j} = \sigma_{ij}l_{i'i}$$

而应力量 $\sigma'_{i'j'}$（i'，$j' = x'$，y'，z'）表示过点 M 且外法线方向为 i' 轴的微元面上的应力矢量在新坐标轴 j' 上的分量。利用同一矢量在坐标轴旋转变换下，其各分量的转换关系式（B.3）（见附录 B），得法线为 i' 轴的面上的应力，在新坐标系 $Ox'y'z'$ 下的分量为

$$\sigma'_{i'j'} = l_{j'j}p_{i'j} = l_{i'i}l_{j'j}\sigma_{ij} \tag{2-11}$$

式（2-11）表示应力张量的各个分量在坐标旋转变换时所服从的变换规律，它恰好符合附录 B 中二阶张量的定义式（B.6）。由此可见，由九个应力分量确实组成了一个二阶张量，而且由于剪应力互等关系，它还是一个对称张量。

2.3 主应力与主应力空间

2.3.1 主应力与主方向

在受力体内一点任意方向的微元面上，一般都有正应力和剪应力分量。根据应力张量的坐标变换规律可见，当通过同一点的微元面发生转动时，它的法线方向也随之改变，其上的正应力和剪应力分量的数值也发生了变化。这就产生了一个问题：在过同一点的微元面不断转动的过程中，是否会出现这样的微元面，在该面上只有正应力分量，而剪应力分量为零。我们把只有正应力分量而没有剪应力分量的微元面称为主平面，其法线方向称为应力主方向，其上的正应力就称为主应力。

根据主平面定义，若设 N 为过物体内任一点 M 的主平面的单位法向量，它与三个坐标轴之间的方向余弦分别为 l_1、l_2、l_3，则该主平面上的应力矢量 p 可表示为

$$p = \sigma N \tag{2-12}$$

或

$$\begin{cases} p_x = \sigma l_1 \\ p_y = \sigma l_2 \\ p_z = \sigma l_3 \end{cases} \tag{2-13}$$

式中，p_x、p_y、p_z 是应力矢量 p 沿三个坐标轴的分量；σ 表示主平面上的主应力值。

把式（2-6）和式（2-7）代入式（2-13）中，整理后得

$$\begin{cases} (\sigma_x - \sigma)\,l_1 + \tau_{xy}l_2 + \tau_{xz}l_3 = 0 \\ \tau_{yx}l_1 + (\sigma_y - \sigma)\,l_2 + \tau_{yz}l_3 = 0 \\ \tau_{zx}l_1 + \tau_{zy}l_2 + (\sigma_z - \sigma)\,l_3 = 0 \end{cases} \tag{2-14}$$

或简写为

$$(\sigma_{ij} - \sigma\delta_{ij})l_j = 0 \tag{2-15}$$

式（2-14）也可以写成如下的矩阵表达式：

$$\begin{bmatrix} \sigma_x & \tau_{xy} & \tau_{xz} \\ \tau_{yx} & \sigma_y & \tau_{yz} \\ \tau_{zx} & \tau_{zy} & \sigma_z \end{bmatrix} \begin{Bmatrix} l_1 \\ l_2 \\ l_3 \end{Bmatrix} = \sigma \begin{Bmatrix} l_1 \\ l_2 \\ l_3 \end{Bmatrix} \tag{2-16}$$

它表示数学上的矩阵特征问题，主应力 σ 即为由应力张量的九个分量所组成的矩阵（称为应力矩阵）的特征值，$\{l_1, l_2, l_3\}^T$ 为特征向量。要使特征向量 $\{l_1, l_2, l_3\}^T$ 有非零解，则方程（2-14）的系数行列式必须为零，即

$$\begin{vmatrix} \sigma_x-\sigma & \tau_{xy} & \tau_{xz} \\ \tau_{yx} & \sigma_y-\sigma & \tau_{yz} \\ \tau_{zx} & \tau_{zy} & \sigma_z-\sigma \end{vmatrix}=0 \tag{2-17}$$

式（2-17）展开后，得

$$\sigma^3-J_1\sigma^2-J_2\sigma-J_3=0 \tag{2-18}$$

$$\begin{cases} J_1=\sigma_x+\sigma_y+\sigma_z \\ J_2=-\ (\sigma_x\sigma_y+\sigma_y\sigma_z+\sigma_z\sigma_x)\ +\ (\tau_{xy}^2+\tau_{yz}^2+\tau_{zx}^2) \\ J_3=|\sigma_{ij}| \end{cases} \tag{2-19}$$

式（2-18）称为应力状态的特征方程，它是一个关于主应力 σ 的三次方程。对物体内任一点 M 而言，其应力张量显然是实对称张量，因而应力矩阵也是实对称矩阵，由数学可知，应力矩阵的特征值即主应力 σ 必定存在，而且皆为实数。这也就是说，式（2-18）必存在三个实根 σ_1、σ_2、σ_3，则它们分别代表该点处的三个主应力。

把 σ_1、σ_2、σ_3 分别代入式（2-14）中（注意该方程组中只有两个方程是独立的，因为 $l_1^2+l_2^2+l_3^2=1$），就可求出分别与三个主应力 σ_1、σ_2、σ_3 相应的主方向。

下面来证明：

（1）若特征方程式（2-18）无重根，即 $\sigma_1\neq\sigma_2\neq\sigma_3$，则与它们相应的三个主方向必两两相互垂直。

（2）若特征方程式（2-18）有两重根，假定 $\sigma_1=\sigma_2\neq\sigma_3$，则 σ_3 的方向必须同时垂直于 σ_1 和 σ_2 的方向，而 σ_1 和 σ_2 的方向可以相互垂直，也可以不垂直，也就是说，与 σ_3 方向垂直的任何方向都是主方向。

（3）若特征方程式（2-18）有三个重根，即 $\sigma_1=\sigma_2=\sigma_3$，则三个主方向之间可以相互垂直也可以相互不垂直，也就是说，任何方向均是主方向。

设与 σ_1、σ_2、σ_3 相应的主方向分别为 N_1、N_2 和 N_3，它们与坐标轴的方向余弦分别为 (l_1, m_1, n_1)、(l_2, m_2, n_2) 和 (l_3, m_3, n_3)。根据式（2-14），有

$$\begin{cases} (\sigma_x-\sigma_1)\ l_1+\tau_{xy}m_1+\tau_{xz}n_1=0 \\ \tau_{yx}l_1+\ (\sigma_y-\sigma_1)\ m_1+\tau_{yz}n_1=0 \\ \tau_{zx}l_1+\tau_{zy}m_1+\ (\sigma_z-\sigma_1)\ n_1=0 \end{cases} \tag{2-20}$$

$$\begin{cases} (\sigma_x-\sigma_2)\ l_2+\tau_{xy}m_2+\tau_{xz}n_2=0 \\ \tau_{yx}l_2+\ (\sigma_y-\sigma_2)\ m_2+\tau_{yz}n_2=0 \\ \tau_{zx}l_2+\tau_{zy}m_2+\ (\sigma_z-\sigma_2)\ n_2=0 \end{cases} \tag{2-21}$$

$$\begin{cases} (\sigma_x-\sigma_3)\ l_3+\tau_{xy}m_3+\tau_{xz}n_3=0 \\ \tau_{yx}l_3+\ (\sigma_y-\sigma_3)\ m_3+\tau_{yz}n_3=0 \\ \tau_{zx}l_3+\tau_{zy}m_3+\ (\sigma_z-\sigma_3)\ n_3=0 \end{cases} \tag{2-22}$$

分别把式（2-20）的第一、第二、第三式乘以 l_2、m_2、n_2，而把式（2-21）的第一、第二、第三式乘以 $(-l_1)$、$(-m_1)$、$(-n_1)$，然后六个式子相加，经整理后可得

$$(\sigma_1 - \sigma_2)(l_1 l_2 + m_1 m_2 + n_1 n_2) = 0 \tag{2-23}$$

同理，有

$$(\sigma_1 - \sigma_3)(l_1 l_3 + m_1 m_3 + n_1 n_3) = 0 \tag{2-24}$$

$$(\sigma_2 - \sigma_3)(l_2 l_3 + m_2 m_3 + n_2 n_3) = 0 \tag{2-25}$$

由式（2-23）～式（2-25）可知，若 $\sigma_1 \neq \sigma_2 \neq \sigma_3$，则必有

$$\begin{cases} l_1 l_2 + m_1 m_2 + n_1 n_2 = N_1 \cdot N_2 = 0 \\ l_1 l_3 + m_1 m_3 + n_1 n_3 = N_1 \cdot N_3 = 0 \\ l_2 l_3 + m_2 m_3 + n_2 n_3 = N_2 \cdot N_3 = 0 \end{cases}$$

由此可见，若 $\sigma_1 \neq \sigma_2 \neq \sigma_3$，则与它们相应的三个主方向必两两相互垂直。

若 $\sigma_1 = \sigma_2 \neq \sigma_3$，则必有

$$\begin{cases} l_1 l_3 + m_1 m_3 + n_1 n_3 = N_3 \cdot N_1 = 0 \\ l_2 l_3 + m_2 m_3 + n_2 n_3 = N_3 \cdot N_2 = 0 \end{cases}$$

而 $l_1 l_2 + m_1 m_2 + n_1 n_2 = N_1 \cdot N_2$ 可以是零，也可以不是零，这说明 σ_3 的方向必同时与 σ_1 和 σ_2 的方向垂直，而 σ_1 和 σ_2 的方向可以相互垂直，也可以不垂直。也就是说，与 σ_3 的方向垂直的任何方向都是主方向。

若 $\sigma_1 = \sigma_2 = \sigma_3$，则

$$\begin{cases} l_1 l_2 + m_1 m_2 + n_1 n_2 = N_1 \cdot N_2 \\ l_1 l_3 + m_1 m_3 + n_1 n_3 = N_1 \cdot N_3 \\ l_2 l_3 + m_2 m_3 + n_2 n_3 = N_2 \cdot N_3 \end{cases}$$

三者可以是零，也可以不是零，这说明三个主方向之间可以相互垂直，也可以不垂直，也就是说，任何方向均是主方向。这样，就完全证明了上述的论断。

2.3.2　主应力空间及应力张量不变量

上述论证表明，在物体内一点处，必定存在三个相互垂直的主方向。若把这三个相互垂直的主方向取为坐标系的三个坐标轴方向，依次建立起来的几何空间，称为主应力空间，该空间中的三个坐标轴称为应力主轴。在主应力空间里，该点的应力张量 σ_{ij} 可以表示为

$$\sigma_{ij} = \begin{bmatrix} \sigma_1 & 0 & 0 \\ 0 & \sigma_2 & 0 \\ 0 & 0 & \sigma_3 \end{bmatrix}$$

式中，σ_1、σ_2 和 σ_3 为三个主应力。

于是，由式（2-19）有

$$\begin{cases} J_1 = \sigma_1 + \sigma_2 + \sigma_3 \\ J_2 = -(\sigma_1 \sigma_2 + \sigma_2 \sigma_3 + \sigma_3 \sigma_1) \\ J_3 = \sigma_1 \sigma_2 \sigma_3 \end{cases} \tag{2-26}$$

由于主应力的大小与坐标轴选择无关，式（2-26）可见，系数 J_1、J_2、J_3 也与坐标轴选择无关，它们分别称为应力张量的第一、第二和第三不变量。应力张量的不变量可以这样来理解：数学上，应力张量的三个不变量反映了张量具有不变性的特点；物理上，应力张量的三个不变量反映了物体在特定的外部因素作用下，内部各点的应力状态不随坐标的改变而变化的性质。

2.4 应力状态的应力圆

在材料力学中，二向应力状态下任意截面上的应力可用莫尔圆图解法得到，对于三向应力状态任意截面上的应力，同样也可用三向应力莫尔圆进行分析。

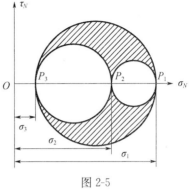

若规定 $\sigma_1 > \sigma_2 > \sigma_3$，在 $\sigma_N\text{-}\tau_N$ 平面上，以 P_1 (σ_1, O)、$P_2(\sigma_2, O)$、$P_3(\sigma_3, O)$ 三点中的任意两点为直径端点，可以作出三个莫尔圆，如图 2-5 所示，三个圆的半径分别为

$$\frac{1}{2}P_1P_2 = \frac{1}{2}(\sigma_1 - \sigma_2)$$

$$\frac{1}{2}P_2P_3 = \frac{1}{2}(\sigma_2 - \sigma_3)$$

$$\frac{1}{2}P_3P_1 = \frac{1}{2}(\sigma_1 - \sigma_3)$$

图 2-5

可以证明，任意斜截面上的正应力 σ_N 和剪应力 τ_N，必处于以这三个圆周为界限的阴影区（包括圆周边界），如图 2-5 所示。证明如下：

在三维主应力空间里，根据式（2-9）和式（2-10），通过物体内同一点外法线方向余弦为 l_i 的任意斜面上的总应力大小 $\boldsymbol{p}_N$、正应力大小 σ_N 和剪应力大小 τ_N 满足

$$\begin{cases} p_N = \sqrt{\sigma_1^2 l_1^2 + \sigma_2^2 l_2^2 + \sigma_3^2 l_3^2} \\ \sigma_N = \sigma_1 l_1^2 + \sigma_2 l_2^2 + \sigma_3 l_3^2 \\ \tau_N^2 = p_N^2 - \sigma_N^2 = (\sigma_1^2 l_1^2 + \sigma_2^2 l_2^2 + \sigma_3^2 l_3^2) - (\sigma_1 l_1^2 + \sigma_2 l_2^2 + \sigma_3 l_3^2)^2 \end{cases} \tag{2-27}$$

同时方向余弦为 l_i 还满足

$$l_1^2 + l_2^2 + l_3^2 = 1 \tag{2-28}$$

把式（2-27）的后两式及式（2-28）看成是含有 l_1^2、l_2^2、l_3^2 的线代数方程组，从中可以解出 l_1^2、l_2^2 和 l_3^2，结果是

$$\begin{cases} l_1^2 = \dfrac{\tau_N^2 + (\sigma_N - \sigma_2)(\sigma_N - \sigma_3)}{(\sigma_1 - \sigma_2)(\sigma_1 - \sigma_3)} \\[3mm] l_2^2 = \dfrac{\tau_N^2 + (\sigma_N - \sigma_3)(\sigma_N - \sigma_1)}{(\sigma_2 - \sigma_3)(\sigma_2 - \sigma_1)} \\[3mm] l_3^2 = \dfrac{\tau_N^2 + (\sigma_N - \sigma_1)(\sigma_N - \sigma_2)}{(\sigma_3 - \sigma_1)(\sigma_3 - \sigma_2)} \end{cases} \tag{2-29}$$

上三式也可写成下面的形式：

$$\begin{cases} \left(\sigma_N - \dfrac{\sigma_2 + \sigma_3}{2}\right)^2 + \tau_N^2 = \left(\dfrac{\sigma_2 - \sigma_3}{2}\right)^2 + l_1^2(\sigma_1 - \sigma_2)(\sigma_1 - \sigma_3) \\[3mm] \left(\sigma_N - \dfrac{\sigma_1 + \sigma_3}{2}\right)^2 + \tau_N^2 = \left(\dfrac{\sigma_3 - \sigma_1}{2}\right)^2 + l_2^2(\sigma_2 - \sigma_3)(\sigma_2 - \sigma_1) \\[3mm] \left(\sigma_N - \dfrac{\sigma_1 + \sigma_2}{2}\right)^2 + \tau_N^2 = \left(\dfrac{\sigma_1 - \sigma_2}{2}\right)^2 + l_3^2(\sigma_3 - \sigma_1)(\sigma_3 - \sigma_2) \end{cases} \tag{2-30}$$

在以 σ_N 为横坐标、τ_N 为纵坐标的坐标系中，以上三式是三个圆的方程，表明斜截面上的应力既在式（2-30）第一式所表示的圆上，又在式（2-30）第二式和第三式所表示的圆上。所以，式（2-30）中的三式所表示的三个圆交于一点。交点的坐标就是斜截面上的应力。可见，在 σ_1、σ_2、σ_3 和 l_1、l_2、l_3 已知后，可以作出上述三个圆中的任意两个，其交点的坐标即为所求斜截面上的应力。

如约定 $\sigma_1 \geqslant \sigma_2 \geqslant \sigma_3$，且因 $l_1^2 \geqslant 0$，则在式（2-30）的第一式中有

$$l_1^2(\sigma_1-\sigma_2)(\sigma_1-\sigma_3) \geqslant 0$$

所以，式（2-30）中第一式所确定的圆的半径，大于或等于和它同心的圆的半径。这样，在图 2-5 中，由式（2-30）中第一式所确定的圆在圆 P_3P_2 之外或该圆上。用同样的方法可以说明，式（2-30）中第二式所确定的圆在圆 P_3P_1 之内或该圆上；第三式所确定的圆在圆 P_2P_1 之外或该圆上。因而式（2-30）所代表的三个圆的交点，亦即斜截面上的应力应在图 2-5 中画阴影线的部分之内或其边界上。

$$\left(\sigma_N-\frac{\sigma_2+\sigma_3}{2}\right)^2+\tau_N^2=\left(\frac{\sigma_2-\sigma_3}{2}\right)^2$$

在图 2-5 画阴影线的部分内（不含边界），任何点横坐标都小于 P_1 点的横坐标，并大于 P_3 点的横坐标；任何点的纵坐标都小于 σ_1 和 σ_3 所确定的应力圆的半径。于是得

$$\sigma_{\max}=\sigma_1 \quad \sigma_{\min}=\sigma_3 \quad \tau_{\max}=\frac{\sigma_1-\sigma_3}{2} \tag{2-31}$$

若所取斜截面平行于 σ_2，则 $l_2=0$，这时从式（2-27）后两式可以看出，斜截面上的应力与 σ_2 无关，只受 σ_1 和 σ_3 的影响。同时，由式（2-30）中第二式所表示的圆变成圆 P_3P_1。这表明，在这类斜截面上的应力由 σ_1 和 σ_3 所确定的应力圆来表示；这类斜截面的最大剪应力值显然等于圆 P_3P_1 的半径值，其剪应力作用面法线与 σ_1 和 σ_3 相对应的主方向成45°夹角。同理，平行于 σ_1 或 σ_3 的斜截面上的应力分别与 σ_1 或 σ_3 无关，这类斜截面上的应力分别由 σ_2 和 σ_3 或 σ_1 和 σ_2 所确定的应力圆来表示；其最大剪应力值分别等于圆 P_3P_2 或 P_2P_1 的半径值，其剪应力作用面法线分别与 σ_2 和 σ_3 或 σ_1 和 σ_2 相对应的主方向成45°夹角。

另外，通过一个主方向且与另外两个主方向成 45°角的平面上的剪应力也是一个重要的应力数值。把这些面上的剪应力称为主剪应力，用 τ_{12}、τ_{23}、τ_{13} 来表示，即

$$\frac{1}{2}P_2P_3=\frac{1}{2}(\sigma_2-\sigma_3)=|\tau_{23}|$$

$$\frac{1}{2}P_3P_1=\frac{1}{2}(\sigma_1-\sigma_3)=|\tau_{13}|$$

$$\frac{1}{2}P_1P_2=\frac{1}{2}(\sigma_1-\sigma_2)=|\tau_{12}|$$

显然最大剪应力 $\tau_{\max}$ 是三个主剪应力的最大值，即

$$\tau_{\max}=(|\tau_{12}|,|\tau_{23}|,|\tau_{13}|)_{\max}=|\tau_{13}|$$

$$|\tau_{13}|=|\tau_{12}|+|\tau_{23}|$$

2.5 应力张量的分解

在外力作用下，物体的变形可分为体积变形和形状变形两部分。由对金属材料的基

本假设可知，平均正应力即各向均压或均拉应力，通常称为静水应力，它只引起物体的弹性体积改变，而与塑性变形无关。于是，为了研究塑性变形的部分，很自然地要把应力分解为不产生塑性变形的部分和产生塑性变形的部分，前一部分反映静水"压力"，即各向均压的平均正应力

$$\sigma_{\mathrm{m}}=\frac{1}{3}(\sigma_{11}+\sigma_{22}+\sigma_{33})=\frac{1}{3}\sigma_{kk} \tag{2-32}$$

于是，应力张量可作如下分解（图 2-6）：

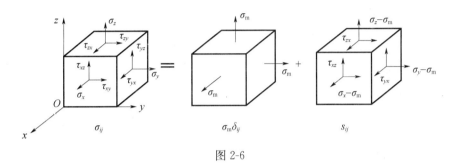

图 2-6

$$\begin{bmatrix} \sigma_x & \tau_{xy} & \tau_{xz} \\ \tau_{yx} & \sigma_y & \tau_{yz} \\ \tau_{zx} & \tau_{zy} & \sigma_z \end{bmatrix} = \begin{bmatrix} \sigma_{\mathrm{m}} & 0 & 0 \\ 0 & \sigma_{\mathrm{m}} & 0 \\ 0 & 0 & \sigma_{\mathrm{m}} \end{bmatrix} + \begin{bmatrix} \sigma_x-\sigma_{\mathrm{m}} & \tau_{xy} & \tau_{xz} \\ \tau_{yx} & \sigma_y-\sigma_{\mathrm{m}} & \tau_{yz} \\ \tau_{zx} & \tau_{zy} & \sigma_z-\sigma_{\mathrm{m}} \end{bmatrix} \tag{2-33}$$

式（2-33）中，等号右边的第一个部分称为**应力球张量**；等号右边的第二个部分为从原应力张量中扣除应力球张量后剩下的部分，它的各个分量的大小反映了一个实际的应力状态偏离均匀应力状态的程度，故称第二个部分为**应力偏张量**，记为

$$S_{ij} = \begin{bmatrix} \sigma_x-\sigma_{\mathrm{m}} & \tau_{xy} & \tau_{xz} \\ \tau_{yx} & \sigma_y-\sigma_{\mathrm{m}} & \tau_{yz} \\ \tau_{zx} & \tau_{zy} & \sigma_z-\sigma_{\mathrm{m}} \end{bmatrix} = \begin{bmatrix} S_x & S_{xy} & S_{xz} \\ S_{yx} & S_y & S_{yz} \\ S_{zx} & S_{zy} & S_z \end{bmatrix} \tag{2-34}$$

因此，应力张量的分解式（2-33）可简写为

$$\sigma_{ij}=\sigma_{\mathrm{m}}\delta_{ij}+S_{ij} \tag{2-35}$$

应力球张量代表一个各向均匀的应力状态。Bridgman 通过试验证明，金属类材料单元若处于这种应力状态下，单元体的变形一般都仅表现为弹性的体积变化，而无形状的改变；也就是说，应力球张量代表的应力状态不会引起塑性变形，或者说与塑性变形无关，因而在应力张量中，分析塑性变形时可排除这部分，而认为塑性变形是由偏应力张量代表的应力状态引起的。应当注意，这个结论是对金属类材料而言的，对于非金属材料如混凝土、岩土等一类材料，则不成立。

与应力张量的概念一样，应力偏张量 S_{ij} 也是一种应力状态，也可以分析应力偏张量的主应力和主方向，由计算主应力和确定主方向的式（2-15），并考虑到式（2-35），可知应力偏张量 S_{ij} 的主轴方向与应力主轴方向一致，而主偏应力为

$$S_j=\sigma_j-\sigma_{\mathrm{m}}$$

应力**偏张量** S_{ij} 也有三个不变量，将式（2-19）中的 σ_j 用 S_j 代替，可以直接得出应力偏张量的第一、第二和第三不变量为

$$
\begin{cases}
J'_1 = S_x + S_y + S_z = (\sigma_x - \sigma_m) + (\sigma_y - \sigma_m) + (\sigma_z - \sigma_m) = 0 \\
J'_2 = -(S_x S_y + S_y S_z + S_z S_x) + (S_{xy}^2 + S_{yz}^2 + S_{zx}^2) \\
\qquad = \dfrac{1}{2}(S_x^2 + S_y^2 + S_z^2 + 2S_{xy}^2 + 2S_{yz}^2 + 2S_{zx}^2) = \dfrac{1}{2} S_{ij} S_{ij} \\
J'_3 = \begin{vmatrix} S_x & S_{xy} & S_{xz} \\ S_{yx} & S_y & S_{yz} \\ S_{zx} & S_{zy} & S_z \end{vmatrix}
\end{cases}
\tag{2-36}
$$

在主应力空间里，应力偏张量的三个不变量表示为

$$
\begin{cases}
J'_1 = S_1 + S_2 + S_3 = (\sigma_1 - \sigma_m) + (\sigma_2 - \sigma_m) + (\sigma_3 - \sigma_m) = 0 \\
J'_2 = -(S_1 S_2 + S_2 S_3 + S_3 S_1) = \dfrac{1}{2}(S_1^2 + S_2^2 + S_3^2) \\
J'_3 = S_1 S_2 S_3
\end{cases}
\tag{2-37}
$$

在应力偏张量的三个不变量中，第二个不变量 J'_2 使用最多，其另外一些不同的表达式如下：

1）在一般坐标空间里，J'_2 的表达式还可表示为

$$
J'_2 = \frac{1}{6}\left[(\sigma_x - \sigma_y)^2 + (\sigma_y - \sigma_z)^2 + (\sigma_z - \sigma_x)^2 + 6(\tau_{xy}^2 + \tau_{yz}^2 + \tau_{zx}^2)\right]
\tag{2-38}
$$

2）在主应力空间里，J'_2 的表达式可表示为主应力的形式，即

$$
J'_2 = \frac{1}{6}\left[(\sigma_1 - \sigma_2)^2 + (\sigma_2 - \sigma_3)^2 + (\sigma_3 - \sigma_1)^2\right]
\tag{2-39}
$$

J'_3 有这样的特点：不管 S_{ij} 的分量多么大，只要有一个主偏应力为零，就有了 $J'_3 = 0$，这暗示 J'_3 在屈服条件中不可能起决定作用。在后面章节中将看到，J'_2 在屈服条件中起重要作用。

2.6 八面体应力与等效应力

2.6.1 八面体应力

在主应力空间里，通过物体内任一点 M 存在这样一个微元面，该微元面的外法线与三个应力主轴夹角相等，这种平面称为**等斜面**。等斜面的法线的三个方向余弦在绝对值上彼此相等，且它们的平方和为 1，因而这三个方向余弦为

$$
|l_1| = |l_2| = |l_3| = \frac{\sqrt{3}}{3}
$$

这样的微元面共有八个，它们可组成一个包含点 M 在内的无限小的正八面体，如图 2-7 所示。于是，等斜面常被称为**八面体面**。这些微元面上的应力，就称为**八面体应力**。

根据主应力空间中物体内一点任意微元面上的总应力、正应力和剪应力大小的计算公式式（2-27），有

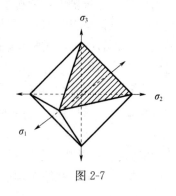

图 2-7

$$\begin{cases} p_8 = \sqrt{\sigma_1^2 l_1^2 + \sigma_2^2 l_2^2 + \sigma_3^2 l_3^2} = \dfrac{1}{\sqrt{3}} \sqrt{(\sigma_1^2 + \sigma_2^2 + \sigma_3^2)} \\[2mm] \sigma_8 = \sigma_1 l_1^2 + \sigma_2 l_2^2 + \sigma_3 l_3^2 = \dfrac{1}{3}(\sigma_1 + \sigma_2 + \sigma_3) = \dfrac{1}{3} J_1 \\[2mm] \tau_8 = \sqrt{p_8^2 - \sigma_8^2} = \dfrac{1}{3} \sqrt{(\sigma_1 - \sigma_2)^2 + (\sigma_2 - \sigma_3)^2 + (\sigma_3 - \sigma_1)^2} \end{cases} \tag{2-40}$$

式中，p_8、σ_8 和 τ_8 分别表示八面体上的总应力、正应力和剪应力。

同式（2-39）相比较可知

$$\tau_8 = \sqrt{\frac{2}{3} J_2'} \tag{2-41}$$

由应力张量的第一不变量表达式式（2-19）及应力偏张量的第二不变量的表达式式（2-38），式（2-40）第二式及式（2-41）可改写为如下用应力分量表示的形式：

$$\begin{cases} \sigma_8 = \dfrac{1}{3} J_1 = \dfrac{1}{3}(\sigma_x + \sigma_y + \sigma_z) \\[2mm] \tau_8 = \sqrt{\dfrac{2}{3} J_2'} = \dfrac{1}{3} \left[(\sigma_x - \sigma_y)^2 + (\sigma_y - \sigma_z)^2 + (\sigma_z - \sigma_x)^2 + 6(\tau_{xy}^2 + \tau_{yz}^2 + \tau_{zx}^2) \right]^{\frac{1}{2}} \end{cases}$$

$$\tag{2-42}$$

由此可见，σ_8 与应力球张量有关，即与 J_1 有关；τ_8 与应力偏张量的第二不变量 J_2' 有关。

2.6.2 等效应力

为了使不同应力状态的强度能进行比较，引入等效应力（或称应力强度）的概念。它的作用是将复杂的应力状态化作一个具有相同的"效应"的单向应力状态，因此称为"等效"。

在简单拉伸时，$\sigma_1 = \sigma$、$\sigma_2 = \sigma_3 = 0$，由式（2-39）可知此时 $J_2' = \dfrac{1}{3} \sigma^2$，即 $\sigma = \sqrt{3 J_2'}$。因此，如果认为 J_2' 相等的两个应力状态的力学效应相同，则对一般应力状态可以定义：

$$\begin{aligned} \bar{\sigma} &= \sqrt{3 J_2'} = \frac{1}{\sqrt{2}} \sqrt{(\sigma_1 - \sigma_2)^2 + (\sigma_2 - \sigma_3)^2 + (\sigma_3 - \sigma_1)^2} \\[2mm] &= \frac{1}{\sqrt{2}} \left[(\sigma_x - \sigma_y)^2 + (\sigma_y - \sigma_z)^2 + (\sigma_z - \sigma_x)^2 + 6(\tau_{xy}^2 + \tau_{yz}^2 + \tau_{zx}^2) \right]^{\frac{1}{2}} \\[2mm] &= \sqrt{\frac{3}{2}} \sqrt{S_{ij} S_{ij}} \end{aligned} \tag{2-43}$$

不难看出，$\bar{\sigma}$ 就是材料力学中第四强度理论的相当应力。在塑性力学中，被称为应力强度。注意，这里的"强度"或"等效"都是 J_2' 意义下衡量的，因简单拉伸时 $\bar{\sigma} = \sigma$，因此又称为等效正应力。

从式（2-43）可以看出，$\bar{\sigma}$ 与空间坐标轴的选取无关；各正应力增加或减少同一数值，即叠加一个静水应力状态时 $\bar{\sigma}$ 数值不变，即 $\bar{\sigma}$ 与应力球张量无关；主应力 σ_j（$j = 1, 2, 3$）全反号时 $\bar{\sigma}$ 的数值也不变。

在纯剪切中，$\sigma_1=\tau>0$，$\sigma_2=0$，$\sigma_1=-\tau<0$，由式（2-39）可知，此时 $J'_2=\tau^2$ 或 $\tau=\sqrt{3J'_2}$。因此，也可以定义：

$$\bar{\tau}\equiv\sqrt{3J'_2}=\frac{1}{\sqrt{6}}\left[(\sigma_1-\sigma_2)^2+(\sigma_2-\sigma_3)^2+(\sigma_3-\sigma_1)^2\right]^{\frac{1}{2}} \tag{2-44}$$

可把 $\bar{\tau}$ 称为剪应力强度，纯剪切时 $\bar{\tau}=\tau$，又称为等效剪应力。显然，剪应力强度与应力强度具有相同的特性。

至此，我们已经引进了三个与 $\sqrt{3J'_2}$ 成正比的量，即八面体剪应力 τ_8，应力强度 $\bar{\sigma}$ 和剪应力强度 $\bar{\tau}$，它们之间的换算关系为

$$\begin{cases}\tau_8=\sqrt{\frac{2}{3}J'_2}=\frac{\sqrt{2}}{3}\bar{\sigma}=\sqrt{\frac{2}{3}}\bar{\tau}\\[2mm]\bar{\sigma}=\sqrt{3J'_2}=\frac{3}{\sqrt{2}}\tau_8=\sqrt{3}\bar{\tau}\\[2mm]\bar{\tau}\equiv\sqrt{3J'_2}=\frac{1}{\sqrt{3}}\bar{\sigma}=\sqrt{\frac{3}{2}}\tau_8\end{cases} \tag{2-45}$$

这些量的引入，使我们有可能将复杂应力状态化作"等效"（在 J'_2 意义下等效）的单向应力状态，从而对不同应力状态的"强度"（在 J'_2 意义下的强度）作出定量的描述和比较。

2.7 洛德应力参数

如果将图 2-5 中的坐标原点 O 移到新的位置 O'（图 2-8），且使

$$OO'=\frac{1}{3}(\sigma_1+\sigma_2+\sigma_3)=\sigma_m$$

则有

$$O'P_1=\sigma_1-\sigma_m=S_1$$
$$O'P_2=\sigma_2-\sigma_m=S_2$$
$$O'P_3=\sigma_3-\sigma_m=S_3$$

所得移轴后的应力圆即为应力偏张量莫尔圆。

如果原点沿 σ_N 轴任意平移一个距离，就相当于在原有应力状态上叠加一个静水压力，这个叠加并不影响屈服和塑性变形，所以，τ_N 轴的平移与塑性变形无关，决定屈服和塑性变形的只是莫尔圆本身的大小。

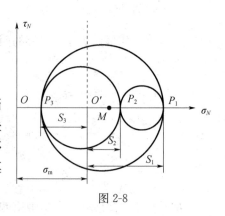

图 2-8

若以 M 点表示图 2-8 中 P_1P_3 的中点，则

$$MP_1=\tau_{max}=\frac{1}{2}(\sigma_1-\sigma_3)$$

$$MP_2=MP_1-P_2P_1=\frac{\sigma_1-\sigma_3}{2}-(\sigma_1-\sigma_2)=\frac{1}{2}(2\sigma_2-\sigma_1-\sigma_3)$$

为了考察中间应力 σ_2 对屈服的影响，可用 MP_2 与 MP_1 之比确定 P_2 在 P_1 与 P_3 之

间的相对位置，这就是洛德（Lode）在 1925 年引入的参数 μ_σ，称为洛德应力参数。

$$\mu_\sigma = \frac{MP_2}{MP_1} = \frac{2\sigma_2 - \sigma_1 - \sigma_3}{\sigma_1 - \sigma_3} = 2\frac{\sigma_2 - \sigma_3}{\sigma_1 - \sigma_3} - 1 = 2\frac{S_2 - S_3}{S_1 - S_3} - 1 \qquad (2\text{-}46)$$

当 P_2 点由 P_3 移向 P_1 时，μ_σ 的变化范围是 $-1 \leqslant \mu_\sigma \leqslant 1$。

下面三个特殊情况经常用到：

单向拉伸：$\sigma_1 > 0$，$\sigma_2 = \sigma_3 = 0$，则 $\mu_\sigma = -1$。

纯剪切：$\sigma_1 = -\sigma_3 > 0$，$\sigma_2 = 0$，则 $\mu_\sigma = 0$。

单向压缩：$\sigma_1 = \sigma_2 = 0$，$\sigma_3 < 0$ 则 $\mu_\sigma = 1$。

利用 $S_1 + S_2 + S_3 = 0$ 及参数 μ_σ 的定义式（2-46），就可以确定应力偏张量三个主分量的比值：

$$S_1 : S_2 : S_3 = (-3 + \mu_\sigma) : (-2\mu_\sigma) : (3 + \mu_\sigma)$$

在应力状态变化的过程中，若 μ_σ 不变，则该比值不变，因此 μ_σ 相同，三向应力圆相似。

由于 μ_σ 只由 P_1、P_2、P_3 三点相对位置决定，而与 σ_N-τ_N 坐标原点的选择无关，即与静水压力无关，所以 μ_σ 是描述应力偏张量的一个特征值。

综上所述，OO' 表示了一点应力状态的球张量部分，而以 O' 为坐标原点的三个莫尔圆（由 $\tau_{\max}$ 和 μ_σ 所确定）则表示了应力的偏张量部分。

2.8 应力偏张量矢量计算

与三维空间中 x、y、z 三个坐标值可以确定空间一个点的位置一样，一点的应力状态也可以用九维或六维应力空间中的一点表示，一点的应力张量有九个应力分量，以它们为九个坐标轴就得到假想的九维应力空间，考虑到九个应力分量中仅有六个是独立的，所以又可构成一个六维应力空间来描述应力状态，应力空间中任一点都可表示一个应力状态，由于我们讨论的仅仅是各向同性物体，它的力学行为与空间方向无关，只需要注意主应力的大小，而不考虑它们在物理空间中的方向，这样就可以采用主应力空间，它是以 σ_1、σ_2、σ_3 为坐标轴的假想三维空间，这个空间中的一点，就确定了用主应力 σ_1、σ_2、σ_3 所表示的一个应力状态。

现在讨论主应力空间中具有重要性质的 L 直线和 π 平面，如图 2-9 所示。

L 直线：主应力空间中过原点并与坐标轴成等角的直线，其方程为 $\sigma_1 = \sigma_2 = \sigma_3$，显然，$L$ 直线上的点代表物体中受静水应力点的状态，这样的应力状态将不产生塑性变形。

π 平面：主应力空间中过原点而与 L 直线相垂直的平面，其方程为 $\sigma_1 + \sigma_2 + \sigma_3 = 0$，由于 π 平面上的任意一点的平均正应力为零，所以 π 平面上的点对应于只有应力偏张量，不引起体积变形的应力状态。

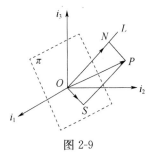

图 2-9

一般来说，主应力空间中任意一点 P 所确定的向量 $\boldsymbol{OP}$，总可以分解为：

$$\boldsymbol{OP} = \boldsymbol{OS} + \boldsymbol{ON} \qquad (2\text{-}47)$$

式中，**ON** 是 **OP** 在 L 直线上的分向量；**OS** 是 **OP** 在 π 平面上的分向量，这样，任意应力状态就被分解为两部分，分别与应力球张量部分和应力偏张量部分相对应。

为了讨论 π 平面上应力偏张量矢量的计算，我们将在主应力空间中，即在以 $(\sigma_1,\sigma_2,\sigma_3)$ 为坐标轴所构成的应力空间中来进行讨论。若以三个相互垂直的单位向量 i_1、i_2、i_3 作为主应力空间中的基向量，则任意一个应力状态都可以用该空间中一个向量 **OP** 表示（图 2-9）：

$$\boldsymbol{OP}=\sigma_1\,\boldsymbol{i}_1+\sigma_2\,\boldsymbol{i}_2+\sigma_3\,\boldsymbol{i}_3$$

上式还可以分解为偏量部分和静水压力部分：

$$\boldsymbol{OP}=S_1\,\boldsymbol{i}_1+S_2\,\boldsymbol{i}_2+S_3\,\boldsymbol{i}_3+(\sigma_\mathrm{m}\,\boldsymbol{i}_1+\sigma_\mathrm{m}\,\boldsymbol{i}_2+\sigma_\mathrm{m}\,\boldsymbol{i}_3)=\boldsymbol{OS}+\boldsymbol{ON}$$

式中，**OS** 为偏应力主向量，其分量为

$$S_\alpha=\sigma_\alpha-\sigma_\mathrm{m}\quad(\alpha=1,2,3)$$

ON 与向量 $\left(\dfrac{1}{\sqrt{3}},\dfrac{1}{\sqrt{3}},\dfrac{1}{\sqrt{3}}\right)$ 相平行，过原点 O 以 **ON** 为法线的平面可写为

$$\sigma_1+\sigma_2+\sigma_3=0 \tag{2-48}$$

即 π 平面，注意到

$$S_1+S_2+S_3=0$$

可见 **OS** 总是在 π 平面内。

将基向量 (i_1,i_2,i_3) 在 π 平面上的投影记为 (i'_1,i'_2,i'_3)，并在 π 平面上建立直角坐标系 Oxy，使 y 轴与 i'_2 相重合，如图 2-10 所示。这时，π 平面上任一点的位置既可用坐标 (x,y) 来表示，也可用 (S_1,S_2,S_3) 来表示，由于

$$S_1+S_2+S_3=0$$

因此，在 (S_1,S_2,S_3) 中只有两个独立参数。(x,y) 与 (S_1,S_2,S_3) 之间有单一的对应关系，利用简单的几何作图，如图 2-11 所示。图中的斜面与 π 平面平行，可知 i'_α 与 $i_\alpha(\alpha=1,2,3)$ 之间的夹角 β 满足

$$\cos\beta=\sqrt{\frac{2}{3}}$$

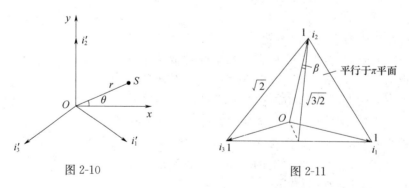

图 2-10   图 2-11

这说明向量 $i'_\alpha(\alpha=1,2,3)$ 的长度为 $\sqrt{\dfrac{2}{3}}$，于是，把 $S_1 i_1$、$S_2 i_2$ 和 $S_3 i_3$ 投影到 π 平面上时，可分别得到它们的 (x,y) 坐标值：

$$\left(\frac{\sqrt{3}}{2}S_1\cos\beta, \quad -\frac{1}{2}S_1\cos\beta\right)$$

$$(0, \quad S_2\cos\beta)$$

$$\left(-\frac{\sqrt{3}}{2}S_3\cos\beta, \quad -\frac{1}{2}S_3\cos\beta\right)$$

因此，OS（或 OP）在 π 平面上的坐标可写为

$$\begin{cases} x=\frac{\sqrt{2}}{2}(S_1-S_3)=\frac{\sqrt{2}}{2}(\sigma_1-\sigma_3) \\ y=\frac{1}{\sqrt{6}}(2S_2-S_1-S_3)=\frac{1}{\sqrt{6}}(2\sigma_2-\sigma_1-\sigma_3) \end{cases} \tag{2-49}$$

当采用极坐标表示时，则有

$$\begin{cases} r=\sqrt{x^2+y^2}=\sqrt{\frac{1}{2}(\sigma_1-\sigma_3)^2+\frac{1}{6}(2\sigma_2-\sigma_1-\sigma_3)^2}=\sqrt{2J'_2} \\ \tan\theta=\frac{y}{x}=\frac{1}{\sqrt{3}}\frac{2\sigma_2-\sigma_1-\sigma_3}{\sigma_1-\sigma_3}=\frac{1}{\sqrt{3}}\mu_\sigma \end{cases} \tag{2-50}$$

若规定 $\sigma_1\geqslant\sigma_2\geqslant\sigma_3$，$\mu_\sigma$ 的变化范围为 $-1\leqslant\mu_\sigma\leqslant1$，则 $-30°\leqslant\theta\leqslant30°$，例如：

单向拉伸（$\sigma_1=\sigma$，$\sigma_2=\sigma_3=0$）：$\mu_\sigma=-1$，$\theta=-30°$。

纯剪切（$\sigma_1=-\sigma_3=\sigma$，$\sigma_2=0$）：$\mu_\sigma=0$，$\theta=0°$。

单向压缩（$\sigma_1=\sigma_2=0$，$\sigma_3=-\sigma$）：$\mu_\sigma=1$，$\theta=30°$。

最后，将 $S_2=-(S_1+S_3)$ 代入式（2-49），就有

$$S_1-S_3=\sqrt{2}x=\sqrt{2}r\cos\theta \tag{2-51a}$$

$$S_1+S_3=-\sqrt{\frac{2}{3}}y=-\sqrt{\frac{2}{3}}r\sin\theta \tag{2-51b}$$

得

$$\begin{cases} S_1=\frac{1}{\sqrt{2}}x-\frac{1}{\sqrt{6}}y=\sqrt{\frac{2}{3}}r\sin\left(\theta+\frac{2\pi}{3}\right) \\ S_2=\sqrt{\frac{2}{3}}y=\sqrt{\frac{2}{3}}r\sin\theta \\ S_3=-\frac{1}{\sqrt{2}}x-\frac{1}{\sqrt{6}}y=\sqrt{\frac{2}{3}}r\sin\left(\theta-\frac{2\pi}{3}\right) \end{cases} \tag{2-51c}$$

2.9 应变分析

2.9.1 位移与应变张量

物体在荷载作用或温度变化情况下，各点的位置要发生变化，即发生位移。如果物体各点发生位移后，仍保持各点间的初始相对距离，那么物体实际上只产生了刚体移动和转动，称这种位移为刚体位移。如果物体各点发生位移后，改变了各点之间初始相对距离，则物体除了发生刚体位移外，同时还产生了形状的变化或大小的变化，统称为物

体产生了变形。

物体不论是发生空间的刚体运动还是形状与大小的变化，终归体现为物体内部每一点产生位移，因此，只要确定了物体内各点的位移，物体的变形状态也就确定了。在物体发生变形时，每一点都产生一个位移。通常任一点的位移用它在 x、y、z 三个轴上的投影 u、v、w 来表示，以沿坐标轴正方向的位移为正，沿负方向的位移为负，这三个投影就称为该点的位移分量。

由于变形过程中物体内各点的位移不同（即位移分量 u、v、w 是位置坐标 x、y、z 的函数），因此，在物体内任一点附近的任一微分线段在变形以后，不仅有长短的改变，而且会有方向的改变。为了研究某一点附近的变形情况，可以在该点沿坐标轴 x、y、z 的正方向取三个微小的线段，在变形以后，这些线段的长度以及它们之间的直角都会改变。通常，把各线段每单位长度的伸缩（相对伸缩）称为正应变，分别用 ε_x、ε_y、ε_z 表示，以伸长为正，缩短为负。各线段之间的直角的改变（用弧度表示）称为剪应变，分别用 γ_{xy}、γ_{yz}、ε_{zx} 表示，以直角变小为正，变大为负。正应变和剪应变都是无量纲的量。可以证明，由这六个应变分量就足以完全确定该点附近的变形状态。

关于应变分量和位移分量之间的关系即几何方程，在小变形的情况下为

$$\begin{cases} \varepsilon_x = \dfrac{\partial u}{\partial x} & r_{xy} = \dfrac{\partial v}{\partial x} + \dfrac{\partial u}{\partial y} \\[2mm] \varepsilon_y = \dfrac{\partial v}{\partial y} & r_{yz} = \dfrac{\partial w}{\partial y} + \dfrac{\partial v}{\partial z} \\[2mm] \varepsilon_z = \dfrac{\partial w}{\partial z} & r_{zx} = \dfrac{\partial u}{\partial z} + \dfrac{\partial w}{\partial x} \end{cases} \tag{2-52}$$

其中，剪应变是按照工程的定义，其变形几何方程的具体推导在弹性力学书中都有详细介绍。

由几何方程可知，当物体的位移分量完全确定时，应变分量是完全确定的；但是，当应变分量完全确定时，位移分量不能完全确定。

为了使 ε_{ij} 构成一个二阶对称张量即应变张量，取 ε_{xy}、ε_{yz}、ε_{zx} 为工程剪应变 γ_{xy}、γ_{yz}、γ_{zx} 的一半，即

$$\varepsilon_{xy} = \frac{1}{2}\gamma_{xy} \quad \varepsilon_{yz} = \frac{1}{2}\gamma_{yz} \quad \varepsilon_{zx} = \frac{1}{2}\gamma_{zx}$$

也就是说

$$\varepsilon_{ij} = \begin{bmatrix} \varepsilon_{xx} & \varepsilon_{xy} & \varepsilon_{xz} \\ \varepsilon_{yx} & \varepsilon_{yy} & \varepsilon_{yz} \\ \varepsilon_{zx} & \varepsilon_{zy} & \varepsilon_{zz} \end{bmatrix} = \begin{bmatrix} \varepsilon_x & \dfrac{1}{2}\gamma_{xy} & \dfrac{1}{2}\gamma_{xz} \\[2mm] \dfrac{1}{2}\gamma_{yx} & \varepsilon_y & \dfrac{1}{2}\gamma_{yz} \\[2mm] \dfrac{1}{2}\gamma_{zx} & \dfrac{1}{2}\gamma_{zy} & \varepsilon_z \end{bmatrix}$$

用张量下标记法时，以 x_i 记 x、y、z，以 u_i 记 u、v、w，于是：

$$\varepsilon_x = \varepsilon_{xx} = \varepsilon_{11} = \frac{\partial u}{\partial x} = \frac{\partial u_1}{\partial x_1} = u_{1,1}$$

$$\varepsilon_{xy} = \varepsilon_{12} = \frac{1}{2}\left(\frac{\partial u}{\partial y} + \frac{\partial v}{\partial x}\right) = \frac{1}{2}\left(\frac{\partial u_1}{\partial x_2} + \frac{\partial u_2}{\partial x_1}\right) = \frac{1}{2}(u_{1,2} + u_{2,1})$$

则上列公式可写成张量形式：

$$\varepsilon_{ij} = \frac{1}{2}(u_{i,j} + u_{j,i}) \tag{2-53}$$

由此式可知

$$\varepsilon_{ij} = \varepsilon_{ji}$$

2.9.2 应变张量的坐标变换规律

与应力张量的坐标变换规律相似，如果坐标系仅做平移变换，则同一点的各个应变张量分量是不会发生变化的；只有在坐标系做旋转变换时，同一点的各个应变张量分量才会改变。

设在一给定的直角坐标系 $Oxyz$ 下，某一点的小应变分量为 ε_{ij}，在坐标轴旋转任一角度而得的新坐标系 $Ox'y'z'$ 里，该点的小应变分量表示为 $\varepsilon'_{i'j'}$。由式（2-53）知，直角坐标系下，小应变分量可用位移表示为

$$\varepsilon_{ij} = \frac{1}{2}(u_{i,j} + u_{j,i})$$

同理有

$$\varepsilon'_{i'j'} = \frac{1}{2}(u'_{i',j'} + u'_{j',i'}) \tag{2-54}$$

利用附录 B 中同一矢量在坐标轴旋转变换下，其各分量的转换关系式（B.3）和式（B.5），不难得

$$x'_{i'} = l_{i'n}x_n, \quad u'_{i'} = l_{i'm}u_m, \quad x_n = l_{k'n}x'_{k'} \tag{2-55}$$

进一步可得

$$\frac{\partial x_n}{\partial x'_{k'}} = l_{k'n} \tag{2-56}$$

由式（2-54），得

$$\begin{aligned}
\varepsilon'_{i'j'} &= \frac{1}{2}(u'_{i',j'} + u'_{j',i'}) \\
&= \frac{1}{2}\left(\frac{\partial(l_{i'm}u_m)}{\partial x'_{j'}} + \frac{\partial(l_{j'n}u_n)}{\partial x'_{i'}}\right) \\
&= \frac{1}{2}\left(l_{i'm}\frac{\partial(u_m)}{\partial x'_{j'}} + l_{j'n}\frac{\partial(u_n)}{\partial x'_{i'}}\right) \\
&= \frac{1}{2}\left(l_{i'm}\frac{\partial(u_m)}{\partial x_n}\frac{\partial x_n}{\partial x'_{j'}} + l_{j'n}\frac{\partial(u_n)}{\partial x_m}\frac{\partial x_m}{\partial x'_{i'}}\right)
\end{aligned} \tag{2-57}$$

利用式（2-56），进一步得

$$\varepsilon'_{i'j'} = \frac{1}{2}\left(l_{i'm}\frac{\partial(u_m)}{\partial x_n}l_{j'n} + l_{j'n}\frac{\partial(u_n)}{\partial x_m}l_{i'm}\right) \doteq \frac{1}{2}\left(\frac{\partial(u_m)}{\partial x_n} + \frac{\partial(u_n)}{\partial x_m}\right)l_{i'm}l_{j'n}$$

将上式与式（2-53）比较，不难得

$$\varepsilon'_{i'j'} = l_{i'm}l_{j'n}\varepsilon_{mn} \tag{2-58}$$

显然满足二阶张量的定义式（B.6），可见，在小变形前提下，同一点的应变张量分量服从张量的变换规律，且组成一个对称的二阶张量，我们称之为应变张量。不难理解，虽然经转轴后各应变张量分量分别改变了，但它们作为一个"整体"所描绘的一点

的变形状态是不变的。

式（2-58）展开可写成

$$
\begin{cases}
\varepsilon'_{x'}=\varepsilon_x l_{1'1}^2+\varepsilon_y l_{1'2}^2+\varepsilon_z l_{1'3}^2+2(\varepsilon_{xy}l_{1'1}l_{1'2}+\varepsilon_{yz}l_{1'2}l_{1'3}+\varepsilon_{zx}l_{1'3}l_{1'1}) \\
\varepsilon'_{y'}=\varepsilon_x l_{2'1}^2+\varepsilon_y l_{2'2}^2+\varepsilon_z l_{2'3}^2+2(\varepsilon_{xy}l_{2'1}l_{2'2}+\varepsilon_{yz}l_{2'2}l_{2'3}+\varepsilon_{zx}l_{2'3}l_{2'1}) \\
\varepsilon'_{z'}=\varepsilon_x l_{3'1}^2+\varepsilon_y l_{3'2}^2+\varepsilon_z l_{3'3}^2+2(\varepsilon_{xy}l_{3'1}l_{3'2}+\varepsilon_{yz}l_{3'2}l_{3'3}+\varepsilon_{zx}l_{3'3}l_{3'1}) \\
\varepsilon'_{x'y'}=\varepsilon'_{y'x'}=\varepsilon_x l_{1'1}l_{2'1}+\varepsilon_y l_{1'2}l_{2'2}+\varepsilon_z l_{1'3}l_{2'3} \\
\qquad\quad+\varepsilon_{xy}(l_{1'1}l_{2'2}+l_{1'2}l_{2'1})+\varepsilon_{yz}(l_{1'3}l_{2'2}+l_{1'2}l_{2'3})+\varepsilon_{zx}(l_{1'1}l_{2'3}+l_{1'3}l_{2'1}) \\
\varepsilon'_{y'z'}=\varepsilon'_{z'y'}=\varepsilon_x l_{2'1}l_{3'1}+\varepsilon_y l_{2'2}l_{3'2}+\varepsilon_z l_{2'3}l_{3'3} \\
\qquad\quad+\varepsilon_{xy}(l_{2'1}l_{3'2}+l_{2'2}l_{3'1})+\varepsilon_{yz}(l_{2'2}l_{3'3}+l_{2'3}l_{3'2})+\varepsilon_{zx}(l_{2'1}l_{3'3}+l_{2'3}l_{3'1}) \\
\varepsilon'_{z'x'}=\varepsilon'_{x'z'}=\varepsilon_x l_{3'1}l_{1'1}+\varepsilon_y l_{3'2}l_{1'2}+\varepsilon_z l_{3'3}l_{1'3} \\
\qquad\quad+\varepsilon_{xy}(l_{3'1}l_{1'2}+l_{3'2}l_{1'1})+\varepsilon_{yz}(l_{3'2}l_{1'3}+l_{3'3}l_{1'2})+\varepsilon_{zx}(l_{3'1}l_{1'3}+l_{3'3}l_{1'1})
\end{cases}
$$

2.9.3　主应变与主应变方向

物体内每一点都存在着应变状态，与一点的应力状态可以完全用该点的应力张量描绘一样，任一点的应变状态也完全可以用该点的应变张量描绘。既然应变张量是一个实对称的二阶张量，必然存在三个实数的主值及其相应的主方向。这三个主值称为主应变，它们均满足如下的应变张量的特征方程：

$$\varepsilon^3-I_1\varepsilon^2-I_2\varepsilon-I_3=0 \tag{2-59}$$

这里，I_1、I_2 和 I_3 分别称为应变张量的第一、第二和第三不变量，它们的值分别为

$$
\begin{cases}
I_1=\varepsilon_x+\varepsilon_y+\varepsilon_z \\
I_2=-(\varepsilon_x\varepsilon_y+\varepsilon_y\varepsilon_z+\varepsilon_z\varepsilon_x)+\dfrac{1}{4}(r_{xy}^2+r_{yz}^2+r_{zx}^2) \\
I_3=\begin{vmatrix} \varepsilon_x & \varepsilon_{xy} & \varepsilon_{xz} \\ \varepsilon_{yx} & \varepsilon_y & \varepsilon_{yz} \\ \varepsilon_{zx} & \varepsilon_{zy} & \varepsilon_z \end{vmatrix}
\end{cases} \tag{2-60}
$$

由式（2-59）可以求得三个主应变 ε_1、ε_2 和 ε_3；进一步还可求得与主应变 ε_1、ε_2 和 ε_3 对应的三个主方向，称为主应变方向。

主应变和主应变方向的物理意义可以这样来理解：由于物体内任一点的应变张量分量都将随着坐标系的旋转而改变，因此，对任一确定的点，总是存在这样的一个坐标系，在该坐标系下，只有正应变分量，而所有剪应变分量为零。也就是说，通过物体内任一点总是存在三个互相垂直的方向，沿这三个方向的微线段在物体发生形状变化后，只是各自地改变了长度，而其相互之间的夹角始终保持为直角。这样的方向即为主应变方向，沿主应变方向的正应变分量即为主应变。

若受力体中某点的应力、应变满足广义胡克定律，那么该点的应力主方向和主应变方向重合。

若以通过物体内任一点三个互相垂直的主应变方向作为直角坐标系的三个坐标轴，建立起来的坐标空间就称为主应变空间。在主应变空间中，该点的应变张量 ε_{ij} 可表示为

$$\varepsilon_{ij} = \begin{bmatrix} \varepsilon_1 & 0 & 0 \\ 0 & \varepsilon_2 & 0 \\ 0 & 0 & \varepsilon_3 \end{bmatrix}$$

在主应变空间中，应变张量的三个不变量就分别为

$$\begin{cases} I_1 = \varepsilon_1 + \varepsilon_2 + \varepsilon_3 \\ I_2 = -(\varepsilon_1\varepsilon_2 + \varepsilon_2\varepsilon_3 + \varepsilon_3\varepsilon_1) \\ I_3 = \varepsilon_1\varepsilon_2\varepsilon_3 \end{cases} \tag{2-61}$$

2.9.4 应变张量的分解

与应力张量类似，应变张量也可分解为应变球张量和应变偏张量，它们之间的关系为

$$\varepsilon_{ij} = \varepsilon_m \delta_{ij} + e_{ij}$$

式中，$\varepsilon_m \delta_{ij}$ 和 e_{ij} 分别表示应变球张量和应变偏张量，它们分别由如下定义式定义：

$$\varepsilon_m \delta_{ij} = \begin{bmatrix} \varepsilon_m & 0 & 0 \\ 0 & \varepsilon_m & 0 \\ 0 & 0 & \varepsilon_m \end{bmatrix} \tag{2-62}$$

及

$$e_{ij} = \begin{bmatrix} e_{xx} & e_{xy} & e_{xz} \\ e_{yx} & e_{yy} & e_{yz} \\ e_{zx} & e_{zy} & e_{zz} \end{bmatrix} = \begin{bmatrix} \varepsilon_x - \varepsilon_m & \dfrac{1}{2}\gamma_{xy} & \dfrac{1}{2}\gamma_{xz} \\ \dfrac{1}{2}\gamma_{yx} & \varepsilon_y - \varepsilon_m & \dfrac{1}{2}\gamma_{yz} \\ \dfrac{1}{2}\gamma_{zx} & \dfrac{1}{2}\gamma_{zy} & \varepsilon_z - \varepsilon_m \end{bmatrix} \tag{2-63}$$

式中，$\varepsilon_m = \dfrac{1}{3}(\varepsilon_1 + \varepsilon_2 + \varepsilon_3) = \dfrac{1}{3}(\varepsilon_x + \varepsilon_y + \varepsilon_z) = \dfrac{1}{3}I_1$，称为平均正应变。

由式（2-63）可见，应变偏张量也是一个实对称的二阶张量，因此，存在三个主值及其相应的主方向。同样可以证明，应变偏张量的主方向与应变张量的主方向一致，而且应变偏张量的主值 e_1、e_2 和 e_3 与应变张量的主应变 ε_1、ε_2 和 ε_3 之间存在如下关系：

$$\begin{cases} e_1 = \varepsilon_1 - \varepsilon_m \\ e_2 = \varepsilon_2 - \varepsilon_m \\ e_3 = \varepsilon_3 - \varepsilon_m \end{cases} \tag{2-64}$$

同样，应变偏张量也存在三个不变量，它们分别表示为

$$\begin{cases} I'_1 = e_x + e_y + e_z = e_1 + e_2 + e_3 = 0 \\ I'_2 = \dfrac{1}{6}\left[(\varepsilon_x - \varepsilon_y)^2 + (\varepsilon_y - \varepsilon_z)^2 + (\varepsilon_z - \varepsilon_x)^2\right] + \dfrac{1}{4}(\gamma_{xy}^2 + \gamma_{yz}^2 + \gamma_{zx}^2) \\ \quad = \dfrac{1}{6}\left[(\varepsilon_1 - \varepsilon_2)^2 + (\varepsilon_2 - \varepsilon_3)^2 + (\varepsilon_3 - \varepsilon_1)^2\right] \\ I'_3 = \begin{vmatrix} e_x & e_{xy} & e_{xz} \\ e_{yx} & e_y & e_{yz} \\ e_{zx} & e_{zy} & e_z \end{vmatrix} = e_1 e_2 e_3 \end{cases} \tag{2-65}$$

2.9.5 体积应变

现在来考察物体变形后单位体积的变化，即体积应变。在变形前的物体内取出一个微小的平行六面体，使其三个棱边分别与三个坐标轴平行，设变形前它的棱边长度分别等于 Δx、Δy、Δz，于是该微小平行六面体的体积为 $V=\Delta x\Delta y\Delta z$；在变形之后，它的体积成为

$$V' \approx (\Delta x+\varepsilon_x\Delta x)(\Delta y+\varepsilon_y\Delta y)(\Delta z+\varepsilon_z\Delta z)$$

略去二次以上的无穷小量，可得

$$V' \approx \Delta x\Delta y\Delta z(1+\varepsilon_x+\varepsilon_y+\varepsilon_z)=V(1+\varepsilon_x+\varepsilon_y+\varepsilon_z)$$

如果用 Θ 表示单位体积的变化即体积应变，则由上式得

$$\Theta=\frac{V'-V}{V}=\varepsilon_x+\varepsilon_y+\varepsilon_z=I_1 \tag{2-66}$$

2.9.6 等效应变和洛德应变参数

与应力分析类似，只要我们以 ε_x，…，$\frac{1}{2}\gamma_{xy}$，…代换式（2-40）和式（2-42）中的 σ_x，…，τ_{xy}，…，不难推导出等斜面（八面体面）上的正应变和剪应变（八面体剪应力的指向和相应的八面体面的外法线方向所交直角的改变量）分别为

$$\begin{cases}\varepsilon_8=\dfrac{1}{3}(\varepsilon_1+\varepsilon_2+\varepsilon_3)=\varepsilon_m \\ \gamma_8=\dfrac{2}{3}\sqrt{(\varepsilon_1-\varepsilon_2)^2+(\varepsilon_2-\varepsilon_3)^2+(\varepsilon_3-\varepsilon_1)^2}=\sqrt{\dfrac{8}{3}I'_2} \\ \quad=\dfrac{2}{3}\left[(\varepsilon_x-\varepsilon_y)^2+(\varepsilon_y-\varepsilon_z)^2+(\varepsilon_z-\varepsilon_x)^2+\dfrac{3}{2}(\gamma_{xy}^2+\gamma_{yz}^2+\gamma_{zx}^2)\right]^{\frac{1}{2}}\end{cases} \tag{2-67}$$

同样，也可以定义应变强度和剪应变强度。

当材料不可压缩时，即有 $\varepsilon_m=0$，在简单拉伸情况下 $\varepsilon_1=\varepsilon$、$\varepsilon_2=\varepsilon_3=-\dfrac{1}{2}\varepsilon$，故有 $I'_2=\dfrac{3}{4}\varepsilon^2$，于是定义应变强度为

$$\bar{\varepsilon}\equiv\sqrt{\frac{4}{3}I'_2}=\frac{\sqrt{2}}{3}\sqrt{(\varepsilon_1-\varepsilon_2)^2+(\varepsilon_2-\varepsilon_3)^2+(\varepsilon_3-\varepsilon_1)^2}$$

$$=\frac{\sqrt{2}}{3}\left[(\varepsilon_x-\varepsilon_y)^2+(\varepsilon_y-\varepsilon_z)^2+(\varepsilon_z-\varepsilon_x)^2+\frac{3}{2}(\gamma_{xy}^2+\gamma_{yz}^2+\gamma_{zx}^2)\right]^{\frac{1}{2}} \tag{2-68a}$$

不可压缩材料简单拉伸时有 $\bar{\varepsilon}=\varepsilon$，所以也称等效应变。

亦可用应变偏张量的分量来表达，即

$$\bar{\varepsilon}=\sqrt{\frac{2}{3}\left[e_x^2+e_y^2+e_z^2+\frac{1}{2}(\gamma_{xy}^2+\gamma_{yz}^2+\gamma_{zx}^2)\right]^{\frac{1}{2}}} \tag{2-68b}$$

或表示为

$$\bar{\varepsilon}=\sqrt{\frac{2}{3}}\sqrt{e_{ij}e_{ji}} \tag{2-68c}$$

在纯剪切情况下，由主应变公式有 $\varepsilon_1=-\varepsilon_3=\frac{1}{2}\gamma>0$，$\varepsilon_2=0$，所以 $I'_2=\frac{1}{4}\gamma^2$，于是定义剪应变强度为

$$\bar{\gamma}\equiv 2\sqrt{I'_2}=\sqrt{3}\bar{\varepsilon}=\sqrt{\frac{2}{3}\left[(\varepsilon_1-\varepsilon_2)^2+(\varepsilon_2-\varepsilon_3)^2+(\varepsilon_3-\varepsilon_1)^2\right]}$$

$$=\sqrt{\frac{2}{3}}\left[(\varepsilon_x-\varepsilon_y)^2+(\varepsilon_y-\varepsilon_z)^2+(\varepsilon_z-\varepsilon_x)^2+\frac{3}{2}(\gamma_{xy}^2+\gamma_{yz}^2+\gamma_{zx}^2)\right]^{\frac{1}{2}} \quad (2-69)$$

由于纯剪切时，$\bar{\gamma}=\gamma$，所以 $\bar{\gamma}$ 也称等效剪应变。

与应力空间类似，同样，可以由 ε_1、ε_2、ε_3 为正交坐标轴构成一个主应变空间，则该空间内任意一点就相应于物体内某点的应变状态，可以用这样的应变空间来研究应变状态。仿照应力圆和洛德应力参数，同样有应变圆并定义洛德应变参数为

$$\mu_\varepsilon=\frac{2\varepsilon_2-\varepsilon_1-\varepsilon_3}{\varepsilon_1-\varepsilon_3}=2\frac{\varepsilon_2-\varepsilon_3}{\varepsilon_1-\varepsilon_3}-1 \quad (2-70)$$

一般情况下，μ_ε 的变化范围也为 $-1\leqslant\mu_\varepsilon\leqslant1$。

三个特殊情况如下：

单向拉伸：$\varepsilon_1>0$，$\varepsilon_2=\varepsilon_3=-\nu\varepsilon_1$，则 $\mu_\varepsilon=-1$。

纯剪切：$\varepsilon_1=-\varepsilon_3>0$，$\varepsilon_2=0$，则 $\mu_\varepsilon=0$。

单向压缩：$\varepsilon_3<0$，$\varepsilon_1=\varepsilon_2=-\nu\varepsilon_3$，则 $\mu_\varepsilon=1$。

洛德应力参数表示了一点应力状态的特征，而洛德应变参数则表示了一点应变状态的特征。

2.9.7 应变率张量及应变增量张量

当物体进入塑性变形阶段以后，物体内的应力与变形之间不再是原来的一一对应的单值关系，而与加载历史有关，另外，塑性变形时的变形是比较大的，因此，必须考虑现在的变形状态和稍许发展了的变形状态之间的应变增量。

当介质处于运动状态时，以 v_i 表示速度的三个分量，从某时刻 t 开始，经过无限小的时间 dt 后，获得位移 $du_i=v_i dt$。由于 dt 很小，因此 du_i 及其对坐标的导数都很小，可以应用小变形公式求得相应的应变：

$$d\varepsilon_{ij}=\frac{1}{2}(du_{i,j}+du_{j,i})=\frac{1}{2}(v_{i,j}+v_{j,i})dt$$

如果按 $d\varepsilon_{ij}=\dot{\varepsilon}_{ij}dt$ 来定义 $\dot{\varepsilon}_{ij}$ 为**应变率张量**，则由上式得

$$\dot{\varepsilon}_{ij}=\frac{1}{2}(v_{i,j}+v_{j,i}) \quad (2-71)$$

这样定义的 $\dot{\varepsilon}_{ij}$，不论 $\dot{\varepsilon}_{ij}$ 大小都成立，但要求是对每一瞬时状态的应变进行计算，而不是按初始位置计算的。对应变率张量 $\dot{\varepsilon}_{ij}$，可以类似于应变张量 ε_{ij} 求出主方向、主应变率、偏应变率张量 $\dot{e}_{ij}$ 及相应的不变量等，只需要在前面得到的 ε_{ij} 的对应诸量上面加上点号，就可以了。

通过大量的试验发现，在温度不高和缓慢加载的情况下，金属材料的塑性性能一般与时间因素无关。因此，这里的 dt 可以不代表真实时间，而代表一小段过程。于是，可以不用应变率张量 $\dot{\varepsilon}_{ij}$，而采用**应变增量张量** $d\varepsilon_{ij}$，它是用位移增量微分得来的，即

$$d\varepsilon_{ij} = \frac{1}{2}(du_{i,j} + du_{j,i}) \tag{2-72}$$

此式同式（2-71）一样，也是按瞬时状态计算的。

如果按初始状态来计算应变张量的增量，则它是 $t+\Delta t$ 时刻的 ε_{ij} 与 t 时刻的 ε_{ij} 之差，即

$$d(\varepsilon_{ij}) = \varepsilon_{ij}(t+\Delta t) - \varepsilon_{ij}(t) \tag{2-73}$$

式中，$\varepsilon_{ij}(t+\Delta t)$ 和 $\varepsilon_{ij}(t)$ 两个应变均按初始状态计算，故 $d(\varepsilon_{ij})$ 也按初始状态计算。在大变形（有限变形）情况下，式（2-72）与式（2-73）并不相等，即

$$d\varepsilon_{ij} \neq d(\varepsilon_{ij})$$

只有在小变形的情况下，按瞬时状态计算与按初始状态计算的差别可以忽略不计时，才有

$$d\varepsilon_{ij} = d(\varepsilon_{ij})$$

但是，即使是小变形，也只有在 ε_{ij} 的各分量都按同一比例变化时，其主应变的方向才能保持不变，才能有

$$d\varepsilon_j = d(\varepsilon_j), j = 1, 2, 3$$

这里 $d\varepsilon_j$ 表示 $d\varepsilon_{ij}$ 的三个主值，而

$$d(\varepsilon_j) = \varepsilon_j(t+\Delta t) - \varepsilon_j(t)$$

是 $t+\Delta t$ 时刻的主应变与 t 时刻主应变之差。

应变增量张量也有三个主方向、三个主应变增量，它也可以分解成球张量和偏张量，并可定义应变增量强度为

$$\begin{aligned} d\bar{\varepsilon} &\equiv \frac{\sqrt{2}}{3}\sqrt{(d\varepsilon_1 - d\varepsilon_2)^2 + (d\varepsilon_2 - d\varepsilon_3)^2 + (d\varepsilon_3 - d\varepsilon_1)^2} \\ &= \frac{\sqrt{2}}{3}\left[(d\varepsilon_x - d\varepsilon_y)^2 + (d\varepsilon_y - d\varepsilon_z)^2 + (d\varepsilon_z - d\varepsilon_x)^2 + \frac{3}{2}(d\gamma_{xy}^2 + d\gamma_{yz}^2 + d\gamma_{zx}^2)\right]^{\frac{1}{2}} \end{aligned} \tag{2-74}$$

在一般情况下，应变增量强度也不等于应变强度的全微分，即

$$d\bar{\varepsilon} \neq d(\bar{\varepsilon})$$

习　　题

2-1 物体中某一点的应力张量为

$$\sigma_{ij} = \begin{bmatrix} 10 & 0 & -10 \\ 0 & -10 & 0 \\ -10 & 0 & 10 \end{bmatrix} \text{MN/m}^2$$

求该点应力张量的三个不变量、主应力、应力偏张量的三个不变量。

2-2 物体中某点的应力张量为

$$\sigma_{ij} = \begin{bmatrix} 50 & 0 & 0 \\ 0 & 50 & 0 \\ 0 & 0 & -100 \end{bmatrix} \text{MN/m}^2$$

试求通过该点的八面体上的正应力、剪应力和总应力。

2-3 推求应力偏张量第二不变量 J'_2 的几种不同的表达式。

2-4 若 $\sigma_1 \geqslant \sigma_2 \geqslant \sigma_3$ 及 $\mu_\sigma = \dfrac{2\sigma_2 - \sigma_1 - \sigma_3}{\sigma_1 - \sigma_3}$，试证明 $\dfrac{\tau_8}{\tau_{\max}} = \dfrac{\sqrt{2(3 + \mu_\sigma^2)}}{3}$，而此值介于 $0.817 \sim 0.943$ 之间。

2-5 设有厚度为 h，平均半径为 R 的薄圆管，承受轴向拉力 P 和扭转力偶矩 T 作用，试求此时的洛德（W. Lode）应力参数 μ_σ。

2-6 试证明 $\mu_\sigma = \dfrac{3S_2}{S_1 - S_3}$，式中 S_1、S_2、S_3 为主偏应力。

2-7 已知物体内一点的 $J_1 = 60\text{Pa}$，$S_x = 50\text{Pa}$，$S_y = -10\text{Pa}$，$\tau_{xy} = 35\text{Pa}$，$\tau_{yz} = 0$，$\tau_{zx} = 27\text{Pa}$，求该点的应力张量 σ_{ij}。

2-8 用应力分量表示平面应力问题和平面应变问题的应力强度 $\bar{\sigma}$（$\nu = 0.5$）。

第 3 章 屈服条件

物体受到外部荷载作用时就要产生变形，随着荷载的增加，当变形达到一定程度时，开始产生非弹性变形，即开始产生永久变形。那么由弹性变形过渡到非弹性变形的条件是什么？也就是说将物体从自然状态开始加载，当应力达到什么程度时开始产生塑性变形，以及应力如何变化才能使塑性变形继续发展？前者是初始屈服问题，后者是后继屈服问题。本章着重介绍常用的判断延性金属材料屈服和岩土材料屈服的几个条件。然后讨论一下变形硬化的问题，即后继屈服的问题。

3.1 屈服函数和屈服曲面

3.1.1 屈服函数

物体受到外部荷载（或作用）后，最初是产生弹性变形，随着荷载逐渐增加到一定程度，有可能使物体内应力较大的部位开始出现塑性变形，这种由弹性状态进入塑性状态属于初始屈服。研究物体内一点开始出现塑性变形时其应力状态所应满足的条件，称为**初始屈服条件**，简称为**屈服条件**，又称为**塑性条件**。

对简单的应力状态，如对物体进行单向拉伸，当拉应力 σ 达到材料屈服极限 σ_s 时开始屈服，所以这个条件可写成

$$\sigma = \sigma_s \qquad \text{或} \qquad \sigma - \sigma_s = 0$$

对于纯剪状态，是当剪应力 τ 达到材料剪切屈服极限 τ_s 时开始屈服，纯剪屈服条件为

$$\tau = \tau_s \qquad \text{或} \qquad \tau - \tau_s = 0$$

在一般情况下，应力状态是由六个独立的应力分量确定的，六个分量与坐标轴的选择有关。不能简单地取某一个应力分量作为判断是否开始屈服的标准。屈服条件不但与六个应力分量有关，还与材料的性质有关，即屈服条件可以写成下面的函数关系：

$$f(\sigma_x, \cdots, \tau_{xy}, \cdots,) = 0 \qquad \text{或} \qquad f(\sigma_{ij}) = 0 \qquad (3-1)$$

该函数称为**初始屈服函数**。

若材料属于均质各向同性，即对任一点的任何方向，其力学性质都相同，则 f 与应力的方向无关，应该用与坐标轴的选择无关的应力不变量来表示。如用三个主应力来表示

$$f(\sigma_1, \sigma_2, \sigma_3) = 0 \qquad (3-2)$$

或用应力张量的三个不变量来表示

$$f(J_1, J_2, J_3) = 0 \qquad (3-3)$$

试验结果证明，各向均匀应力状态只产生弹性的体积变化，对材料的屈服几乎没有影响。因此，可以认为这种屈服条件与平均应力 J_1 无关，f 又可以用应力偏张量的不

变量来表示（注意 $J'_1 = 0$）：

$$f(J'_2, J'_3) = 0 \qquad (3-4)$$

3.1.2 屈服曲面

物体单向拉压时应力空间是一维的，初始屈服条件是两个离散的点，即拉（压）初始屈服点。在复杂应力状态下，初始屈服函数在应力空间中表示一个曲面，该曲面称为**初始屈服曲面**。它是初始弹性阶段的界限，当应力点位于此曲面之内即 $f < 0$ 时，材料处于弹性状态；当应力点位于曲面之上即 $f = 0$ 时，材料开始屈服，进入塑性状态。这个曲面就是由达到初始屈服的各种应力状态点集合而成的，它相当于简单拉伸曲线上的初始屈服点。

设主应力空间中一点 P 已达到屈服，其应力矢量为 **OP**，如图 3-1 所示。将 **OP** 分解为两个矢量，一个为在 π 平面上的 **OS**，一个是垂直于 π 平面的 **SP**，**SP** 代表静水应力部分，它不影响屈服。点 P 的屈服只取决于应力偏张量 **OS**。如果过点 P 引与 L 直线相平行的直线，则其上的点 P_1、P_2，等在 π 平面上的投影均为 S，它们都是屈服曲面上的点，亦即直线 SP 是屈服面上的一条直线。由此可知，屈服曲面是一个以平行于 L 线的直线（SP）为母线的柱面。所以，只需研究它与 π 平面的交线，将该交线称为**屈服曲线**，或称为**曲服轨迹**。

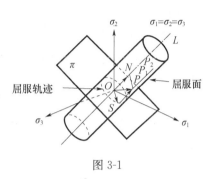

图 3-1

现在来进行分析。假定材料：

（1）均匀各向同性；

（2）没有 Bauschinger 效应（这对单晶体金属是正确的，对多晶体金属，经过退火消除了由晶体取向不同所引起的内应力以后，也是正确的）；

（3）塑性变形与平均应力无关（在静水压力不太大的情况下，这个假设对许多金属与饱和土质是适用的，但对于岩土一类材料，这个假定并不符合实际）。

在上述情况下，如果纸面为 π 平面，三个主应力轴在 π 平面上的投影分别为 σ'_1、σ'_2、σ'_3，屈服曲线是其上的一条封闭曲线（图 3-2），它具有如下性质：

（1）屈服曲线是一条将原点包围在内部的封闭曲线。因为材料只有应力的大小达到一定数值时才会屈服，所以屈服曲线不会通过原点 O，而且是封闭的。如果屈服曲线不封闭，在不封闭处材料将会出现永不屈服的状态，屈服曲线必须封闭。

（2）材料的初始屈服只有一次，所以由 O 向外作的直线与屈服曲线只能相交一次，即屈服曲线是外凸的（证明见 4.8.2 节）。图 3-3 所示的那种情况是不可能的。

（3）既然材料是均匀各向同性的，如果应力空间中的点 $(\sigma_1, \sigma_2, \sigma_3)$ 在屈服曲面上，则点 $(\sigma_1, \sigma_3, \sigma_2)$ 也必在屈服曲面上，它们在 π 平面上的投影对称于 σ'_1 轴，即直线 BB'，因此屈服曲线对称于 BB'；同样理由，直线 AA' 和 CC' 也为屈服曲线的对称轴。

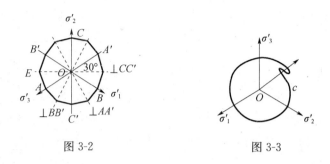

图 3-2   图 3-3

（4）由于不考虑包氏效应，认为拉伸与压缩屈服极限相等，则当应力的符号改变时，屈服条件仍不变，那么屈服曲线必对称于原点。它既对称于 BB'，又对称于原点，则它必对称于过原点垂直于 BB' 的直线；同样理由，它也对称于 AA' 和 CC' 的垂线。

这样，屈服曲线是一条包含原点在其内部的封闭外凸曲线，且具有六条对称轴，因而它由 12 条相同的弧段所组成。当用试验方法确定它时，只需要确定中心角 30°范围内的弧线形状即可。

3.2　延性金属材料的几种常用的屈服条件

材料的屈服曲线可以通过试验测定。但是，即使在 30°范围内，要完全依靠试验得出屈服曲线，也是相当困难的。实际上，科学家们往往是根据有限的试验结果，对材料进入塑性状态的原因作出假设，建立屈服条件，然后用试验加以验证。下面介绍几种工程中常用的屈服条件。

3.2.1　特雷斯卡（Tresca）屈服条件

1864 年，法国工程师特雷斯卡根据库仑（Coulomb）对土力学的研究和他在金属挤压试验中得到的结果，提出如下假设：当最大剪应力达到一定的数值时，材料就开始屈服。所以这个条件就称为最大剪应力条件，又称为特雷斯卡（Tresca）条件，它可以写为

$$\tau_{max} = k \tag{3-5}$$

式中，k 为试验常数，由于 τ_{max} 是三个主剪应力绝对值的最大者，三个主剪应力与三个主应力有关，如规定 $\sigma_1 \geqslant \sigma_2 \geqslant \sigma_3$ 时可写作

$$\sigma_1 - \sigma_3 = 2k \tag{3-6}$$

这与单向拉伸时滑移线与轴线大致成45°，以及静水应力不影响屈服的事实相符。

在一般情况下，主应力次序是未知的，此时特雷斯卡屈服条件应表示为

$$\left. \begin{array}{ll} \sigma_1 - \sigma_2 = \pm 2k & (\sigma_3 \text{ 为中间应力}) \\ \sigma_2 - \sigma_3 = \pm 2k & (\sigma_1 \text{ 为中间应力}) \\ \sigma_3 - \sigma_1 = \pm 2k & (\sigma_2 \text{ 为中间应力}) \end{array} \right\} \tag{3-7}$$

在主应力空间中，$\sigma_1 - \sigma_2 = \pm 2k$ 是一对与 L 直线和 σ_3 轴平行的平面。因此，式（3-7）对应的屈服曲面是由三对互相平行且垂直于 π 平面的平面组成的正六边形柱面，如图 3-4 所示。相应的屈服曲线是如图 3-5 所示的正六边形，它的外接圆半径为

$2k\cos\beta=2k\sqrt{\dfrac{2}{3}}$。从图形上看,式(3-7)中只要一个等式成立(对应于六边形的边)或两个等式同时成立(对应于六边形的顶点),材料就屈服;不存在三个等式同时成立的情况。

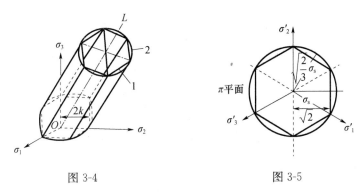

图 3-4　　　　　　　　　　图 3-5

在平面应力状态,总有一个主应力为零。设为 $\sigma_3=0$,则式(3-7)变为

$$\left.\begin{array}{l}\sigma_1-\sigma_2=\pm2k\\\sigma_2=\pm2k\\\sigma_1=\pm2k\end{array}\right\}\tag{3-8}$$

在(σ_1,σ_2)平面上,式(3-8)给出的屈服图线呈斜六边形,如图 3-6 所示。它相当于六边形柱面被 $\sigma_3=0$ 的平面斜截所得的图线。

在主方向已知的情况下,用特雷斯卡屈服条件求解问题是比较方便的。因为在一定范围内,应力分量之间满足线性关系。但在主应力未知的情况下,使用特雷斯卡屈服条件往往就很不方便。这时,可用应力偏量的两个不变量来表示特雷斯卡屈服条件。

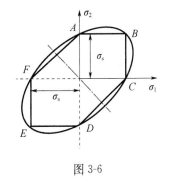

图 3-6

暂规定 $S_1\geqslant S_2\geqslant S_3$,即 $|\theta|\leqslant\dfrac{\pi}{6}$,则由式(2-37)、式(2-51c)和式(2-50)第一式可知:

$$J'_3=S_1S_2S_3=\left(\frac{2}{3}\right)^{3/2}r^3\sin\left(\theta-\frac{2\pi}{3}\right)\sin\left(\theta+\frac{2\pi}{3}\right)\sin\theta=-\frac{2}{3\sqrt{3}}(J'_2)^{3/2}\sin3\theta$$

故有

$$\theta=\frac{1}{3}\arcsin\left[\frac{-3\sqrt{3}J'_3}{2(J'_2)^{3/2}}\right],\quad\left(|\theta|\leqslant\frac{\pi}{6}\right)$$

于是结合式(2-51a)和式(2-50)第一式,Tresca 屈服条件式(3-6)将变得很复杂:

$$S_1-S_3=\sqrt{2}r\cos\theta=2\sqrt{3J'_2}\cos\theta=2k$$

或一般地写为

$$f=\frac{\sqrt{3J'_2}}{k}\cos\left\{\frac{1}{3}\arcsin\left[\frac{-3\sqrt{3}J'_3}{2(J'_2)^{3/2}}\right]\right\}-1=0$$

特雷斯卡屈服条件是主应力的线性函数，对于主应力方向已知且不改变的问题，应用它将十分方便，因而被广泛采用。但是它忽略了中间主应力的影响，且屈服曲线上有角点，给数学处理上带来了困难，这些又是它的不足之处。

3.2.2 米泽斯（Mises）屈服条件

1913 年米泽斯指出，特雷斯卡屈服曲线的六个角点虽由试验得出，但其六边形则是根据假设由直线连接而成的。米泽斯提出用圆来连接这六个角点似乎更为合理，并可避免因曲线不光滑而在数学上引起的困难及在主应力方向未知时屈服条件又很复杂。这样，按米泽斯屈服条件，屈服曲面为垂直于 π 平面的圆柱面，如图 3-4 所示。屈服曲线为特雷斯卡屈服条件六边形的外接圆，如图 3-5 所示。

前面已指出，特雷斯卡六边形外接圆半径为 $2k\sqrt{\dfrac{2}{3}}$。所以，米泽斯屈服圆在 π 平面上的方程为

$$x^2 + y^2 = \left(2k\sqrt{\frac{2}{3}}\right)^2$$

将前面式（2-49）中的 x 和 y 代入上式，化简后得出

$$(\sigma_1 - \sigma_2)^2 + (\sigma_2 - \sigma_3)^2 + (\sigma_3 - \sigma_1)^2 = 2(2k)^2 \tag{3-9}$$

此式即为米泽斯屈服条件。将应力偏量第二不变量 J'_2 的表示式式（2-39）与上式相比较，则可得出：

$$J'_2 = \frac{4}{3}k^2 \tag{3-10}$$

上式说明，只要应力偏张量的第二不变量达到某一定值时，材料就屈服。式（3-10）显然是屈服函数 $f(J'_2, J'_3) = 0$ 的最简单形式。

由等效应力 $\bar{\sigma} = \sqrt{3J'_2}$ 可以得到用等效应力表示的米泽斯屈服条件为

$$\bar{\sigma} = 2k \tag{3-11}$$

在一般应力状态下，有

$$J'_2 = \frac{1}{6}\left[(\sigma_x - \sigma_y)^2 + (\sigma_y - \sigma_z)^2 + (\sigma_z - \sigma_x)^2 + 6(\tau_{xy}^2 + \tau_{zy}^2 + \tau_{zx}^2)\right] \tag{3-12}$$

显然，米泽斯屈服条件是非线性的，在许多情况下会带来数学处理的不便，但圆已是最简单的光滑对称曲线，有时处理问题也会比较便利。应当指出，米泽斯屈服圆与特雷斯卡屈服六边形在六个角点上重合，是以拉伸试验的结果作为标准的，即规定米泽斯条件与特雷斯卡条件在单向拉压时重合。米泽斯先开始认为这个条件是近似的，但后来试验证明该条件比特雷斯卡条件更接近于试验得出的结果，并对它给出了多种物理上的解释。

（1）根据弹性理论，形状变形比能为

$$W_d = \frac{(1+\nu)}{6E}\left[(\sigma_1 - \sigma_2)^2 + (\sigma_2 - \sigma_3)^2 + (\sigma_3 - \sigma_1)^2\right] = \frac{4(1+\nu)}{3E}k^2$$

因此，米泽斯条件可以看成是当形状变形比能达到一定数值时，材料开始屈服。

（2）八面体上的剪应力 $\tau_8 = \sqrt{\dfrac{2}{3}J'_2}$，根据米泽斯屈服条件可以看作：当 τ_8 达到一

定数值时，材料就屈服。面心立方晶格的晶体，滑移面正是八面体面，这一解释对这类晶体适用。

（3）1930 年，罗斯（Ros）和爱辛格尔（Eichinger）提出，在空间应力状态下，通过物体内一点作任意平面，这些任意取向平面上的剪应力均方值为

$$\tau_r^2 = \frac{1}{15} \left[(\sigma_1-\sigma_2)^2 + (\sigma_2-\sigma_3)^2 + (\sigma_3-\sigma_1)^2 \right] = \frac{2}{5} J'_2 = \frac{8}{15} k^2$$

因此，米泽斯屈服条件意味着 $\tau_r = 2\sqrt{\frac{2}{15}} k$ 时材料屈服。多晶体是由许多随机取向的单晶体构成的，它的滑移面也是随机取向的，用均方根 τ_r 来衡量屈服就具体体现了这种随机取向的性质。

在平面应力情况下，不妨以 $\sigma_3 = 0$ 为例，米泽斯屈服条件可表示成

$$\sigma_1^2 - \sigma_1\sigma_2 + \sigma_2^2 = 4k^2$$

显然，在 (σ_1, σ_2) 平面上，其形状是一个椭圆。

特雷斯卡条件说明屈服只取决于最大和最小主应力，而米泽斯条件考虑了中间应力对屈服的影响，说明屈服和三个主应力都有关系。但与特雷斯卡条件一样，都没有考虑平均应力对屈服的影响。

上述两个屈服条件中的常数 k 均与材料有关。它可以通过单向拉伸或纯剪切等简单试验来加以确定。因为这些屈服条件对各种应力状态都是适用的，当然也适用于简单的应力状态。如做单向拉伸试验，除 σ_1 以外，其余主应力分量均为零，且 $\sigma_1 = \sigma_s$ 时屈服，将它们代入上述屈服条件表达式，无论对特雷斯卡条件或米泽斯条件，都有

$$k = \frac{\sigma_1}{2} = \frac{\sigma_s}{2}$$

即常数 k 是材料拉伸屈服极限的一半。

如做纯剪试验，此时只有一个剪应力（不妨称为 τ_{xy}）不为零，其他应力分量均为零。从试验知道，当 τ_{xy} 达到材料剪切屈服极限 τ_s 即

$$\tau_{xy} = \tau_s$$

时开始屈服。此时，根据表示特雷斯卡条件，式（3-5）应有

$$k = \tau_s$$

即常数 k 是材料剪切屈服极限，而根据表示米泽斯条件式（3-10），再结合式（3-12），应有

$$k = \frac{\sqrt{3}}{2} \tau_s$$

从这里可以看出，根据特雷斯卡条件，材料的剪切屈服极限 τ_s 应该是拉伸屈服极限 σ_s 的 0.5 倍；而根据米泽斯条件，τ_s 应是 σ_s 的 0.577 倍。试验表明，对一般的工程材料，$\tau_s = (0.56 - 0.6)\sigma_s$，因此米泽斯条件比特雷斯卡条件更符合实际。由于米泽斯屈服条件与三个主应力都有关，说明主应力 σ_2 对屈服是有影响的；但是，在已知主方向并能确定三个主应力数值大小次序的情况下，应用特雷斯卡条件更方便。

3.2.3 最大偏应力屈服条件（或双剪应力屈服条件）

1932 年，R. Schmidt 提出了最早的最大偏应力屈服条件的概念。1961 年，我国的

俞茂鋐用双剪应力的概念对最大偏应力屈服条件进行了说明，故又称为双剪应力屈服条件。该理论认为在一点的应力状态中，除了最大主剪应力 τ_{13} 外，其他的主剪应力也将影响材料的屈服。由于三个主剪应力的绝对值 $|\tau_{13}|$，$|\tau_{23}|$ 和 τ_{12} 中，最大主剪应力的数值恒等于另两个主剪应力之和，只有两个是独立量，因此，双剪应力屈服理论只考虑两个最大的主剪应力对材料屈服的影响。下面对此进行简要的介绍。

在材料力学中，第一强度理论认为当材料的最大拉应力达到某一数值时，材料将开始破坏。对于脆性材料来说，第一强度理论还是比较适用的。然而，对大多数金属来说，静水压力对屈服条件并没有显著影响。故拟对以上理论进行修正而采用最大偏应力来作为材料开始产生塑性变形的准则。当假定拉伸和压缩的屈服极限相同时，最大偏应力屈服条件可写成

$$f(S_1, S_2, S_3) = \max(|S_1|, |S_2|, |S_3|) = k_3 \qquad (3\text{-}13)$$

式中，常数 k_3 可由单向拉伸试验确定，在单向拉伸时，$\sigma_1 = \sigma_s$、$\sigma_2 = \sigma_3 = 0$，此时，$k_3 = \frac{2}{3}\sigma_s$。

上式可等价地表示为

$$\left.\begin{array}{l} 3S_1 = 2\sigma_1 - (\sigma_2 + \sigma_3) = \pm 2\sigma_s \\ 3S_2 = 2\sigma_2 - (\sigma_1 + \sigma_3) = \pm 2\sigma_s \\ 3S_3 = 2\sigma_3 - (\sigma_1 + \sigma_2) = \pm 2\sigma_s \end{array}\right\}$$

在 π 平面上，它是一个外切于米泽斯圆的正六边形，与内接的特雷斯卡正六边形相比，其方位转过了 $30°$（图 3-7）。如果由试验可确定 $\theta = -30°$ 和 $\theta = 30°$ 的 r 值，并认为屈服面是外凸的，则不难看出，特雷斯卡屈服条件和最大偏应力屈服条件分别对应于屈服面的下界和上界。由图 3-7 也可看出，简单拉伸时三种屈服条件是相重合的，而在纯剪切（$\mu_\sigma = 0$）时，其误差最大。

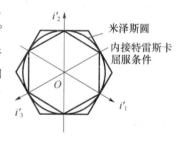

图 3-7

以上屈服条件也可用双剪应力屈服条件来进行解释；当两个较大的主剪应力的绝对值之和达到某一极限值时，材料将开始屈服。为此，可设 $\sigma_1 \geqslant \sigma_2 \geqslant \sigma_3$，则主剪应力的绝对值可定义为

$$|\tau_{12}| = \frac{\sigma_1 - \sigma_2}{2} \qquad |\tau_{13}| = \frac{\sigma_1 - \sigma_3}{2} \qquad |\tau_{23}| = \frac{\sigma_2 - \sigma_3}{2} \qquad (3\text{-}14)$$

以上三个主剪应力中，$|\tau_{13}|$ 最大，故双剪应力屈服条件可以表示为

$$f(\tau_{12}, \tau_{13}, \tau_{23}) = \max(|\tau_{13}| + |\tau_{12}|, |\tau_{13}| + |\tau_{23}|) = k_4$$

其中，常数 k_4 可由单向拉伸试验确定，在简单拉伸时，$\sigma_1 = \sigma_s$、$\sigma_2 = \sigma_3 = 0$，此时，$k_4 = \sigma_s$。

进一步可得如下的表达式：

$$\left.\begin{array}{l} |\tau_{13}| + |\tau_{12}| = \sigma_1 - \dfrac{1}{2}(\sigma_2 + \sigma_3) = \sigma_s，当 |\tau_{12}| \geqslant |\tau_{23}| \\[2mm] |\tau_{13}| + |\tau_{23}| = \dfrac{1}{2}(\sigma_1 + \sigma_2) - \sigma_3 = \sigma_s，当 |\tau_{12}| \leqslant |\tau_{23}| \end{array}\right\} \qquad (3\text{-}15\text{a})$$

上式与式（3-13）是等价的。证明如下：

若规定 $S_1 \geqslant S_2 \geqslant S_3$，则式（3-13）可表示为

$$\max(|S_1|,|S_2|,|S_3|) = \begin{cases} S_1 = \dfrac{2}{3}\sigma_s, & \text{当 } S_2 \leqslant 0, \text{ 即当 } 2\sigma_2 - (\sigma_1 + \sigma_3) \leqslant 0 \\[3mm] -S_3 = \dfrac{2}{3}\sigma_s, & \text{当 } S_2 \geqslant 0, \text{ 即当 } 2\sigma_2 - (\sigma_1 + \sigma_3) \geqslant 0 \end{cases}$$

$$(3\text{-}15\text{b})$$

$$S_1 = \frac{2\sigma_1 - (\sigma_2 + \sigma_3)}{3} = \frac{2}{3}\sigma_s, \quad \text{当 } 2\sigma_2 - (\sigma_1 + \sigma_3) \leqslant 0$$

$$-S_3 = \frac{-2\sigma_3 + (\sigma_1 + \sigma_2)}{3} = \frac{2}{3}\sigma_s, \quad \text{当 } 2\sigma_2 - (\sigma_1 + \sigma_3) \geqslant 0$$

可见，上式与式（3-15a）是等价的。

下面将会看到，在某些情况下，最大偏应力屈服条件也能与试验结果有较好的符合，而且在主应力空间中，相应的屈服面是平面，使得实际计算时较为方便，为此，该屈服条件开始受到人们的注意。若不知道主应力的方向，由式（2-51c）及式（2-50）第一式可知式（3-15b）表示的最大偏应力屈服条件可改写为

$$f = \frac{\sqrt{3J_2'}}{\sigma_s}\max\left\{\left|\sin\left(\theta - \frac{2\pi}{3}\right)\right|,\ \left|\sin\left(\theta + \frac{2\pi}{3}\right)\right|\right\} - 1 = 0$$

$$\theta = \frac{1}{3}\arcsin\left[\frac{-3\sqrt{3}}{2}\frac{J_3'}{(J_2')^{3/2}}\right], \quad |\theta| \leqslant \frac{\pi}{6}$$

3.3 屈服条件的试验验证

各种屈服理论的可靠性均需要由试验来加以验证。通常，大多数试验是利用开口薄圆管试件的拉伸与内压或者拉伸与扭转的联合作用来实现双向应力状态。通过调整应力分量间的比值便可得到 π 平面上不同的 θ 值〔或洛德（Lode）参数 μ_σ〕。下面只介绍两个较重要的试验结果。

3.3.1 开口薄圆管受拉力和内压的联合作用（洛德，1926 年）

现设圆管的平均半径为 R，壁厚为 h，$h \ll R$。

在拉力 P 和内压 q 的作用下，由材料力学可知：圆管近似地处于均匀应力状态（图3-8），且在柱坐标中，其应力分量为

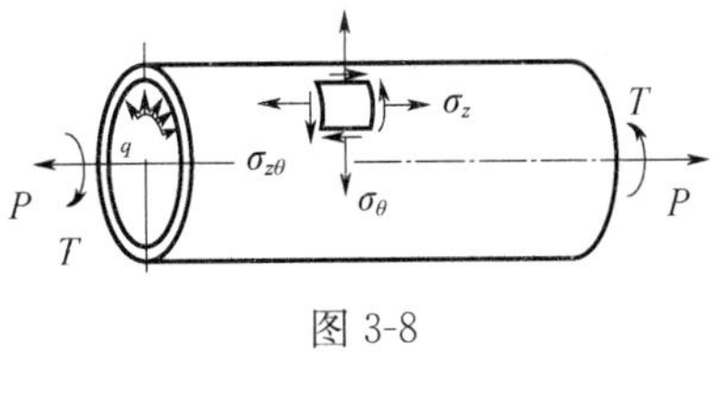

图 3-8

$$\sigma_\theta = \frac{qR}{h}, \quad \sigma_z = \frac{P}{2\pi Rh}, \quad \sigma_r \approx 0 \qquad (3\text{-}16)$$

如果 $\sigma_\theta \geqslant \sigma_z \geqslant \sigma_r$，则可取

$$\sigma_1 = \sigma_\theta \quad \sigma_2 = \sigma_z \quad \sigma_3 = \sigma_r = 0$$

故有

$$\mu_\sigma = \frac{2\sigma_2 - \sigma_1 - \sigma_3}{\sigma_1 - \sigma_3} = \frac{P - \pi R^2 q}{\pi R^2 q} \qquad (3\text{-}17)$$

当 $P = 0$ 时：

$$\mu_\theta = -1(\theta = -30°)$$

这对应于单向拉伸的情形。

当 $P = \pi R^2 q$ 时：

$$\mu_\theta = 0 \qquad (\theta = 0°)$$

这对应于纯剪切的情形。最后，当 $P = 2\pi R^2 q$ 时，就有 $\mu_\sigma = 1(\theta = 30°)$。于是，在 $0 \leqslant P \leqslant 2\pi R^2 q$ 的范围内来改变 P 和 q 的比值时，就可以得到各种不同的 μ_σ 值（$-1 \leqslant \mu_\sigma \leqslant 1$）。利用式（2-50）就可以测定出 $-30° \sim 0°$ 间的屈服曲线，再利用其对称性确定材料的整个曲服曲线。

为了比较上节中所介绍的各种屈服条件，洛德曾对铁、铜等材料进行了拉伸-内压试验。现设 $\sigma_1 \geqslant \sigma_2 \geqslant \sigma_3$，并规定单向拉伸时各种屈服条件是相重合的，则对于特雷斯卡屈服条件，可有

$$\frac{\sigma_1 - \sigma_3}{\sigma_s} = 1 \tag{3-18}$$

对于米泽斯屈服条件 $J'_2 = \frac{4}{3}k^2 = \frac{1}{3}\sigma_s^2$，由式（2-50）有

$$\sigma_s = \sqrt{\frac{3}{2}}\sqrt{\frac{1}{2}(\sigma_1 - \sigma_3)^2 + \frac{1}{6}(2\sigma_2 - \sigma_1 - \sigma_3)^2}$$

如引入洛德应力参数进行变换，上式还可表示为

$$\sigma_s = \frac{\sqrt{3}}{2}(\sigma_1 - \sigma_3)\sqrt{1 + \frac{1}{3}\mu_\sigma^2}$$

经整理，米泽斯屈服条件可写为

$$\frac{\sigma_1 - \sigma_3}{\sigma_s} = \frac{2}{\sqrt{3 + \mu_\sigma^2}} \tag{3-19}$$

最后，考察最大偏应力屈服条件。由于 $S_1 \geqslant S_2 \geqslant S_3$，所以：

$$\mu_\sigma = \frac{2\sigma_2 - \sigma_1 - \sigma_3}{\sigma_1 - \sigma_3} = \frac{3S_2}{S_1 - S_3} = \frac{3(S_1 + S_3)}{S_3 - S_1} \qquad （其中 -1 \leqslant \mu_\sigma \leqslant 1）$$

上式说明 μ_σ 与 S_2 有相同的符号，由上式可解出：

$$\frac{S_1}{S_3} = \frac{\mu_\sigma - 3}{\mu_\sigma + 3}$$

故最大偏应力屈服条件式（3-15b）可等价地写为：
当 $-1 \leqslant \mu_\sigma \leqslant 0$（或 $S_2 \leqslant 0$）时，有

$$S_1 = \frac{2}{3}\sigma_s$$

因此：

$$\frac{\sigma_1 - \sigma_3}{\sigma_s} = \frac{S_1 - S_3}{\sigma_s} = \frac{S_1}{\sigma_s}\left(1 - \frac{\mu_\sigma + 3}{\mu_\sigma - 3}\right) = \frac{4}{3 - \mu_\sigma}$$

当 $0 \leqslant \mu_\sigma \leqslant 1$（或 $S_2 \geqslant 0$）时，有

$$S_3 = -\frac{2}{3}\sigma_s$$

因此：

$$\frac{\sigma_1-\sigma_3}{\sigma_s}=\frac{S_1-S_3}{\sigma_s}=\frac{S_3}{\sigma_s}\left(\frac{\mu_\sigma-3}{\mu_\sigma+3}-1\right)=\frac{4}{3+\mu_\sigma}$$

可见，对于最大偏应力屈服条件，有

$$\frac{\sigma_1-\sigma_3}{\sigma_s}=\frac{4}{3+|\mu_\sigma|} \qquad (-1\leqslant\mu_\sigma\leqslant1) \tag{3-20}$$

如将式（3-18）、式（3-19）和式（3-20）以及试验点绘于以 $\frac{\sigma_1-\sigma_3}{\sigma_s}$ 为纵坐标，以 $\mu_\sigma(-1\leqslant\mu_\sigma\leqslant1)$ 为横坐标的图上，就不难看出试验结果更接近于米泽斯屈服条件（图 3-9）。

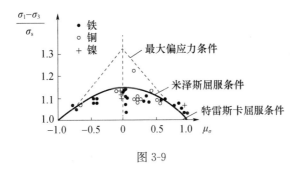

图 3-9

3.3.2　薄圆管受拉力和扭矩的联合作用

考虑如图 3-8 所示的薄圆管，在拉力 P 和扭矩 T 的作用下，其应力分量可写为

$$\sigma_z=\frac{P}{2\pi Rh} \quad \sigma_{\theta z}=\frac{T}{2\pi R^2 h} \tag{3-21}$$

由平面应力状态求主应力公式计算得相应的主应力为

$$\sigma_1=\frac{\sigma_z}{2}+\frac{1}{2}\sqrt{\sigma_z^2+4\sigma_{\theta z}^2}\geqslant0 \tag{3-22a}$$

$$\sigma_2=\sigma_r\approx0 \tag{3-22b}$$

$$\sigma_3=\frac{\sigma_z}{2}-\frac{1}{2}\sqrt{\sigma_z^2+4\sigma_{\theta z}^2}\leqslant0 \tag{3-22c}$$

而主偏应力为

$$\left.\begin{array}{l}S_1=\dfrac{1}{6}\left[\sigma_z+3\sqrt{\sigma_z^2+4\sigma_{\theta z}^2}\,\right]\\[2mm]S_2=-\sigma_z/3\\[2mm]S_3=\dfrac{1}{6}\left[\sigma_z-3\sqrt{\sigma_z^2+4\sigma_{\theta z}^2}\,\right]\end{array}\right\} \tag{3-23}$$

故有

$$\mu_\sigma=\frac{2\sigma_2-\sigma_1-\sigma_3}{\sigma_1-\sigma_3}=\frac{-P}{\sqrt{P^2+4T^2/R^2}} \tag{3-24}$$

当 $T=0$、$P>0$ 时，$\mu_\sigma=-1$，这对应于单向拉伸的情形。

当 $P=0$、$T\neq0$ 时，$\mu_\sigma=0$，这对应于纯剪切的情形。

改变 P 和 T 的比值，便可得到 $-1\leqslant\mu_\sigma\leqslant0$ 的各种应力状态。

为了检验屈服条件，Taylor-Quinney 对软钢、铜、铝等进行了上述的拉-扭试验，仍规定拉伸时各种屈服条件是相重合的，则特雷斯卡屈服条件可写为

$$\tau_{max} = \frac{\sigma_1 - \sigma_3}{2} = \frac{1}{2} \sqrt{\sigma_z^2 + 4\sigma_{\theta z}^2} = \frac{\sigma_s}{2}$$

或

$$\left(\frac{\sigma_z}{\sigma_s}\right)^2 + 4\left(\frac{\sigma_{\theta z}}{\sigma_s}\right)^2 = 1 \tag{3-25}$$

而米泽斯屈服条件可写为

$$J'_2 = \frac{1}{6}(2\sigma_z^2 + 6\sigma_{\theta z}^2) = \frac{1}{3}\sigma_s^2$$

或

$$\left(\frac{\sigma_z}{\sigma_s}\right)^2 + 3\left(\frac{\sigma_{\theta z}}{\sigma_s}\right)^2 = 1 \tag{3-26}$$

最后，讨论最大偏应力屈服条件。由式（3-23）可知，当 $\sigma_z \geqslant 0$ 时，$S_2 \leqslant 0$，此时最大偏应力屈服条件 $S_1 = \frac{2}{3}\sigma_s$ 可写为

$$\frac{1}{4}\left[\sigma_z + 3\sqrt{\sigma_z^2 + 4\sigma_{\theta z}^2}\right] = \sigma_s$$

故有

$$\frac{1}{4}\left(\frac{\sigma_z}{\sigma_s}\right) + \frac{3}{4}\sqrt{\left(\frac{\sigma_z}{\sigma_s}\right)^2 + 4\left(\frac{\sigma_{\theta z}}{\sigma_s}\right)^2} = 1 \tag{3-27}$$

如将式（3-25）、式（3-26）和式（3-27）以及试验点绘于以 $\sigma_{\theta z}/\sigma_s$ 为纵坐标，以 σ_z/σ_s 为横坐标的图上时，可见试验结果更接近于米泽斯屈服条件和最大偏应力屈服条件（图 3-10）。

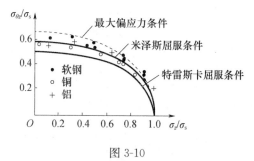

图 3-10

研究表明，双剪应力屈服理论也适用于岩石及土体材料并与试验结果符合良好。特雷斯卡屈服条件和米泽斯屈服条件主要是适用于延性金属材料，虽然在工程上也有将特雷斯卡条件用于一些只具有黏聚强度的土壤和岩石，以及将米泽斯条件用于某些岩石与水饱和黏土的情况，但一般来说，这两个条件用于土壤、混凝土和某些岩石这类非金属材料是不理想的，因为这两个条件都忽略了平均应力即静水应力对屈服的影响，而试验证实，平均应力对这类非金属材料的屈服都起着重要的作用。为了考虑这种影响，可以修改特雷斯卡条件和米泽斯条件，这将在本章 3.5 节中讨论。

3.4 后继屈服条件及硬化模型

3.4.1 后继屈服条件的概念

1.1 节中已经指出，在单向拉伸的情况下，当材料进入塑性状态卸载后再重新进行加载时，拉伸应力和应变的变化仍服从弹性关系，直至应力到达前次卸载前的最高应力点时，材料才再次进入塑性状态，产生新的塑性变形。这个应力点就是材料在经历了塑性变形后的新的屈服点。由于材料的硬化特性，它比初始屈服点微高，为了与初始屈服点相区别，将它称为后继屈服点或硬化点（图 3-11）。与初始屈服点不同，它在应力-应变曲线上的位置不是固定的，而是依赖于塑性变形的过程，即依赖于塑性变形的大小和历史。后继屈服点是材料在经历一定塑性变形后再次加载时，变形规律是按弹性还是按塑性规律变化的区分点，亦即后继弹性状态的界限点。

与单向应力状态相似，材料在复杂应力状态下也有初始屈服和后继屈服的问题。初始屈服的问题前面已经讨论，这里将讨论后继屈服问题。在复杂应力状态下，各种应力状态的组合能达到初始屈服或后继屈服时，这些应力点在应力空间中的集合形成的面就称为初始屈服面和后继屈服面，它们分别相当于单向应力状态应力-应变曲线上的初始屈服点和后继屈服点。当代表应力状态的应力点由原点 O 移至初始屈服面$\sum_0$上一点 A 时，材料开始屈服。当荷载变化使应力点突破初始屈服面到达邻近的后继屈服面$\sum_1$的 B 点时，由于加载，材料产生新的塑性变形。如果在 B 点卸载，应力点退回到后继屈服面内而进入后继弹性状态。如果再重新加载，当应力点重新达到卸载开始时曾经达到过的后继屈服面$\sum_1$上的某点 C（C 不一定和 B 重合）时，重新进入塑性状态。继续加载，应力点会突破原来的后继屈服面$\sum_1$而到达另一个相邻近的后继屈服面$\sum_2$，如图 3-12 所示。

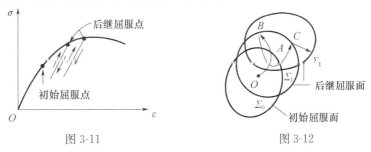

图 3-11　　　　　　　　　　　图 3-12

对于理想塑性材料，后继屈服面与初始屈服面重合，但对于硬化材料，由于硬化效应，两者是不重合的。随着塑性变形的不断发展，后继屈服面是不断变化的，所以又将后继屈服面称为硬化面或加载面，它是后继弹性阶段的界限面。确定材料是处于后继弹性状态还是塑性状态的准则就是后继屈服条件或称为硬化条件，表示这个条件的函数关系亦即后继屈服面的方程就称为后继屈服函数或硬化函数或加载函数。由于后继屈服不仅与瞬时的应力状态有关，而且和塑性变形的加载路径有关，后继屈服条件即硬化条件，可表示为

$$\varphi\left(\sigma_{ij},\ h_\alpha\right)=0 \tag{3-28}$$

式中，h_α 就是反映塑性变形大小及其历史的参数，称为硬化参数。因此，后继屈服面

就是以 h_a 为参数的一族曲面，我们的任务就是要确定后继屈服面的形状以及它随塑性变形的发展变化规律。

3.4.2 几种硬化模型

后继屈服的问题是一个很复杂的问题，不宜用试验的方法来完全确定后继屈服函数 φ 的具体形式，特别是随着塑性变形的增长，材料的各向异性效应越来越显著，问题变得更加复杂。因此，后继屈服是一个有待进一步研究的问题。为了便于应用，通常从一些试验资料出发，做一些假定来建立一些简化的硬化模型，并由此给出硬化条件即后继屈服条件。下面介绍几种常用的模型及其相应的硬化条件。

1. 单一曲线假设

单一曲线假设认为，对于塑性变形中保持各向同性的材料，在各应力分量成比例增加的所谓简单加载（详见4.3.2节）的情况下，其硬化特性可以用应力强度 $\bar{\sigma}$ 和应变强度 $\bar{\varepsilon}$ 的函数关系来表示，即

$$\bar{\sigma}=\varPhi\left(\bar{\varepsilon}\right) \tag{3-29}$$

并且假定该函数的形式与应力状态形式无关，而仅与材料特性有关，可以根据在简单应力状态下的材料试验，如单向拉伸试验来确定。在单向拉伸的状态下，$\bar{\sigma}$ 就是拉伸应力 σ，$\bar{\varepsilon}$ 就是拉伸应变 ε，所以式（3-29）所代表的曲线就和拉伸应力-应变曲线一致（图3-13）。

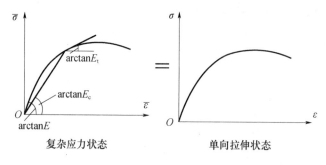

图 3-13

此时，材料的硬化条件为真 $\bar{\sigma}$-$\bar{\varepsilon}$ 曲线的切线模量为正，即

$$E_{\mathrm{t}}=\frac{\mathrm{d}\bar{\sigma}}{\mathrm{d}\bar{\varepsilon}}>0 \tag{3-30}$$

另外，假定

$$E\geqslant E_{\mathrm{c}}\geqslant E_{\mathrm{t}}>0 \tag{3-31}$$

式中，E 为弹性模量；$E_{\mathrm{c}}=\dfrac{\bar{\sigma}}{\bar{\varepsilon}}$，为割线模量；$E_{\mathrm{t}}$ 为切线模量。

对于体积不可压缩材料，泊松比 $\nu=0.5$，则弹性模量 E 和剪切弹性模量 G 之间有下列关系：

$$E=2(1+\nu)G=3G \tag{3-32}$$

2. 等向硬化模型

式（3-29）所示的条件称为单一曲线假设，可以用于全量理论。对于复杂加载（非简单加载），寻找一个合适的描述硬化特性的数学式即硬化条件的问题就相当复杂。到

目前为止，这个问题仍没有很好地解决，但是人们已经提出了几种硬化模型，并在实际中得到了应用。

这些硬化模型中最简单的一种称为等向硬化模型。它不计静水应力的影响，也不考虑 Bauschinger 效应（即由于塑性变形而引起的各向异性）。该模型假定后继屈服面在应力空间中的形状和中心位置 O 保持不变，但随着塑性变形的增加，逐渐等向地扩大。若采用米泽斯条件，在 π 平面上就是一系列同心圆，若采用特雷斯卡条件，就是一连串的同心正六边形，如图 3-14 所示。

实际上，试验表明塑性变形过程具有各向异性的性质，甚至对初始各向同性材料也是如此。因此不能简单地认为后继屈服曲线也与初始屈服曲线同样具有对称性。另一方面，由于 Bauschinger 效应，屈服曲线在显著地向某一方向增长（硬化）的同时，其相对的一方收缩（软化），因此，屈服曲线形状应当是逐渐改变的，而不会是均匀扩大的。为了考虑这些因素，又提出了其他一些硬化模型。

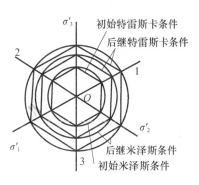

图 3-14

3. 随动硬化模型

随动硬化模型是考虑 Bauschinger 效应的简化模型，该模型假定材料在塑性变形的方向 OP_+（图 3-15）上被硬化即屈服值增大，而在其相反方向 OP_- 上被同等软化了即屈服值减小。这样，在加载过程中，随着塑性变形的发展，屈服面的大小和形状都不变，只是整体地在应力空间中做平移，如图 3-15 所示。所以，这个模型可在一定程度上反映 Bauschinger 效应。

4. 组合硬化模型

为了更好地反映材料的 Bauschinger 效应，可以将随动硬化模型和等向硬化模型结合起来，即认为后继屈服面的形状、大小和位置一起随塑性变形的发展而变化，如图 3-16所示。这种模型称为组合硬化模型。虽然这种模型可以更好地去符合试验结果，但由于十分复杂，是不便于应用的。

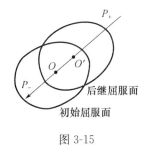

图 3-15

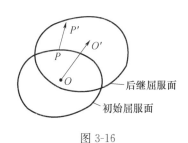

图 3-16

3.5 岩土材料的屈服条件

3.5.1 静水压力对岩土屈服的影响

前面讨论屈服条件时，均假定静水压力不影响材料的屈服，并假定在单向应力状态

S 塑 性 力 学
UXINGLIXUE

时拉伸与压缩的屈服极限相等。当静水压力不大时，对金属材料与饱和土质，这些假定比较符合试验结果，因此屈服函数与 $J_1 = \sigma_1 + \sigma_2 + \sigma_3$ 无关，可取为 $f(J_2, J_3) = 0$ 的形式。然而，对于一般的岩土材料，随着静水压力的增加，岩石因剪切滑动而破裂时该面上的极限剪应力增长很大。因此，屈服函数中必须包含静水压力的因素，这时屈服条件应为

$$f(J_1, J_2, J_3) = 0 \tag{3-33}$$

3.5.2 Mohr-Coulomb 屈服条件

早在 1900 年，Mohr 提出：当材料一点的某个平面上剪应力 τ_1、τ_2、τ_3 达到某一特定临界值时，该点就进入屈服，但是与 Tresca 屈服条件不同，这一特定临界值不是一个常数，而是该面上正应力 σ_n 的函数，其一般形式为

$$|\tau_n| = g(\sigma_n) \tag{3-34}$$

式中的函数 $g(\sigma_n)$ 由试验确定，具体步骤：按照不同应力路径加载使材料屈服，记录屈服时的应力状态，并将它们对应的 Mohr 圆（最大）绘在 σ_n-τ_n 应力平面上，作这些 Mohr 圆的包络线，则得到 $g(\sigma_n)$，也就是说式（3-34）就是这些 Mohr 圆包络线的方程，如图 3-17 所示。

但是，要通过试验来完全获得包络线比较复杂，通常采用简化的模型。对于土和受静水压力不太大的岩石，可以假定 Mohr 包络线就是直线，如图 3-18 所示。其方程可表示为

$$|\tau_n| = c + (-\sigma_n)\tan\phi \tag{3-35}$$

式中，ϕ 称为内摩擦角，c 是黏结力，它们都是材料常数，由试验确定。$(-\sigma_n)\tan\phi$ 代表剪切面上的内摩擦力〔在岩土力学中，一般规定压应力为正，那时就应将式（3-35）中的负号改为正号〕，$\mu = \tan\phi$ 是内摩擦系数。

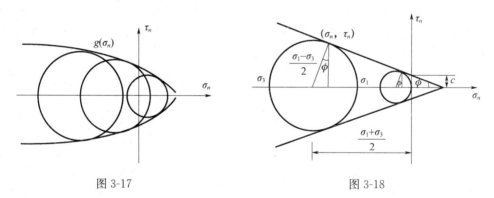

图 3-17　　　　　　　　　　　　　　图 3-18

由式（3-35）表示的屈服条件称为 Mohr-Coulomb 屈服条件。当一个面上的剪应力和正应力满足此式时，将发生剪切滑动。岩石的试验表明，该公式比较符合岩石开始出现微裂纹时的情况。因此，一般常取它作为岩石和土质等材料的屈服条件。

下面使用主应力表示 Mohr-Coulomb 屈服条件式（3-35）。在 σ_n-τ_n 应力平面上，表征屈服时应力状态的应力圆应与式（3-35）所代表的直线相切，切点的坐标（σ_n，τ_n）就是剪切滑移面上的正应力和剪应力。若主应力 σ_1、σ_2、τ_3 已知，并规定了 $\sigma_1 \geq \sigma_2 \geq \sigma_3$，

根据图 3-18 很容易将 σ_n、τ_n 用主应力表示为

$$\sigma_n = \frac{1}{2}(\sigma_1+\sigma_3)+\frac{1}{2}(\sigma_1-\sigma_3)\sin\phi \tag{3-36a}$$

$$\tau_n = \frac{1}{2}(\sigma_1-\sigma_3)\cos\phi \tag{3-36b}$$

将式（3-36）代入式（3-35），屈服条件用主应力表示为

$$\frac{1}{2}(\sigma_1-\sigma_3)=c\cdot\cos\phi-\frac{\sigma_1+\sigma_3}{2}\sin\phi \tag{3-37}$$

上式右端第二项反映了静水应力对屈服条件的影响。对于无内摩擦的材料，令 $\phi=0$，式（3-37）退化为

$$\frac{1}{2}(\sigma_1-\sigma_3)=c$$

这就是特雷斯卡屈服条件，c 就是纯剪切屈服应力。因此，Mohr-Coulomb 屈服条件就是考虑材料内摩擦情况下特雷斯卡屈服条件的推广。

式（3-37）也可以写成屈服函数的一般形式：

$$f(\sigma_1,\sigma_2,\sigma_3)=\frac{1}{2}(\sigma_1-\sigma_3)+\frac{\sigma_1+\sigma_3}{2}\sin\phi-c\cdot\cos\phi=0 \tag{3-38}$$

利用如下关系式：

$$\sigma_m=\frac{1}{3}(\sigma_1+\sigma_2+\sigma_3),\ \sigma_j=S_j+\sigma_m \quad (j=1,2,3)$$

式（3-38）又可改写成

$$\frac{1}{2}(S_1-S_3)+\frac{1}{2}(S_1+S_3)\sin\phi+\sigma_m\sin\phi-c\cdot\cos\phi=0 \tag{3-39}$$

在与 π 平面平行的平面 π' 上，$\sigma_m=\text{const}$，建立与 π 平面相同的平面直角坐标系，在式（3-39）中使用式（2-51c），得屈服面与平面 π' 的交线方程为

$$\frac{\sqrt{2}}{2}x-\frac{\sin\phi}{\sqrt{6}}y=c\cdot\cos\phi-\sigma_m\sin\phi \tag{3-40}$$

显然它为一直线，由于规定了 $\sigma_1\geqslant\sigma_2\geqslant\sigma_3$，因此它仅在 $-30°\leqslant\theta\leqslant30°$ 范围内适用。如不规定主应力的大小顺序，根据对称性，便可得交线的图形如图 3-19（a）所示。式（3-40）右边代表其图形的大小，它随静水压力 σ_m 增加（指代数值增加）而线性地缩小，由式（3-38）可知，当

$$\sigma_1=\sigma_2=\sigma_3=c\cdot\cot\phi \tag{3-41}$$

时，图形收缩为一点。因此，Mohr-Coulomb 屈服面在主应力空间中是一个六棱锥面，锥顶点位于 $\sigma_m=c\cdot\cot\phi$，如图 3-19（b）所示。

当规定 $\sigma_1\geqslant\sigma_2\geqslant\sigma_3$ 时，Mohr-Coulomb 屈服条件式（3-38）也可写成

$$\frac{\sigma_1}{f'_t}-\frac{\sigma_3}{f'_c}=1 \tag{3-42}$$

$$f'_t=\frac{2c\cos\phi}{1+\sin\phi},\ f'_c=\frac{2c\cos\phi}{1-\sin\phi} \tag{3-43}$$

根据式（3-42）可知，f'_t 和 f'_c 分别是单轴拉伸和单轴压缩屈服应力。令

$$m=\frac{f'_c}{f'_t}=\frac{1+\sin\phi}{1-\sin\phi}$$

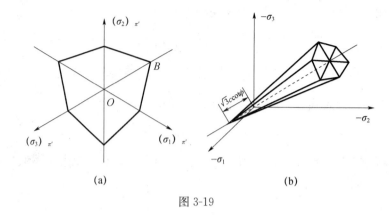

图 3-19

式（3-42）又可表示为

$$m\sigma_1 - \sigma_3 = f'_c$$

在式（3-40）中代入式（2-50），将 Mohr-Coulomb 屈服条件使用不变量表示为

$$\sqrt{3J'_2}\left(\cos\theta - \frac{\sin\phi}{\sqrt{3}}\sin\theta\right) + \frac{1}{3}J_1\sin\phi - c\cdot\cos\phi = 0 \quad -\frac{\pi}{6}\leqslant\theta\leqslant\frac{\pi}{6} \tag{3-44}$$

3.5.3 Drucker-Prager 屈服条件

在 Mises 屈服条件的基础上，考虑静水压力的最简单方法，就是在 Mises 屈服条件 $\sqrt{3J'_2}=k_5$ 内加上一个静水压力的项，即

$$\alpha J_1 + \sqrt{3J'_2} - k_5 = 0 \tag{3-45}$$

式中，α、k_5 为正的材料常数。

式（3-45）称为 Drucker-Prager 屈服条件，对应的屈服面在平行于 π 平面的面上（J_1 为常数）是圆，在主应力空间中是一个圆锥面，如图 3-20（a）所示。

岩土力学及其工程界规范了一套确定材料常数 c 和 ϕ 的试验方法，这两个参数在工程界得到广泛应用。下面介绍通过引入两个假定使用 c 和 ϕ 确定 α 和 k_5。

（1）在主应力空间，设 Drucker-Prager 的锥体顶点与 Mohr-Coulomb 六棱锥的顶点重合，如图 3-20（a）所示。

在主应力空间，Mohr-Coulomb 锥面顶点的应力坐标值由式（3-41）所给出，这时 $J'_2 = 0$，代入式（3-45），因此得

$$k_5 = \alpha J_1 = \alpha\cdot 3c\cdot\cot\phi \tag{3-46}$$

（2）假定在 π 平面上，Drucker-Prager 圆与 Mohr-Coulomb 六边形在单轴压缩下的屈服应力相同，即在图 3-20（b）中的 B 点重合。

根据 Mohr-Coulomb 屈服条件，在 π 平面上，B 点的坐标是

$$x = r\cos\frac{\pi}{6}, \quad y = r\sin\frac{\pi}{6}$$

将上两式代入式（3-40），得

$$\frac{\sqrt{2}}{2}r\frac{\sqrt{3}}{2} - \frac{\sin\phi}{\sqrt{6}}r\frac{1}{2} = c\cdot\cos\phi$$

由上式不难得出

$$r = \frac{2\sqrt{6}\,c \cdot \cos\phi}{3 - \sin\phi}$$

在 π 平面上，$J_1 = 0$，使用式（3-45），并考虑到式（2-50）及上式，得

$$k_5 = \sqrt{3J'_2} = \frac{1}{\sqrt{2}}r = \frac{2\sqrt{3}\,c \cdot \cos\phi}{3 - \sin\phi} \tag{3-47}$$

将式（3-47）代入式（3-46），即

$$\alpha = \frac{2\sin\phi}{\sqrt{3}\,(3 - \sin\phi)} \qquad k_5 = \frac{6c \cdot \cos\phi}{\sqrt{3}\,(3 - \sin\phi)} \tag{3-48}$$

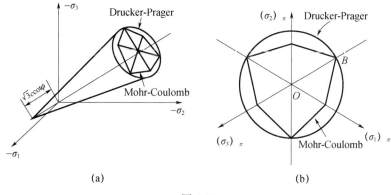

图 3-20

相应于上述参数的 Drucker-Prager 圆锥与 Mohr-Coulomb 六棱锥外接。Mohr-Coulomb 屈服面不光滑（有尖点），即屈服面法线不光滑，这给数值计算带来困难，而 Drucker-Prager 屈服面可以被看成是 Mohr-Coulomb 屈服面为避免这些困难而进行的光滑近似。

习　　题

3-1　设 S_1、S_2、S_3 为应力偏量主值，试证明用应力偏量表示 Mises 屈服条件时，其形式为

$$\sqrt{\frac{3}{2}(S_1^2 + S_2^2 + S_3^2)} = \sigma_s$$

3-2　试用应力张量不变量 J_1 和 J_2 表示 Mises 屈服条件。

3-3　试用 Lode 应力参数 μ_σ 表达 Mises 屈服条件。

3-4　物体中某点的应力状态为 $\begin{bmatrix} -100 & 0 & 0 \\ 0 & -200 & 0 \\ 0 & 0 & -300 \end{bmatrix}$ MN/m²，该物体在单向拉伸时 $\sigma_s = 190$MN/m²，试用米泽斯屈服条件和特雷斯卡屈服条件分别判断该点是处于弹性状态还是塑性状态，如主应力方向均做相反的改变即同值异号，则对被研究点所处状态的判断有无变化？

3-5 一开端薄壁圆管，平均半径为 R，壁厚为 h，受内压 q 和扭矩 T 共同作用，试写出其特雷斯卡和米泽斯条件（用圆柱坐标，径向应力不计，即令 $\sigma_r=0$）。

3-6 物体内某点的应力为 $\sigma_x=100\text{MPa}$，$\sigma_z=\tau_{xy}=\tau_{zy}=\tau_{zx}=0$，试分别根据特雷斯卡条件和米泽斯条件确定该点达到屈服时 σ_y 的大小（$\sigma_s=275\text{MPa}$）。

3-7 题 3-5 所示的薄壁圆管如果两端是封闭的，只受内压力，试用应力分量写出其米泽斯和特雷斯卡条件的表达式。

3-8 对 z 方向受约束的平面应变状态（取 $\nu=0.5$），证明其屈服条件表达式为

Mises 条件：
$$\frac{1}{4}(\sigma_x-\sigma_y)^2+\tau_{xy}^2=\frac{1}{3}\sigma_s^2$$

Tresca 条件：
$$\frac{1}{4}(\sigma_x-\sigma_y)^2+\tau_{xy}^2=\frac{1}{4}\sigma_s^2$$

3-9 对平面应力问题，$\sigma_z=\tau_{zy}=\tau_{zx}=0$，试用 σ_x、σ_y、τ_{xy} 表示特雷斯卡条件和米泽斯条件（拉伸屈服极限为 σ_s）。

3-10 已知半径为 50mm，厚为 3mm 的薄壁圆管，保持 $\frac{\tau_{z\theta}}{\sigma_z}=1$，材料拉伸屈服极限为 400N/mm^2，试求此圆管屈服时轴向荷载 P_s 和扭矩 T_s 的值。

3-11 已知薄壁圆球，其半径为 r_0，厚度为 t_0，受内压 p 的作用，如采用特雷斯卡屈服条件，求当薄壁圆球内壁进入屈服状态时的内压 p 值。

第 4 章 塑性本构关系

在第 3 章中我们讨论了屈服条件及其在应力空间中的轨迹——屈服曲面，解决了在复杂应力状态下材料的弹性范围和塑性范围的界限问题。当应力点位于屈服面之内时，材料是弹性的，应力分量和应变分量之间的关系服从胡克定律；当应力点位于屈服面上、材料处于塑性状态时，应力分量与应变分量之间所应满足的关系，即塑性本构方程，则是我们下面所要解决的问题。

塑性应力-应变关系与弹性应力-应变关系的根本不同之处在于塑性状态下的全量应力与全量应变之间没有单值对应的关系，二者之间的确定关系与变形历史或加载路径有关。由于实际结构材料所经历的变形历史的复杂性，在一般加载条件下，我们难以建立一个能够包括各种变形历史影响的全量形式的塑性应力-应变关系，而只能就增量应力与增量应变之间建立起增量形式的塑性本构关系，此即所谓增量理论或流动理论。属于这一类理论的主要有 Levy-Mises 理论和 Prandtl-Reuss 理论。

在一般加载条件下，我们不能给出全量形式的塑性应力-应变关系，那么，是否在一些特殊的条件下可以给出全量形式的本构关系呢？答案是肯定的。即在简单加载条件下，可以给出简单形式的全量应力-应变关系，此即所谓的**全量理论或变形理论**。实际上，全量理论可由增量理论在简单加载情况下的积分来得到。属于这一类理论的主要有 H. Hencky 理论，A. Naday 理论和 **A. A.** Ильюшин 理论。

塑性力学与弹性力学的主要区别就在于描述材料力学性质的本构关系的不同。因此，本构关系的建立不仅是塑性力学的基础，而且是塑性力学的重要研究课题之一。

4.1 加载与卸载准则

由第 1 章对单向应力状态下塑性应力-应变关系的讨论我们知道，当结构材料进入塑性状态之后，应力点位于屈服面上，此时材料的应力-应变关系将根据加载与卸载的不同情况而服从不同的规律。

既然在加载与卸载过程中材料所遵循的本构关系是不同的，那么首先就应该判别什么样的情况是加载，什么样的情况属于卸载。因此，在本章讨论材料的塑性本构关系之前，有必要先介绍一下加载与卸载准则。

4.1.1 理想弹塑性材料的加载与卸载准则

理想弹塑性材料的后继屈服条件与初始屈服条件是相同的，其屈服面方程可表示为

$$f\left(\sigma_{ij}\right) = 0$$

令 σ_{ij} 为位于屈服面上的应力水平，$\mathrm{d}\sigma_{ij}$ 为施加的应力增量，若新的应力点 $\sigma_{ij} + \mathrm{d}\sigma_{ij}$ 仍然位于屈服面上，或 $\mathrm{d}\sigma_{ij}$ 使得应力点在屈服面上自 A 点移至 B 点（图 4-1），此时塑性

变形可以任意增长，这一过程称为加载；若 $d\sigma_{ij}$ 使得应力点从屈服面上移到屈服面内，此时不产生新的塑性变形，这一过程称为卸载。注意到 $\dfrac{\partial f}{\partial \sigma_{ij}}$ 为屈服面的外法线方向，则理想弹塑性材料的加载与卸载准则可表示为

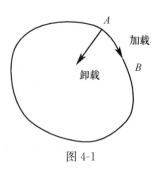

图 4-1

$$\left.\begin{array}{ll} \dfrac{\partial f}{\partial \sigma_{ij}} d\sigma_{ij} = 0 & \text{加载} \\[3mm] \dfrac{\partial f}{\partial \sigma_{ij}} d\sigma_{ij} < 0 & \text{卸载} \end{array}\right\} \qquad (4-1)$$

4.1.2 强化材料的加载、中性变载与卸载准则

强化材料的屈服面方程为

$$\varphi (\sigma_{ij}) = 0$$

我们仍设 σ_{ij} 为位于屈服面上的应力水平，$d\sigma_{ij}$ 为施加的应力增量。若 $d\sigma_{ij}$ 使得应力点从屈服面上移至与之无限邻近的新的屈服面上（图 4-2），这一过程称为加载；若 $d\sigma_{ij}$ 使得应力点在屈服面上移动，试验证明，在此过程中不产生新的塑性变形，这一过程称为中性变载；若 $d\sigma_{ij}$ 使得应力点返回屈服面之内，即材料从塑性状态退回到弹性状态，这一过程称为卸载。这三个过程的判别准则为

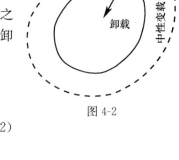

图 4-2

$$\left.\begin{array}{ll} \dfrac{\partial \varphi}{\partial \sigma_{ij}} d\sigma_{ij} > 0 & \text{加载} \\[3mm] \dfrac{\partial \varphi}{\partial \sigma_{ij}} d\sigma_{ij} = 0 & \text{中性变载} \\[3mm] \dfrac{\partial \varphi}{\partial \sigma_{ij}} d\sigma_{ij} < 0 & \text{卸载} \end{array}\right\} \qquad (4-2)$$

其中中性变载过程为强化材料所特有。根据上面的定义，中性变载过程不产生新的塑性变形，但材料仍处于塑性状态。

4.2 弹性应力-应变关系

各向同性材料的弹性本构关系可用广义胡克定律表达为

$$
\begin{array}{ll}
\varepsilon_x = \dfrac{1}{E} \left[\sigma_x - \nu (\sigma_y + \sigma_z) \right] & \gamma_{yz} = \dfrac{\tau_{yz}}{G} \\[3mm]
\varepsilon_y = \dfrac{1}{E} \left[\sigma_y - \nu (\sigma_z + \sigma_x) \right] & \gamma_{zx} = \dfrac{\tau_{zx}}{G} \\[3mm]
\varepsilon_z = \dfrac{1}{E} \left[\sigma_z - \nu (\sigma_x + \sigma_y) \right] & \gamma_{xy} = \dfrac{\tau_{xy}}{G}
\end{array}
\qquad (4-3)
$$

式中，E 是弹性模量，ν 是泊松比，$G = \dfrac{E}{2(1+\nu)}$。

将式（4-3）改写为

$$\varepsilon_x = \frac{1}{E}\left[(1+\nu)\sigma_x - \nu(\sigma_x+\sigma_y+\sigma_z)\right] = \frac{\sigma_x}{2G} - \frac{3\nu}{E}\sigma_m$$

…

$$\varepsilon_{yz} = \frac{1}{2}\gamma_{yz} = \frac{\tau_{yz}}{2G}$$

…

则式（4-3）可用张量下标记号写成

$$\varepsilon_{ij} = \frac{\sigma_{ij}}{2G} - \frac{3\nu}{E}\sigma_m\delta_{ij} \tag{4-4}$$

将三个正应变相加得

$$\varepsilon_{kk} = \frac{1-2\nu}{E}\sigma_{kk} \tag{4-5}$$

即

$$\varepsilon_m = \frac{1-2\nu}{E}\sigma_m \tag{4-6}$$

由式（4-4）及式（4-6）可得

$$\varepsilon_{ij} - \varepsilon_m\delta_{ij} = \frac{1}{2G}\sigma_{ij} - \frac{3\nu}{E}\sigma_m\delta_{ij} - \frac{1-2\nu}{E}\sigma_m\delta_{ij}$$

$$= \frac{1}{2G}\sigma_{ij} - \frac{1+\nu}{E}\sigma_m\delta_{ij} = \frac{1}{2G}\sigma_{ij} - \frac{1}{2G}\sigma_m\delta_{ij}$$

$$= \frac{1}{2G}(\sigma_{ij} - \sigma_m\delta_{ij})$$

即得应力偏量 S_{ij} 与应变偏量 e_{ij} 之间的关系为

$$e_{ij} = \frac{1}{2G}S_{ij} \tag{4-7}$$

由于 $S_{ij}=0$，则式（4-7）只有五个方程是独立的，因此需要把式（4-5）补充上，才和式（4-4）的六个方程等价。为了将弹性本构方程与全量形式的塑性本构方程在形式上统一起来，利用第 2 章的公式

$$\bar{\varepsilon} = \sqrt{\frac{2}{3}}\sqrt{e_{ij}e_{ij}} \qquad \bar{\sigma} = \sqrt{\frac{3}{2}}\sqrt{S_{ij}S_{ij}}$$

得

$$\bar{\sigma} = 3G\bar{\varepsilon} \tag{4-8}$$

于是胡克定律式（4-4）又可用下面的等价形式描述：

$$\left.\begin{array}{l}\varepsilon_{kk} = \dfrac{1-2\nu}{E}\sigma_{kk} \\[2mm] e_{ij} = \dfrac{3\bar{\varepsilon}}{2\bar{\sigma}}S_{ij} \\[2mm] \bar{\sigma} = 3G\bar{\varepsilon}\end{array}\right\} \tag{4-9}$$

根据弹性本构方程式（4-9），可得出下列结论：

（1）体积变形是弹性的；

（2）应力偏量 S_{ij} 与应变偏量 e_{ij} 成（正）比例，或应力偏量主方向与应变偏量主方向一致；

（3）等效应力 $\bar{\sigma}$ 与等效应变 $\bar{\varepsilon}$ 成（正）比例。

当应力从加载面卸载时，也服从广义胡克定律，但不能写成全量关系，而只能写成增量形式，即

$$\left.\begin{array}{l}\mathrm{d}\varepsilon_{kk}=\dfrac{1-2\nu}{E}\mathrm{d}\sigma_{kk}\\[3mm]\mathrm{d}e_{ij}=\dfrac{1}{2G}\mathrm{d}S_{ij}\end{array}\right\}\tag{4-10}$$

4.3 全量型本构关系

4.3.1 伊柳辛（Ильюшин）理论

А. А. Ильюшин 在试验研究的基础上，通过与弹性本构方程式（4-9）类比，将弹性变形的结论进行推广，提出下列各向同性材料在小变形条件下塑性变形规律的假设：

（1）体积变形是弹性的，即应变球张量和应力球张量成正比，即

$$\varepsilon_{kk}=\frac{1-2\nu}{E}\sigma_{kk}\tag{a}$$

（2）应力偏量与应变偏量相似且同轴，即

$$e_{ij}=\lambda S_{ij}\tag{b}$$

式（b）说明应变和应力的定性关系，即方向关系是应力偏量主方向与应变偏量主方向一致；分配关系是应力偏量的分量与应变偏量的分量成比例。

需要注意的是，式（b）只是在形式上与广义胡克定律相似，但其中的比例系数 λ 不是常数，它取决于质点的位置和荷载水平，但对同一点，同一荷载水平 λ 是常数。

下面说明 λ 的求法。由式（b）可得

$$e_{ij}e_{ij}=\lambda^2 S_{ij}S_{ij}\tag{c}$$

故有

$$\lambda=\sqrt{\frac{e_{ij}e_{ij}}{S_{ij}S_{ij}}}=\frac{3}{2}\frac{\bar{\varepsilon}}{\bar{\sigma}}\tag{d}$$

这样，式（b）可改写为

$$e_{ij}=\frac{3}{2}\frac{\bar{\varepsilon}}{\bar{\sigma}}S_{ij}\tag{e}$$

（3）等效应力 $\bar{\sigma}$ 与等效应变 $\bar{\varepsilon}$ 之间存在单值对应的函数关系。

$$\bar{\sigma}=\Phi(\bar{\varepsilon})$$

这就是单一曲线假设的硬化条件。Φ 与材料特性有关而与应力状态无关。

综上，全量型塑性本构方程为

$$\left.\begin{array}{l}\varepsilon_{kk}=\dfrac{1-2\nu}{E}\sigma_{kk}\\[3mm]e_{ij}=\dfrac{3}{2}\dfrac{\bar{\varepsilon}}{\bar{\sigma}}S_{ij}\\[3mm]\bar{\sigma}=\Phi(\bar{\varepsilon})\end{array}\right\}\tag{4-11}$$

或

$$
\left.
\begin{array}{ll}
e_x = \dfrac{3\bar{\varepsilon}}{2\bar{\sigma}} S_x & \gamma_{yz} = \dfrac{3\bar{\varepsilon}}{\bar{\sigma}} \tau_{yz} \\[3mm]
e_y = \dfrac{3\bar{\varepsilon}}{2\bar{\sigma}} S_y & \gamma_{zx} = \dfrac{3\bar{\varepsilon}}{\bar{\sigma}} \tau_{zx} \\[3mm]
e_z = \dfrac{3\bar{\varepsilon}}{2\bar{\sigma}} S_z & \gamma_{xy} = \dfrac{3\bar{\varepsilon}}{\bar{\sigma}} \tau_{xy} \\[3mm]
\varepsilon_\mathrm{m} = \dfrac{1-2\nu}{E} \sigma_\mathrm{m} \\[3mm]
\bar{\sigma} = \varPhi\ (\bar{\varepsilon})
\end{array}
\right\}
\qquad (4\text{-}12)
$$

它与弹性状态下的本构方程式（4-9）在形式上是相同的，只是 $\bar{\sigma}$ 和 $\bar{\varepsilon}$ 之间是非线性关系，从而导致应力偏量 S_{ij} 与应变偏量 e_{ij} 间的关系也是非线性的。此外，不难看出，由式（4-11）所描述的全量应力-应变关系是单值对应的。

4.3.2　全量理论的适用范围与简单加载定理

前面我们讨论了全量理论的塑性本构关系。目前已经证明该理论在小变形并且是简单加载的条件下与试验结果接近，是正确的。

简单加载是指在加载过程中，材料内任意一点的应力状态 σ_{ij} 的各分量都按同一比例增加，即

$$
\sigma_{ij} = \sigma_{ij}^0 \cdot t
$$

式中，t 为单调增大的正参数。

由上式可以推出在简单加载的情况下，各主应力分量之间按同一比例增加，且应力的主方向和应变的主方向始终保持不变。简单加载条件下的加载路径在应力空间中是一条通过原点的直线。

现在的问题是，材料在什么条件下，才能够保证其内任一点都始终处于简单加载状态？对此，伊柳辛提出了以下四个条件：

（1）变形是微小的；

（2）材料是不可压缩的，即 $\nu = \dfrac{1}{2}$；

（3）外荷载按比例单调增长，如有位移边界条件，只能是零位移边界条件；

（4）材料的 $\bar{\sigma}$-$\bar{\varepsilon}$ 曲线具有 $\bar{\sigma} = A\bar{\varepsilon}^n$ 的幂函数形式，其中 A 和 n 为材料常数。

满足了这四个条件，即认为材料内每一个单元体都处于简单加载状态。此即简单加载定理。

进一步的分析表明，在简单加载定理的四个条件中，小变形和荷载按比例单调增长是必要条件，而 $\nu = \dfrac{1}{2}$ 和 $\bar{\sigma} = A\bar{\varepsilon}^n$ 是充分而非必要条件。

当不满足简单加载条件时，全量理论一般是不能采用的。但是由于用全量理论求解和非线性弹性力学相似，计算也比较方便，因此也有在非简单加载的条件下使用该理论的。对于偏离简单加载条件不太远的情况，使用全量理论计算所获得的结果和试验结果也比较接近。所以，全量理论的适用范围，实际上比简单加载条件更宽些。到目前为

止，已有许多学者研究了在偏离简单加载情况下该理论的使用问题。

4.3.3　卸载定理

在第 1 章中我们已经指出，当材料承受单向拉伸荷载而进入塑性阶段后，如果荷载减小，则卸载过程中应力和应变符合弹性规律，即

$$\Delta\sigma = E\Delta\varepsilon$$

或

$$\sigma - \tilde{\sigma} = E\left(\varepsilon - \tilde{\varepsilon}\right)$$

式中，σ、ε 为开始卸载时的应力和应变；$\tilde{\sigma}$、$\tilde{\varepsilon}$ 为卸载终了时的应力和应变；$\Delta\sigma$、$\Delta\varepsilon$ 为卸载过程中应力和应变的改变量。

对于复杂应力状态，试验证明，如果是简单卸载，则应力和应变同样按弹性规律变化，即

$$\Delta\varepsilon_{\mathrm{m}} = \frac{1-2\nu}{E}\Delta\sigma_{\mathrm{m}}$$

$$\Delta e_{ij} = \frac{1}{2G}\Delta S_{ij}$$

式中，$\Delta\sigma_{\mathrm{m}}$、$\Delta\varepsilon_{\mathrm{m}}$、$\Delta S_{ij}$ 和 Δe_{ij} 分别表示卸载过程中平均应力、平均应变、应力偏量和应变偏量的改变量。

由此可见，在简单卸载情况下，可以先根据卸载过程中的荷载改变量 ΔP_i 按弹性力学公式算出应力和应变的改变量 $\Delta\sigma_{ij}$ 和 $\Delta\varepsilon_{ij}$，然后从卸载开始时的应力 σ_{ij} 和应变 ε_{ij} 中减去相应的改变量，即可得到卸载后的应力 $\tilde{\sigma}_{ij}$ 和应变 $\tilde{\varepsilon}_{ij}$，即

$$\tilde{\sigma}_{ij} = \sigma_{ij} - \Delta\sigma_{ij}$$

$$\tilde{\varepsilon}_{ij} = \varepsilon_{ij} - \Delta\varepsilon_{ij}$$

不难看出，如果将荷载全部卸去，即

$$\Delta P_i = P_i$$

物体内不仅留有残余变形，而且有残余应力。因为卸载后的应力 $\tilde{\sigma}_{ij} = \sigma_{ij} - \Delta\sigma_{ij}$，其中 σ_{ij} 是根据 P_i 按弹-塑性应力-应变关系计算的，而 $\Delta\sigma_{ij}$ 是根据 ΔP_i 按弹性规律计算的。

必须注意的是，上述计算方法只适用于卸载过程中不发生第二次塑性变形的情形，即卸载不应引起应力改变符号而达到新的屈服。

4.4　全量理论的基本方程及边值问题的提法

设在物体 V 内给定体力 F_i，在应力边界 S_T（外法线方向余弦为 n_j）上给定面力 T_i，在位移边界 S_u 上给定位移 $u_i{}^0$，要求物体内处于塑性状态的各点的应力 σ_{ij}、应变 ε_{ij} 和位移 u_i 满足以下基本方程和边界条件：

平衡方程：

$$\sigma_{ij,j} + F_i = 0 \tag{4-13}$$

几何方程：

$$\varepsilon_{ij} = \frac{1}{2}\left(u_{i,j} + u_{j,i}\right) \tag{4-14}$$

本构方程：

$$\left.\begin{array}{l} \varepsilon_{kk} = \dfrac{1-2\nu}{E}\sigma_{kk} \\[2mm] e_{ij} = \dfrac{3}{2}\dfrac{\bar{\varepsilon}}{\bar{\sigma}}S_{ij} \\[2mm] \bar{\sigma} = \Phi\ (\bar{\varepsilon}) \end{array}\right\} \tag{4-15}$$

应力边界条件：

$$\sigma_{ij}n_j = T_i \qquad (在\ S_T\ 上) \tag{4-16}$$

位移边界条件：

$$u_i = u_i^0 \qquad (在\ S_u\ 上) \tag{4-17}$$

从独立方程及未知量的数目看，15 个基本方程求解 15 个未知量，问题是可解的。与弹性力学相似，可以采用两种基本解法，即按位移求解和按应力求解。由于基本方程中式（4-15）是非线性的，因此一般情况下问题的求解要比求解弹性力学问题困难得多，只有某些简单问题能够得到解答，往往采用逐次逼近或数值积分法等近似方法进行计算。

上述是针对塑性区而言的，对弹性区和卸载区，应按弹性力学求解，且在弹、塑性区交界面上还应满足适当的连续条件。

4.5 理想塑性材料的增量型本构关系

4.5.1 莱维-米泽斯（Levy-Mises）理论

莱维-米泽斯理论假设材料是理想塑性的，并且认为材料到达塑性区，总应变等于塑性应变，即假设材料符合刚塑性模型。其理论假设归纳如下：

（1）在塑性区总应变等于塑性应变（忽略弹性应变部分）。

$$d\varepsilon_{ij} = d\varepsilon_{ij}^e + d\varepsilon_{ij}^p = d\varepsilon_{ij}^p \tag{4-18}$$

（2）体积变形是弹性的。

$$d\varepsilon_{kk} = \dfrac{1-2\nu}{E}d\sigma_{kk} \tag{4-19}$$

因为

$$d\varepsilon_{kk} = d\varepsilon_{kk}^e = 0$$

故 $\dfrac{1-2\nu}{E} = 0$，则 $\nu = \dfrac{1}{2}$，得到体积不可压缩的结果。

（3）塑性应变增量的偏量与应力偏量成正比例，或应力偏量主方向与塑性应变增量偏量的主方向一致。

$$de_{ij}^p = d\lambda \cdot S_{ij} \tag{4-20}$$

式中，比例系数 dλ 取决于质点的位置和荷载水平。

由于塑性变形的体积不可压缩，即 $d\varepsilon_{kk}^p = 0$，则由式（4-20）可得

$$d\varepsilon_{ij}^p = d\lambda \cdot S_{ij} \tag{4-21}$$

由于忽略了弹性应变部分，莱维-米泽斯理论又可表示

$$d\varepsilon_{ij} = d\lambda \cdot S_{ij} \tag{4-22}$$

张量表达式（4-22）反映了如下概念：

1）应变增量主轴与应力偏量主轴重合，即应变增量主轴与应力主轴方向重合。

2）应变增量的分量与应力偏量的分量成比例。

下面说明 $d\lambda$ 的求法。

对于理想刚塑性材料，按 Mises 屈服条件将有

$$\bar{\sigma}=\sqrt{\frac{3}{2}}\sqrt{S_{ij}S_{ij}}=\sigma_s$$

将式（4-21）代入上式得

$$\frac{1}{d\lambda}\sqrt{\frac{3}{2}}\sqrt{d\varepsilon_{ij}^p\,d\varepsilon_{ij}^p}=\bar{\sigma}=\sigma_s$$

定义

$$d\bar{\varepsilon}^p=\sqrt{\frac{2}{3}}\sqrt{d\varepsilon_{ij}^p\,d\varepsilon_{ij}^p} \tag{4-23}$$

称其为"等效塑性应变增量"。

所以有

$$d\lambda=\frac{3d\bar{\varepsilon}^p}{2\bar{\sigma}}=\frac{3d\bar{\varepsilon}^p}{2\sigma_s}$$

由于弹性应变部分忽略不计，则总应变增量等于塑性应变增量。故上式中 $d\bar{\varepsilon}^p$ 的上标 p（代表塑性）可以略去，即得

$$d\varepsilon_{ij}=\frac{3d\bar{\varepsilon}}{2\sigma_s}S_{ij} \tag{4-24}$$

这就是理想刚塑性材料的增量型本构方程。

张量表达式式（4-24）写成一般方程式为

$$\left.\begin{array}{ll} d\varepsilon_x=\dfrac{3d\bar{\varepsilon}}{2\sigma_s}S_x & d\gamma_{yz}=\dfrac{3d\bar{\varepsilon}}{\sigma_s}\tau_{yz} \\[2mm] d\varepsilon_y=\dfrac{3d\bar{\varepsilon}}{2\sigma_s}S_y & d\gamma_{zx}=\dfrac{3d\bar{\varepsilon}}{\sigma_s}\tau_{zx} \\[2mm] d\varepsilon_z=\dfrac{3d\bar{\varepsilon}}{2\sigma_s}S_z & d\gamma_{xy}=\dfrac{3d\bar{\varepsilon}}{\sigma_s}\tau_{xy} \end{array}\right\} \tag{4-25}$$

由式（4-24）可见：对于特定材料（σ_s 可知），若已知应变增量，则可以求得应力偏量，但由于体积的不可压缩性，不能确定应力球张量，所以就不能确定应力张量。另一方面，若已知应力分量，能求得应力偏量，由式（4-24）只能求得应变增量各分量的比值而不能求得应变增量的数值。原因是对于理想塑性材料，应变增量与应力之间无单值关系。只有当变形受到适当的限制时，利用变形连续条件才能确定应变增量的值。

4.5.2　普朗特-路埃斯（Prandtl-Reuss）理论

普朗特-路埃斯理论是在莱维-米泽斯理论的基础上发展起来的，该理论考虑了弹性变形部分，即总应变增量偏量由弹性和塑性两部分组成：

$$de_{ij}=de_{ij}^e+de_{ij}^p$$

塑性应变部分为

$$de_{ij}^p = d\lambda \cdot S_{ij} \tag{4-26}$$

弹性部分为

$$de_{ij}^e = \frac{1}{2G} dS_{ij} \tag{4-27}$$

于是得到总应变增量偏量的表达式为

$$de_{ij} = \frac{1}{2G} dS_{ij} + d\lambda S_{ij} \tag{4-28}$$

式中，$d\lambda$ 仍可由米泽斯屈服条件确定，由米泽斯屈服条件，$J'_2 = \frac{1}{3}\sigma_s^2$，即

$$\frac{1}{2} S_{ij} S_{ij} = \frac{1}{3}\sigma_s^2 \tag{4-29}$$

将该式求微分，有

$$S_{ij} dS_{ij} = 0 \tag{4-30}$$

将式（4-28）两端同乘 S_{ij}，并利用式（4 29）和式（4-30）得

$$S_{ij} de_{ij} = S_{ij}\left(\frac{1}{2G} dS_{ij} + d\lambda S_{ij}\right) = \frac{1}{2G} S_{ij} dS_{ij} + d\lambda S_{ij} S_{ij} = \frac{2}{3} d\lambda \sigma_s^2$$

定义

$$dW_d = S_{ij} de_{ij} \tag{4-31}$$

称其为"形状变形比能增量"。

所以有

$$d\lambda = \frac{3 dW_d}{2\sigma_s^2}$$

将上式代入式（4-28），并由塑性的不可压缩性即体积变化是弹性的，则得由普朗特-路埃斯理论推导出的增量型本构关系式：

$$\left.\begin{array}{l} d\varepsilon_{kk} = \dfrac{1-2\nu}{E} d\sigma_{kk} \\[2mm] de_{ij} = \dfrac{1}{2G} dS_{ij} + \dfrac{3dW_d}{2\sigma_s^2} S_{ij} \end{array}\right\} \tag{4-32}$$

或写成

$$d\varepsilon_{ij} = \frac{1-2\nu}{E} d\sigma_m \delta_{ij} + \frac{1}{2G} dS_{ij} + \frac{3dW_d}{2\sigma_s^2} S_{ij} \tag{4-33}$$

由于考虑了弹性变形，式（4-32）或式（4-33）就是理想弹塑性材料的增量型本构方程。

如果应力和应变增量已知，由式（4-31）可以算出 dW_d，再代入式（4-32）后即可求出应力增量偏量和平均应力增量，从而求得应力增量。将它们叠加到原有应力上，即得新的应力水平，也就是产生新的塑性应变后的应力分量。反之，如果已知应力和应力增量，不能由式（4-33）求得应变增量，只能求得应变增量各分量的比值。

4.5.3　两种增量理论的比较

综合上述理论，可以归纳其特点如下：

（1）普朗特-路埃斯理论与莱维-米泽斯理论的差别就在于前者考虑了弹性变形而后

者不考虑弹性变形，实际上后者是前者的特殊情况。由此看来，莱维-米泽斯理论仅适应于大应变，无法求弹性回跳及残余应力场问题，前者主要用于小应变、求解弹性回跳及残余应力问题。

（2）两理论都着重指出了塑性应变增量与应力偏量之间的关系 $d\varepsilon_{ij}^p = d\lambda \cdot S_{ij}$。如用几何图形来表示，应力偏量的矢量为 S，恒在 π 平面内沿着米泽斯屈服轨迹的径向，由于应力偏量主轴与瞬时塑性应变增量主轴重合，在数量上仅差一比例常数，若用自由矢量 $d\varepsilon^p$ 表示塑性应变增量，则 $d\varepsilon^p$ 必平行于矢量 S 且沿屈服曲面的法向，如图 4-3 所示。而弹性应变增量 $d\varepsilon_{ij}^e$ 则与应力张量的矢量平行。

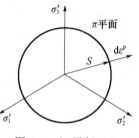

图 4-3　$d\varepsilon^p$ 平行于 S

（3）整个变形过程可由各瞬时段的变形积累而得，因此增量理论能表达加载过程对变形的影响，能反映出复杂加载情况。

（4）增量理论仅适用于加载情况即变形功大于零的情况，并没有给出卸载规律，卸载情况下仍按胡克定律进行。

4.5.4　增量理论的试验验证

为了验证莱维-米泽斯理论，仿照罗德参数的定义引入一参数 $\mu_{d\varepsilon^p}$：

$$\mu_{d\varepsilon^p} = 2\frac{d\varepsilon_2^p - d\varepsilon_3^p}{d\varepsilon_1^p - d\varepsilon_3^p} - 1 \tag{4-34}$$

按照莱维-米泽斯理论，有

$$d\varepsilon_{ij}^p = d\lambda \cdot S_{ij}$$

将上式代入式（4-34），得

$$\mu_{d\varepsilon^p} = 2\frac{d\varepsilon_2^p - d\varepsilon_3^p}{d\varepsilon_1^p - d\varepsilon_3^p} - 1 = 2\frac{d\lambda(S_2 - S_3)}{d\lambda(S_1 - S_3)} - 1 = 2\frac{\sigma_2 - \sigma_3}{\sigma_1 - \sigma_3} - 1 = \mu_\sigma$$

许多试验结果表明，$\mu_\sigma \approx \mu_{d\varepsilon^p}$，例如 1931 年泰勒和昆尼用多种材料做拉伸与扭转联合实验，试验结果如图 4-4 所示。试验结果中 $\mu_{d\varepsilon^p}$ 与 μ_σ 略有偏差的原因，一般认为是材料各向异性所致。

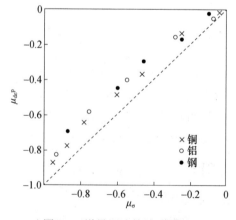

图 4-4　增量理论的试验验证

需要说明的是，上述试验只限于不过分复杂的加载条件，对于复杂加载情况，特别是接近中性变载时，试验发现 $\mu_{d e}{}^{P}$ 与 μ_σ 差别较大。因此，复杂加载条件下应力与应变关系的试验研究工作依然是塑性力学的重要方向。

【例 4-1】 不可压缩理想弹塑性材料的薄壁圆管受轴向拉力和扭矩作用，使用米泽斯条件，求按下列不同加载路径时圆管内的应力分量。

(1) 先拉至 $\varepsilon = \dfrac{\sigma_s}{3G}$ 进入塑性状态，而后在保持 ε 不变的情况下，再扭至 $\gamma = \dfrac{\sigma_s}{\sqrt{3}G}$。

(2) 先扭至 $\gamma = \dfrac{\sigma_s}{\sqrt{3}G}$ 进入塑性状态，而后在保持 γ 不变的情况下，再拉至 $\varepsilon = \dfrac{\sigma_s}{3G}$。

(3) 同时拉扭进入塑性状态（保持 $\dfrac{\gamma}{\varepsilon}$ 不变）。

解 薄壁圆管受轴向拉力和扭矩作用。

应力状态：$\sigma_z = \sigma$，$\tau_{\theta z} = \tau$，$\sigma_r = \sigma_\theta = \tau_{r\theta} = \tau_{rz} = 0$

$$s_z = \frac{2\sigma}{3}, \quad s_r = s_\theta = -\frac{\sigma}{3}$$

应变分量（体积不可压缩）：$\varepsilon_z = \varepsilon$，$\varepsilon_r = \varepsilon_\theta = -\dfrac{1}{2}\varepsilon$，$\gamma_{\theta z} = \gamma$，$\gamma_{r\theta} = \gamma_{rz} = 0$

Mises 条件：
$$\sigma^2 + 3\tau^2 = \sigma_s^2 \tag{a}$$

塑性功增量：
$$\begin{aligned}
\mathrm{d}W_d &= S_{ij}\,\mathrm{d}e_{ij}\\
&= S_z\,\mathrm{d}e_z + S_r\,\mathrm{d}e_r + S_\theta\,\mathrm{d}e_\theta + \tau_{\theta z}\,\mathrm{d}\gamma_{\theta z} + \tau_{\theta r}\,\mathrm{d}\gamma_{\theta r} + \tau_{rz}\,\mathrm{d}\gamma_{rz}\\
&= \sigma\,\mathrm{d}\varepsilon + \tau\,\mathrm{d}\gamma
\end{aligned} \tag{b}$$

Prandtl-Reuss 理论：$\mathrm{d}\varepsilon_{ij} = \dfrac{1}{2G}\mathrm{d}S_{ij} + \dfrac{3\,\mathrm{d}W_d}{2\sigma_s{}^2}S_{ij}$ （$\mathrm{d}\varepsilon_m = 0$）

$$\mathrm{d}\varepsilon = \frac{\mathrm{d}\sigma}{3G} + \frac{\sigma\,(\sigma\,\mathrm{d}\varepsilon + \tau\,\mathrm{d}\gamma)}{\sigma_s{}^2} \tag{c}$$

$$\mathrm{d}\gamma = \frac{\mathrm{d}\tau}{G} + \frac{3\tau\,(\sigma\,\mathrm{d}\varepsilon + \tau\,\mathrm{d}\gamma)}{\sigma_s{}^2} \tag{d}$$

(1) 先拉再扭。

当拉至 $\varepsilon = \dfrac{\sigma_s}{3G}$ 时，薄壁圆管进入塑性状态，其应变状态在图 4-5 (a) 中用 A 点表示，而应力状态用图 4-5 (b) 中 A 点表示。而后在保持 ε 不变的情况下，再扭至 $\gamma = \dfrac{\sigma_s}{\sqrt{3}G}$。其应变变化路径可用图 4-5 (a) 中 $A \to C$ 表示。

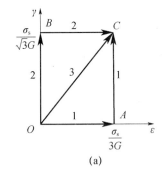

(a)

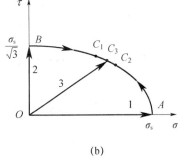

(b)

图 4-5

因为 ε 保持不变，故 $d\varepsilon=0$。由式（d）得

$$d\gamma=\frac{d\tau}{G}+\frac{3\tau^2 d\gamma}{\sigma_s^2}$$

即

$$d\gamma=\frac{1}{G}\frac{d\tau}{1-\frac{3\tau^2}{\sigma_s^2}} \tag{e}$$

沿路径积分式（e），得

$$\gamma=\frac{1}{G}\int_0^\tau\frac{d\tau}{1-\frac{3\tau^2}{\sigma_s^2}}=\frac{\sigma_s}{\sqrt{3}G}\text{arcth}\frac{\tau\sqrt{3}}{\sigma_s}$$

即

$$\tau=\frac{\sigma_s}{\sqrt{3}}\text{th}\frac{\sqrt{3}G\gamma}{\sigma_s} \tag{f}$$

由屈服条件式（a）得

$$\sigma=\sigma_s/\text{ch}\frac{\sqrt{3}G\gamma}{\sigma_s} \tag{g}$$

当 $\gamma=\dfrac{\sigma_s}{\sqrt{3}G}$ 时，由式（f）、式（g）得最终的应力为

$$\sigma=0.648\sigma_s \quad \tau=0.439\sigma_s$$

最终的应力状态如图 4-5（b）中 C_1 点所示。

（2）先扭再拉。

这种情形下，应变变化路径可用图 4-5（a）中 $O{\to}B{\to}C$ 表示，应力状态变化路径可用图 4-5（b）中 $O{\to}B{\to}C_2$ 表示。$B{\to}C$ 阶段保持 γ 不变，故 $d\gamma=0$。代入式（c），得

$$d\varepsilon=\frac{d\sigma}{3G}+\frac{\sigma^2 d\varepsilon}{\sigma_s^2}$$

即

$$3Gd\varepsilon=d\sigma/\left(1-\frac{\sigma^2}{\sigma_s^2}\right) \tag{h}$$

沿路径积分式（h），得

$$\sigma=\sigma_s\text{th}\frac{3G\varepsilon}{\sigma_s} \tag{i}$$

由屈服条件式（a）得：

$$\sigma=\sigma_s/\text{ch}\frac{\sqrt{3}G\gamma}{\sigma_s} \tag{j}$$

当 $\varepsilon=\dfrac{\sigma_s}{3G}$ 时，由式（i）、式（j）得最终的应力为

$$\sigma=0.762\sigma_s \quad \tau=0.374\sigma_s$$

最终的应力状态如图 4-5（b）中 C_2 点所示。

（3）同时拉扭进入塑性状态（保持 $\dfrac{\gamma}{\varepsilon}$ 不变）。

这种情形下，应变变化路径可用图 4-5（a）中 $O \rightarrow C$ 表示，故 $\dfrac{\gamma}{\varepsilon} = \sqrt{3}$。应力路径可用图 4-5（b）中 $O \rightarrow C_3$ 表示，由于在达到 C 或 C_3 点之前，薄壁圆管始终处于弹性状态，故

$$\frac{\tau}{\sigma} = \frac{G\gamma}{E\varepsilon} = \frac{\sqrt{3}}{3}$$

由屈服条件 $\sigma^2 + 3\tau^2 = \sigma_s^2$，求得

$$\sigma = 0.707\sigma_s \quad \tau = 0.408\sigma_s$$

4.6 弹塑性强化材料的增量型本构关系

对于弹塑性强化材料，若采用等向强化模型，为了考虑变形历史的影响，其强化条件通常采用沿着应变路径积分的"等效塑性应变总量" $\int \mathrm{d}\bar{\varepsilon}^{\mathrm{p}}$ 来描述，即

$$\bar{\sigma} = H(\int \mathrm{d}\bar{\varepsilon}^{\mathrm{p}}) \tag{4-35}$$

等效塑性应变总量 $\int \mathrm{d}\bar{\varepsilon}^{\mathrm{p}}$ 与塑性应变强度 $\bar{\varepsilon}^{\mathrm{p}}$ 一般不等。唯有在简单加载（比例加载）情况下两者才相等。因此，可利用简单加载条件下的试验（如简单拉伸试验）确定 H 函数。

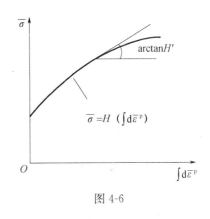

图 4-6

对式（4-35）求导可得

$$H' = \frac{\mathrm{d}\bar{\sigma}}{\mathrm{d}\bar{\varepsilon}^{\mathrm{p}}}$$

它表示 $\bar{\sigma} - \int \mathrm{d}\bar{\varepsilon}^{\mathrm{p}}$ 曲线上某点的斜率，如图 4-6 所示。

经过与 4.5.1 类似的推导可得

$$\mathrm{d}\lambda = \frac{3\mathrm{d}\bar{\varepsilon}^{\mathrm{p}}}{2\bar{\sigma}} = \frac{3\mathrm{d}\bar{\sigma}}{2H'\bar{\sigma}} \tag{4-36}$$

将此式代入式（4-28），得

$$\left. \begin{array}{l} \mathrm{d}\varepsilon_{kk} = \dfrac{1-2\nu}{E}\mathrm{d}\sigma_{kk} \\[2mm] \mathrm{d}e_{ij} = \dfrac{1}{2G}\mathrm{d}S_{ij} + \dfrac{3\mathrm{d}\bar{\sigma}}{2H'\bar{\sigma}}S_{ij} \end{array} \right\} \tag{4-37}$$

或写成

$$\mathrm{d}\varepsilon_{ij} = \frac{1-2\nu}{E}\mathrm{d}\sigma_{\mathrm{m}}\delta_{ij} + \frac{1}{2G}\mathrm{d}S_{ij} + \frac{3\mathrm{d}\bar{\sigma}}{2H'\bar{\sigma}}S_{ij} \tag{4-38}$$

这就是弹塑性强化材料的增量型本构方程。

4.7 增量理论的基本方程及边值问题的提法

设在某一加载瞬时，已经求得 σ_{ij}、ε_{ij}、u_i，在此基础上让外载增加一个增量，即在

物体 V 内给定体力增量 $\mathrm{d}F_i$，在应力边界 S_T（边界外法线方向余弦为 n_j）上给定面力增量 $\mathrm{d}T_i$，在位移边界 S_u 上给定位移增量 $\mathrm{d}u_i^0$，要求物体内处于塑性状态的各点的应力增量 $\mathrm{d}\sigma_{ij}$，应变增量 $\mathrm{d}\varepsilon_{ij}$ 和位移增量 $\mathrm{d}u_i$ 满足以下基本方程和边界条件：

平衡方程：

$$\mathrm{d}\sigma_{ij,j}+\mathrm{d}F_i=0 \tag{4-39}$$

几何方程：

$$\mathrm{d}\varepsilon_{ij}=\frac{1}{2}\ (\mathrm{d}u_{i,j}+\mathrm{d}u_{j,i}) \tag{4-40}$$

本构方程：

$$\left.\begin{array}{l}\text{弹性区：} \qquad \mathrm{d}\varepsilon_{ij}=\dfrac{1-2\nu}{3E}\mathrm{d}\sigma_{kk}\delta_{ij}+\dfrac{1}{2G}\mathrm{d}S_{ij}\\[3mm]\text{塑性区：} \qquad \mathrm{d}\varepsilon_{ij}=\dfrac{1-2\nu}{3E}\mathrm{d}\sigma_{kk}\delta_{ij}+\dfrac{1}{2G}\mathrm{d}S_{ij}+\mathrm{d}\lambda S_{ij}\end{array}\right\} \tag{4-41}$$

应力边界条件：

$$\mathrm{d}\sigma_{ij}n_j=\mathrm{d}T_i \qquad (\text{在 } S_T \text{ 上}) \tag{4-42}$$

位移边界条件：

$$\mathrm{d}u_i=\mathrm{d}u_i^0 \qquad (\text{在 } S_u \text{ 上}) \tag{4-43}$$

4.8 塑性势及流动法则

4.8.1 Drucker 公设

在简单加载时，材料的后继屈服极限在变形过程中是不断变化的，其应力-应变曲线可以有下面三种形式（图 4-7）。

（1）应力随着荷载增加，这时附加应力 $\Delta\sigma$ 在附加应变 $\Delta\varepsilon$ 所做的功是正的，即 $\Delta\sigma\Delta\varepsilon>0$，这种类型的材料称为稳定材料。

（2）附加应变 $\Delta\varepsilon$ 增加，而附加应力 $\Delta\sigma$ 在减少，在这一阶段中，附加应力在附加应变上做负功，即 $\Delta\sigma\Delta\varepsilon<0$，这种类型的材料称为不稳定材料。

（3）随着应力增加，应变却在减少，这种情况和能量守恒原理是矛盾的，因为它允许自由地提取有用的功，例如受拉杆的荷载增加了，反而使杆缩短了，这是不可能的。

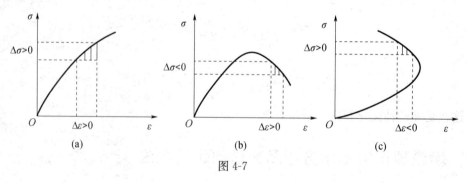

图 4-7

在上述三种情况下，只有第一种情况符合实际材料行为。Drucker 将这个概念推广到复杂应力状态中，并且获得了十分重要的结论。该公设叙述如下：

"考虑某应力循环，开始应力 $\sigma_{ij}{}^0$ 在加载面内，然后达到 σ_{ij} 刚好在加载面上，再继续在加载面上加载到 $\sigma_{ij}+d\sigma_{ij}$，在这一阶段，将产生塑性应变 $d\varepsilon_{ij}^p$。最后将应力又卸回到 σ_{ij}^0。若在整个应力循环过程中，附加应力 $\sigma_{ij}-\sigma_{ij}{}^0$ 所做的塑性功不小于零，则这种材料就是稳定的。"

在应力循环过程中外载所做的功为

$$\oint_{\sigma_{ij}^0} \sigma_{ij}\,d\varepsilon_{ij} \geqslant 0 \tag{4-44}$$

符号 $\oint_{\sigma_{ij}^0}$ 表示积分路径从 σ_{ij}^0 开始又回到 σ_{ij}^0，如图 4-8 所示。不论材料是不是稳定的，上述功不可能是负的，否则我们就可以通过应力循环不断地从材料中吸取能量。要判别材料的稳定性则必须由附加应力 $\sigma_{ij}-\sigma_{ij}{}^0$ 所做的塑性功不小于零这个条件得出

$$W = \oint_{\sigma_{ij}^0} (\sigma_{ij}-\sigma_{ij}^0)\,d\varepsilon_{ij} \geqslant 0 \tag{4-45}$$

由于弹性应变 ε_{ij}^e 在应力循环中是可逆的，即

$$\oint_{\sigma_{ij}^0} (\sigma_{ij}-\sigma_{ij}^0)\,d\varepsilon_{ij}^e = 0$$

故由式（4-45）得

$$W = W^p = \oint_{\sigma_{ij}^0} (\sigma_{ij}-\sigma_{ij}^0)\,d\varepsilon_{ij}^p \geqslant 0$$

但在整个应力循环过程中，只在应力达到 $\sigma_{ij}+d\sigma_{ij}$ 时产生塑性应变 $d\varepsilon_{ij}^p$，在循环的其余部分都不产生塑性变形，故上述积分变成

$$W^p = (\sigma_{ij}+d\sigma_{ij}-\sigma_{ij}^0)\,d\varepsilon_{ij}^p \geqslant 0 \tag{4-46}$$

在一维情形可以用图形来表示式（4-46）的意义，这时有

$$W^p = (\sigma+d\sigma-\sigma^0)\,d\varepsilon^p \geqslant 0 \tag{4-47}$$

这就是图 4-9 所示的阴影面积，对于稳定材料这块面积一定不会小于零的。但对于图 17（b）所示的不稳定材料，则式（4-47）就不一定成立。因为当 σ 很接近 σ^0 时，阴影面积就成为负的。

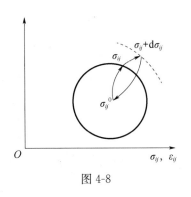

图 4-8

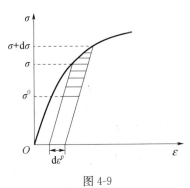

图 4-9

从式（4-46）可以推导出两个重要不等式。当 $\sigma_{ij} \neq \sigma_{ij}^0$ 时，由于 $d\sigma_{ij}$ 是无穷小量可以忽略，则得出

$$(\sigma_{ij} - \sigma_{ij}^0) \, \mathrm{d}\varepsilon_{ij}^p \geqslant 0 \tag{4-48}$$

当 $\sigma_{ij} = \sigma_{ij}^0$ 时则有

$$\mathrm{d}\sigma_{ij} \, \mathrm{d}\varepsilon_{ij}^p \geqslant 0 \tag{4-49}$$

式（4-46）中的 W^p 实际上是塑性功或耗散的能量，因此，它又称为最大塑性功原理或最大耗散能原理。显然，它与 Drucker 公设是等价的。

4.8.2　加载面的外凸性和应变增量的法向性

将应力空间 σ_{ij} 和塑性应变空间 ε_{ij}^p 的坐标重合，并将 $\mathrm{d}\varepsilon_{ij}^p$ 的原点放在位于屈服面上的点 σ_{ij} 处，见图 4-10。σ_{ij}^0 用矢量 $\boldsymbol{OA}^0$ 表示，σ_{ij} 用 $\boldsymbol{OA}$ 表示，$\mathrm{d}\sigma_{ij}$ 用 $\mathrm{d}\boldsymbol{\sigma}$ 表示，$\mathrm{d}\varepsilon_{ij}^p$ 用 $\mathrm{d}\boldsymbol{\varepsilon}^p$ 表示，则不等式（4-48）可表示为

$$A^0A \cdot \mathrm{d}\boldsymbol{\varepsilon}^p \geqslant 0 \tag{4-50}$$

它表示这两个矢量的夹角为锐角，设在 A 点作一超平面垂直于 $\mathrm{d}\boldsymbol{\varepsilon}^p$，则不等式（4-50）的成立要求 A^0 必须位于该平面的一侧，这只有加载面 $\varphi = 0$ 是外凸时才有可能。因为如果加载面上有一点是凹的，A^0 就可能跑到平面的另一边去。

其次，设加载面在 A 点的法向矢量为 $\boldsymbol{n}$（假设加载面在该点光滑），作一个切平面 T 与 $\boldsymbol{n}$ 垂直。如果 $\mathrm{d}\boldsymbol{\varepsilon}^p$ 与 $\boldsymbol{n}$ 不重合，则总可以找到点 A^0 使不等式（4-50）不成立，即 A^0A 与 $\mathrm{d}\boldsymbol{\varepsilon}^p$ 的夹角大于 $90°$，如图 4-11 所示。因此，$\mathrm{d}\boldsymbol{\varepsilon}^p$ 必须与加载面 $\varphi = 0$ 的外法线重合，我们可以将 $\mathrm{d}\varepsilon_{ij}^p$ 表示成

$$\mathrm{d}\varepsilon_{ij}^p = \mathrm{d}\lambda \frac{\partial \varphi}{\partial \sigma_{ij}} \tag{4-51}$$

式中，$\mathrm{d}\lambda \geqslant 0$，为一比例系数。

上式表明，塑性应变增量各分量之间的比例可由 σ_{ij} 在加载面 φ 上的位置决定，而与 $\mathrm{d}\sigma_{ij}$ 无关。

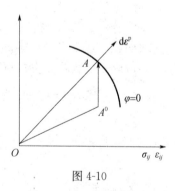

图 4-10

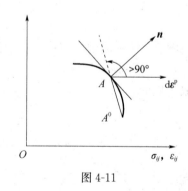

图 4-11

4.8.3　塑性势理论

在弹性力学中，弹性应变增量可以表示为弹性势函数对应力的微分。类似地，米泽斯在 1928 年提出了塑性势的概念。其数学形式是

$$\mathrm{d}\varepsilon_{ij}^p = \mathrm{d}\lambda \frac{\partial g}{\partial \sigma_{ij}} \tag{4-52}$$

此处 g 是塑性势函数，而上述公式称为塑性势理论。如果令 $g = C$（C 为常数），它

在应力空间中表示的面就是等势面。式（4-52）即表示 $d\varepsilon^p$ 的方向与等势面的外法线方向一致。在有了 Drucker 公设以后，则在该公设成立的条件下，比较式（4-51）和式（4-52）得出 $g=\varphi$。这样就把加载条件与塑性本构关系联系到了一起，一般将 $g=\varphi$ 的塑性本构关系称为与加载条件相关联的流动法则。对于理想塑性材料，加载面就是屈服面，这时的 φ 就是屈服函数 f。

1. 与 Mises 屈服条件相关联的流动法则

取 Mises 屈服函数作为塑性势函数，即令

$$g=f=J'_2-\tau_s^2=0$$

则得

$$d\varepsilon_{ij}^p=d\lambda\frac{\partial f}{\partial\sigma_{ij}}=d\lambda\frac{\partial J'_2}{\partial\sigma_{ij}}=d\lambda S_{ij}$$

这就是 Prandtl-Reuss 关系。

2. 与 Tresca 屈服条件相关联的流动法则

在主应力空间，屈服面由六个平面组成：

$$f_1=\sigma_2-\sigma_3-\sigma_s=0 \qquad f_2=-\sigma_3+\sigma_1-\sigma_s=0$$
$$f_3=\sigma_1-\sigma_2-\sigma_s=0 \qquad f_4=-\sigma_2+\sigma_3-\sigma_s=0$$
$$f_5=\sigma_3-\sigma_1-\sigma_s=0 \qquad f_6=-\sigma_1+\sigma_2-\sigma_s=0$$

当应力点处在 f_1 面上时，将有

$$d\varepsilon_1^p=d\lambda_1\frac{\partial f_1}{\partial\sigma_1}=0$$
$$d\varepsilon_2^p=d\lambda_1\frac{\partial f_1}{\partial\sigma_2}=d\lambda_1$$
$$d\varepsilon_3^p=d\lambda_1\frac{\partial f_1}{\partial\sigma_3}=-d\lambda_1$$

即

$$d\varepsilon_1^p:d\varepsilon_2^p:d\varepsilon_3^p=0:1:(-1) \tag{4-53}$$

当应力点处在 f_2 面上时，将有

$$d\varepsilon_1^p=d\lambda_2\frac{\partial f_2}{\partial\sigma_1}=d\lambda_2$$
$$d\varepsilon_2^p=d\lambda_2\frac{\partial f_2}{\partial\sigma_2}=0$$
$$d\varepsilon_3^p=d\lambda_2\frac{\partial f_2}{\partial\sigma_3}=-d\lambda_2$$

$$d\varepsilon_1^p:d\varepsilon_2^p:d\varepsilon_3^p=1:0:(-1) \tag{4-54}$$

当应力处在 $f_1=0$ 及 $f_2=0$ 交点上时，可将式（4-53）与式（4-54）叠加在一起，得

$$d\varepsilon_1^p:d\varepsilon_2^p:d\varepsilon_3^p=(1-\mu):\mu:(-1)$$
$$0\leqslant\mu=\frac{d\lambda_1}{d\lambda_1+d\lambda_2}\leqslant1 \tag{4-55}$$

交点处的塑性应变增量的方向在 $f_1=0$ 面上的法线 $\boldsymbol{n}_1$ 和 $f_2=0$ 面上的法线方向 $\boldsymbol{n}_2$

之间变化〔图 4-12（a）〕。实际上交点也可以看成是曲率变化很大的光滑曲面〔图 4-12（b）〕，在该处塑性应变增量方向从 n_1 很快变化到 n_2。

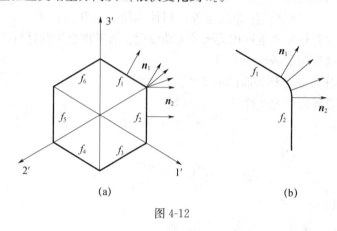

图 4-12

对于其他边相交点处的塑性应变增量方向可类似地得出。在交点处的应变方向，将根据周围单元对它的约束来确定。

习　　题

4-1　已知简单拉伸时的应力-应变曲线 $\sigma = f_1(\varepsilon)$ 如题图所示，并可用下式表示：

$$\sigma = f_1(\varepsilon) = \begin{cases} E\varepsilon & (0 \leqslant \varepsilon \leqslant \varepsilon_s) \\ \sigma_s & (\varepsilon_s \leqslant \varepsilon \leqslant \varepsilon_t) \\ \sigma_s + E_1(\varepsilon - \varepsilon_t) & (\varepsilon \geqslant \varepsilon_t) \end{cases}$$

现在考虑横向应变 ε_2、ε_3 与轴向拉伸应变 $\varepsilon_1 = \varepsilon$ 的比值，用 $\nu(\varepsilon) = -\dfrac{\varepsilon_2}{\varepsilon_1} = -\dfrac{\varepsilon_3}{\varepsilon_1}$ 表示。在弹性阶段，$\nu(\varepsilon) = \nu$ 为泊松比，进入塑性后由于塑性体积变形为零，将有

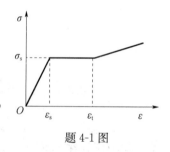

题 4-1 图

$$-\frac{\mathrm{d}\varepsilon_2^p}{\mathrm{d}\varepsilon_1^p} = -\frac{\mathrm{d}\varepsilon_3^p}{\mathrm{d}\varepsilon_1^p} = 0.5$$

因此，$\nu(\varepsilon)$ 将从 ν 逐步变成 0.5，试给出 $\nu(\varepsilon)$ 的变化规律。

4-2　已知一长封闭圆筒半径为 r，壁厚为 t，受内压 p 的作用，从而产生塑性变形，材料是各向同性的，如果忽略弹性应变，试求周向、轴向和径向应变增量的比。

4-3　在如下两种情况下，试求塑性应变增量的比：

（1）单向拉伸应力状态，$\sigma_1 = \sigma_s$。

（2）纯剪切应力状态，$\tau = \dfrac{\sigma_s}{\sqrt{3}}$。

4-4　已知薄壁圆筒受拉应力 $\sigma_z = \dfrac{\sigma_s}{2}$ 的作用，若使用 Mises 屈服条件，试求屈服时扭转应力应为多大？求此时塑性应变增量的比。

4-5　证明等式：$\dfrac{\partial J_2'}{\partial \sigma_{ij}} = \dfrac{\partial J_2'}{\partial S_{ij}} = S_{ij}$

第5章　弹塑性力学边值问题的简单实例

前面几章我们已经介绍了塑性力学的基本理论，利用这些基本理论可以解塑性力学边值问题。由于塑性力学基本方程的复杂性，一般的弹塑性力学边值问题的求解是相当困难的。但是，对于未知量较少和边界条件较简单的问题，有可能克服数学上的困难从而获得解析解。本章就介绍这类简单的弹塑性问题，并通过它们说明塑性力学解题的方法、过程和特点。

5.1　梁的弹塑性弯曲

5.1.1　假设和屈服条件

对于具有两个对称轴的等截面梁，荷载作用于梁的纵向对称平面内，可采用材料力学中梁弯曲理论的一般假设：

（1）变形前垂直于梁轴的平面，在变形后仍保持为垂直于弯曲变形后梁轴的平面，即平截面假设；

（2）不计各层间的相互挤压；

（3）小变形，即挠度比横截面的尺寸小得多；

（4）梁长 l 比横向尺寸大得多。

根据上述假设，只考虑梁横截面上正应力 σ_x（不妨用 σ_x 表示）对材料屈服的影响。因此，Tresca 和 Mises 屈服条件均为

$$\sigma_x = x_s \tag{5-1}$$

5.1.2　梁的纯弯曲

如图 5-1 所示，研究具有两个对称轴的等截面梁，设 y、z 为横截面的对称轴，x 为梁的纵轴（与梁的轴线重合），xOy 为弯曲平面。

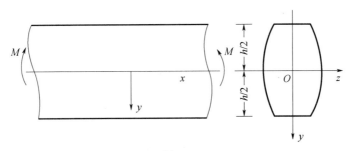

图 5-1

1. 理想弹塑性材料

纯弯曲时，当弯矩 M 增加到一定程度，梁将发生塑性变形，随着弯矩 M 的继续增加，塑性变形由梁截面边缘对称地向内部发展，在梁的任一横截面上弹性区和塑性区是共存的。在弹性区，应力按线性分布；在塑性区，应力按 $\sigma_x = \sigma = \Phi(\varepsilon)$ 分布；而在两者的交界处，正应力 σ_x 应等于屈服应力 σ_s。对于理想弹塑性材料，在塑性区 $\sigma = \Phi(\varepsilon) = \sigma_s$，则沿横截面高度应力分布为：

$$\sigma(y) = \begin{cases} -\sigma_s & \left(-\dfrac{h}{2} \leqslant y \leqslant -y_s\right) \\[2mm] \sigma_s \dfrac{y}{y_s} & (-y_s \leqslant y \leqslant y_s) \\[2mm] \sigma_s & \left(y_s \leqslant y \leqslant \dfrac{h}{2}\right) \end{cases} \tag{5-2}$$

式中，$y_s (>0)$ 为横截面的中性层到弹、塑性分界面的距离。

应力分布情况如图 5-2 所示。

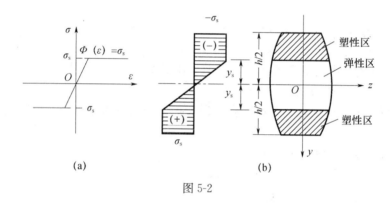

图 5-2

纯弯曲时横截面上正应力应满足轴力为零的条件，即

$$\int_{-\frac{h}{2}}^{\frac{h}{2}} \sigma(y)b(y)\mathrm{d}y = 0 \tag{5-3}$$

式中，$b(y)$ 为横截面上坐标为 y 处的宽度，由于 z 轴为横截面的一条对称轴，结合式（5-2），则式（5-3）自动满足。否则，将由这个条件确定中性轴的位置。横截面上正应力还应满足以下条件：

$$\int_{-\frac{h}{2}}^{\frac{h}{2}} \sigma(y)yb(y)\mathrm{d}y = M \tag{5-4}$$

即

$$M = 2\frac{\sigma_s}{y_s}\int_0^{y_s} y^2 b(y)\mathrm{d}y + 2\sigma_s \int_{y_s}^{\frac{h}{2}} yb(y)\mathrm{d}y$$

可以简写成

$$M = \frac{\sigma_s}{y_s}I_e + \sigma_s S_p \tag{5-5}$$

式中，$I_e = 2\int_0^{y_s} y^2 b(y)\mathrm{d}y$，为弹性区对中性轴的惯性矩；$S_p = 2\int_{y_s}^{\frac{h}{2}} yb(y)\mathrm{d}y$ 为 z 轴以下塑性区对中性轴的静矩的 2 倍。

因此，式（5-5）确定了弯矩 M 和弹性区高度 y_s 的关系，$M=M(y_s)$ 或 $y_s=y_s(M)$。

关于梁的挠度，对弹性区而言，有

$$\sigma=E\varepsilon=E\frac{y}{\rho}$$

在弹性区边界上的 $y=y_s$ 处，$\sigma=\sigma_s$，代入上式，得梁轴曲率半径为

$$\rho=E\frac{y_s}{\sigma_s} \tag{5-6a}$$

考虑到梁的曲率与梁挠度 v 的关系，有

$$\frac{1}{\rho}=-\frac{\mathrm{d}^2 v}{\mathrm{d}x^2}$$

则得梁轴的挠曲线方程为

$$\frac{\mathrm{d}^2 v}{\mathrm{d}x^2}=-\frac{\sigma_s}{E y_s} \tag{5-6b}$$

若取梁的横截面是高为 h、宽为 b 的矩形，则有

$$I_e=\frac{2}{3}b y_s^3, \quad S_p=b\left(\frac{h^2}{4}-y_s^2\right)$$

将它们代入式（5-5），则得出

$$M=\frac{bh^2}{4}\sigma_s\left[1-\frac{4}{3}\left(\frac{y_s}{h}\right)^2\right] \tag{a}$$

令 $y_s=\dfrac{h}{2}$，即得梁刚开始产生塑性变形时的弯矩值，也就是梁的**弹性极限弯矩**，用 M_e 表示，其值为

$$M_e=\frac{bh^2}{6}\sigma_s \tag{b}$$

如果令 $y_s=0$，即表示梁截面全部进入塑性状态，此时的弯矩称为**塑性极限弯矩**，用 M_s 表示，其值为

$$M_s=\frac{bh^2}{4}\sigma_s \tag{c}$$

从而有

$$\frac{M_s}{M_e}=1.5 \tag{d}$$

说明梁截面由开始屈服到全部屈服，还可以继续增加 50% 的承载能力，由此也可以看出按塑性设计可以充分发挥材料的作用。

利用式（b），可以将式（a）改写为

$$\frac{M}{M_e}=\frac{3}{2}\left[1-\frac{1}{3}\left(\frac{y_s}{h/2}\right)^2\right] \tag{e}$$

设与 M_e 相应的梁的曲率半径为 ρ_e，此时 $y_s=\dfrac{h}{2}$，由式（5-6a）得

$$\frac{\rho_e}{\rho}=\left(\frac{Eh}{2\sigma_s}\right)\Big/\left(\frac{E y_s}{\sigma_s}\right)=\frac{\frac{h}{2}}{y_s} \tag{f}$$

将式（f）代入式（e）即得

$$\frac{\rho_e}{\rho}=\frac{1}{\sqrt{3-2\dfrac{M}{M_e}}} \tag{g}$$

上式为纯弯曲梁屈服以后曲率半径 ρ 与弯矩 M 之间的关系。在屈服前，它们服从线性的弹性关系，即满足

$$\frac{\rho_e}{\rho}=\frac{M}{M_e} \tag{h}$$

由式（h）和式（g）可以绘出弯矩与曲率的关系曲线，如图 5-3 所示。

如果梁在达到塑性极限弯矩以后全部卸载，将在梁内存在残余应力。应用卸载定律，可以计算此残余应力。卸载过程中弯矩改变值为 $\dfrac{bh^2}{4}\sigma_s$，利用此值按弹性计算即得应力改变量为

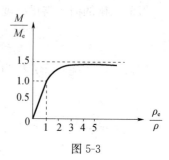

图 5-3

$$\Delta\sigma=\frac{\Delta M\cdot y}{I_z}=\left(\frac{bh^2}{4}\sigma_s y\right)\bigg/\left(\frac{1}{12}bh^3\right)=3\sigma_s y/h$$

卸载前的应力为

$$\sigma=\pm\sigma_s$$

则残余应力为

$$\tilde{\sigma}=\sigma-\Delta\sigma=\pm\sigma_s-3\sigma_s y/h$$

σ_s 前正负号：$y>0$ 时取正，$y<0$ 时取负。残余应力沿截面高度分布情况如图 5-4 所示。

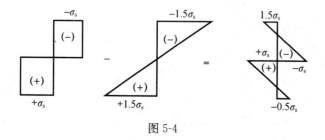

图 5-4

2. 线性强化弹塑性材料

若梁为线性强化弹塑性材料，其应力-应变关系如图 5-5（a）所示，强化阶段有：

$$\sigma=\Phi(\varepsilon)$$
$$=\mathrm{sign}\varepsilon\cdot\sigma_s+E_1(\varepsilon-\mathrm{sign}\varepsilon\cdot\varepsilon_s)$$
$$=\mathrm{sign}\varepsilon\cdot\sigma_s\left[1+\frac{E_1}{E}\left(\left|\frac{\varepsilon}{\varepsilon_s}\right|-1\right)\right]\quad(|\varepsilon|\geqslant\varepsilon_s)$$

根据平截面假设，应有

$$\left|\frac{\varepsilon}{\varepsilon_s}\right|=\left|\frac{y}{y_s}\right|$$

将此式代入 $\sigma=\Phi(\varepsilon)$ 的表达式，则梁内应力分布 [图 5-5（b）] 为

$$\sigma=\sigma(y)=\begin{cases}-\sigma_s\left[1-\dfrac{E_1}{E}\left(\dfrac{y}{y_s}+1\right)\right], & \left(-\dfrac{h}{2}\leqslant y\leqslant -y_s\right)\\[2mm] \sigma_s\dfrac{y}{y_s}, & (-y_s\leqslant y\leqslant y_s)\\[2mm] \sigma_s\left[1+\dfrac{E_1}{E}\left(\dfrac{y}{y_s}-1\right)\right], & \left(y_s\leqslant y\leqslant \dfrac{h}{2}\right)\end{cases} \tag{5-7}$$

将式（5-7）代入式（5-4），则得 y_s 与 M 的关系式：

$$M=\sigma_s\left[\frac{1}{y_s}I_e+\left(1-\frac{E_1}{E}\right)S_p+\frac{E_1}{Ey_s}I_p\right] \tag{5-8}$$

式中，$I_e=2\displaystyle\int_0^{y_s}y^2b(y)\mathrm{d}y$，为弹性区对中性轴的惯性矩；$S_p=2\displaystyle\int_{y_s}^{\frac{h}{2}}yb(y)\mathrm{d}y$，为 z 轴以下塑性区对中性轴的静矩的 2 倍；$I_p=2\displaystyle\int_{y_s}^{\frac{h}{2}}y^2b(y)\mathrm{d}y$，为整个塑性区对中性轴的惯性矩。

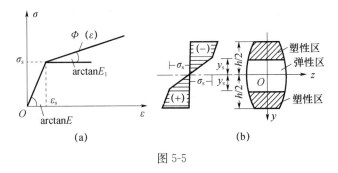

图 5-5

如果梁横截面为 $b\times h$ 的矩形，则有

$$I_e=\frac{2}{3}by_s^3; \quad S_p=b\left(\frac{h^2}{4}-y_s^2\right); \quad I_p=\frac{2b}{3}\left(\frac{h^3}{8}-y_s^3\right)$$

将它们代入式（5-8），则有

$$M=\sigma_s b\left[\left(1-\frac{E_1}{E}\right)\left(\frac{h^2}{4}-\frac{1}{3}y_s^2\right)+\frac{E_1}{12E}\frac{h^3}{y_s}\right] \tag{5-9}$$

即为矩形截面线性强化弹塑性梁 M 与 y_s 的关系式。

5.1.3　梁的横力弯曲

梁在横向荷载作用下的弯曲比纯弯曲复杂。采用上述的假设和屈服条件，针对纯弯曲导出的有关结果基本上仍然可用。应注意，梁在横力弯曲情况下，弯矩 M 不是常量，而是沿梁轴向变化，即 $M=M(x)$。因此，梁的应力不仅沿截面高度变化，而且沿梁轴变化，即 $\sigma=\sigma(y,x)$。弹性区高度 y_s 也沿梁轴变化，即 $y_s=y_s(x)$。纯弯曲中的式（5-3）、式（5-4）应改写为

$$\int_{-\frac{h}{2}}^{\frac{h}{2}}\sigma(y,x)b(y)\mathrm{d}y=0 \tag{5-10}$$

$$\int_{-\frac{h}{2}}^{\frac{h}{2}}\sigma(y,x)yb(y)\mathrm{d}y=M(x) \tag{5-11}$$

下面以受均布荷载作用的理想弹塑性材料矩形截面梁为例，进行具体讨论。如

图 5-6 所示，由于是理想弹塑性材料，截面上的正应力在弹性区域呈线性分布，在塑性区绝对值均等于 σ_s，即

$$\sigma = \begin{cases} -\sigma_s & \left(-\dfrac{h}{2}\leqslant y\leqslant -y_s\right) \\[2mm] \sigma_s\dfrac{y}{y_s(x)} & (-y_s\leqslant y\leqslant y_s) \\[2mm] \sigma_s & \left(y_s\leqslant y\leqslant \dfrac{h}{2}\right) \end{cases} \tag{i}$$

该应力分布使式（5-10）恒得到满足，将上式代入式（5-11）左侧，则有

$$\int_{-\frac{h}{2}}^{\frac{h}{2}}\sigma(y,x)yb(y)\mathrm{d}y = 2b\int_0^{\frac{h}{2}}\sigma(y,x)y\mathrm{d}y$$

$$= 2b\left[\int_0^{y_s}\sigma_s\dfrac{y^2}{y_s}\mathrm{d}y + \int_{y_s}^{\frac{h}{2}}\sigma_s y\mathrm{d}y\right] = \dfrac{bh^2}{4}\sigma_s\left[1-\dfrac{4}{3}\left(\dfrac{y_s}{h}\right)^2\right] \tag{j}$$

式（5-11）的右侧即为均布荷载 q 在 x 截面所产生的弯矩：

$$M(x) = \dfrac{q}{2}(l^2-x^2) \tag{k}$$

式（j）应与式（k）相等，即

$$\dfrac{bh^2\sigma_s}{4}\left[1-\dfrac{4}{3}\left(\dfrac{y_s}{h}\right)^2\right] = \dfrac{q}{2}(l^2-x^2) \tag{l}$$

经过整理，上式可以写成

$$\dfrac{y_s^2}{A^2}-\dfrac{x^2}{B^2} = 1 \tag{5-12}$$

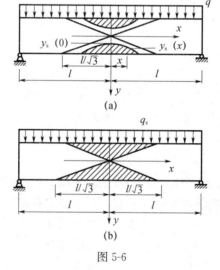

图 5-6

式中，$A = \dfrac{h}{2}\sqrt{3-2\dfrac{q}{q_e}}$，$B = l\sqrt{\dfrac{3}{2}\dfrac{q_e}{q}-1}$。

这里的 q_e 为梁跨中截面开始屈服时的荷载，即梁的弹性极限荷载，可令式（l）中的 $x=0$ 和 $y_s=\dfrac{h}{2}$ 而得到，即

$$q_e = \frac{bh^2 \sigma_s}{3l^2} \qquad (\text{m})$$

式（5-12）表明梁中的弹、塑性区交界线是一双曲线，如图 5-6（a）所示。

如图 5-6（b）所示，在梁跨中截面全部进入塑性状态时，梁将产生无限制的塑性流动，相当于在跨中安置了一个铰，称为**塑性铰**。塑性铰的出现，使得梁成为几何可变的，丧失了继续承载的能力。此时对应的荷载称为**塑性极限荷载**。在式（l）中令 $x=0$ 及 $y_s=0$，即得简支梁受均布荷载时的塑性极限荷载为

$$q_s = \frac{bh^2 \sigma_s}{2l^2} \qquad (\text{n})$$

与式（m）比较，显然有

$$\frac{q_s}{q_e} = 1.5$$

塑性铰与结构铰还存在一定的区别：塑性铰的出现是因截面上的弯矩达到了塑性极限弯矩 M_s，并由此而产生转动，即塑性铰与弯矩大小有关，而在结构铰处总有 $M=0$，不能传递弯矩；结构铰为双向铰，即可以在两个方向上产生相对转动。而塑性铰处的转动方向必须与塑性极限弯矩的方向一致，所以塑性铰为单向铰；卸载后塑性铰消失，但由于存在残余变形，结构不能恢复原状。

5.1.4 梁的弹塑性挠度

由前面的分析可知，按照塑性极限状态设计梁，梁可以充分发挥材料的潜力。但梁是否会因变形过大而不能使用，则需要研究梁在弹塑性阶段的变形。在此阶段中，梁的变形仍受到弹性区的限制，因此塑性区的变形仍处于约束变形阶段。

以理想弹塑性材料矩形截面（$b \times h$）梁为例，横力弯曲时仍仅考虑弯矩引起的变形。将纯弯曲时的式（e）和式（5-6b）用于横力弯曲，则有

$$\frac{M(x)}{M_e} = \frac{3}{2}\left[1 - \frac{1}{3}\frac{y_s^2(x)}{\left(\frac{h}{2}\right)^2}\right] \quad \text{和} \quad \frac{\mathrm{d}^2 v}{\mathrm{d}x^2} = -\frac{\sigma_s}{E y_s(x)}$$

两式相结合可以得出

$$\frac{\mathrm{d}^2 v}{\mathrm{d}x^2} = \pm\frac{\sqrt{2}\sigma_s}{Eh} \cdot \frac{1}{\sqrt{\frac{3}{2} - \frac{M(x)}{M_e}}} \qquad (5\text{-}13)$$

现在以图 5-7 所示悬臂梁为例，设梁处于**塑性极限状态**，固定端弯矩大小为 M_s，$x=a$ 截面弯矩大小为 M_e。从而有

$$\frac{l}{a} = \frac{M_s}{M_e} = \frac{3}{2}$$

即

$$a = \frac{2}{3}l$$

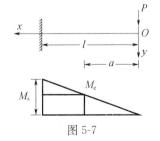

图 5-7

1. 弹塑性段挠度

在弹塑性段（$a \leqslant x \leqslant l$）挠曲线方程为式（5-13），将 $\dfrac{M}{M_e} = \dfrac{x}{a} = \dfrac{x}{a} \cdot \dfrac{l}{l} = \dfrac{3x}{2l}$ 代入，

显然取正号，则有

$$\frac{\mathrm{d}^2 v}{\mathrm{d}x^2} = \frac{\sqrt{2}\,\sigma_\mathrm{s}}{Eh\sqrt{\dfrac{3}{2}-\dfrac{3x}{2l}}} \tag{o}$$

将上式积分，在梁刚开始进入塑性极限状态瞬时，仍采用固定端处挠度和转角为零的边界条件，得

$$v_\mathrm{p}\,(x) = \frac{16\sqrt{2}\,\sigma_\mathrm{s}l^2}{27Eh}\sqrt{\left(\frac{3}{2}-\frac{3x}{2l}\right)^3} \tag{p}$$

2. 弹性段挠度

在弹性段（$0\leqslant x\leqslant a$），挠曲线方程为

$$\frac{\mathrm{d}^2 v}{\mathrm{d}x^2} = -\frac{M\,(x)}{EI} = \frac{Px}{EI}$$

将上式积分，利用梁挠曲线的连续性条件，即当 $x=a=\dfrac{2}{3}l$ 时的挠度和转角分别与弹塑性段 $x=\dfrac{2}{3}l$ 处的挠度和转角相等。再考虑到

$$Pl = M_\mathrm{s} = \frac{bh^2}{4}\sigma_\mathrm{s} \quad \text{和} \quad I = \frac{1}{12}bh^3$$

可以得出

$$v_\mathrm{e}\,(x) = \frac{\sigma_\mathrm{s}}{2Ehl}x^3 - \frac{2\sigma_\mathrm{s}l}{Eh}x + \frac{40}{27}\cdot\frac{\sigma_\mathrm{s}l^2}{Eh} \tag{q}$$

将 $x=0$ 代入上式，即得梁处于塑性极限状态时自由端的挠度：

$$(v_\mathrm{ep})_\mathrm{max} = \frac{40}{27}\cdot\frac{\sigma_\mathrm{s}l^2}{Eh} \tag{r}$$

当梁处于弹性极限状态即固定端弯矩 $M_\mathrm{max}=Pl=M_\mathrm{e}=\dfrac{bh^2}{6}\sigma_\mathrm{s}$ 时，其自由端挠度为

$$(v_\mathrm{e})_\mathrm{max} = \frac{Pl^3}{3EI} = \frac{2\sigma_\mathrm{s}l^2}{3Eh} \tag{s}$$

将式（r）与式（s）比较，可得

$$\frac{(v_\mathrm{ep})_\mathrm{max}}{(v_\mathrm{e})_\mathrm{max}} = \frac{20}{9} = 2.22 \tag{t}$$

从这个例题可以看出，按塑性力学得到的极限挠度为弹性极限挠度的 2.22 倍。

5.2　压杆的塑性失稳

5.2.1　压杆的弹性失稳

如图 5-8 所示，两端受轴向压力的直杆在弹性阶段的平衡有三种形式：稳定平衡、不稳定平衡和随遇平衡。直线平衡形式失去稳定性，简称**失稳**，有时称为**屈曲**。随遇平衡通常是从稳定平衡向不稳定平衡过渡的中间状态。

临界荷载：受压直杆保持直线形状稳定平衡的最大荷载，也即为受压直杆保持微弯

平衡的最小荷载。

两端铰支的理想压杆，采用小变形假设，可建立其挠曲线微分方程为

$$\frac{\mathrm{d}^2 y}{\mathrm{d}x^2} + \frac{Py}{EI} = 0 \qquad (5\text{-}14)$$

式中，P 为临界荷载；E 为材料弹性模量；I 为截面最小惯性矩。

可由上式求得临界荷载为

$$P_e = \frac{\pi^2 EI}{l^2} \qquad (5\text{-}15\mathrm{a})$$

此即为著名的欧拉（Euler）公式。它可以表示为临界应力的形式：

$$\sigma_{cr} = \frac{P_e}{A} = \frac{\pi^2 E}{(l/i)^2} \qquad (5\text{-}15\mathrm{b})$$

式中，A 为杆件横截面面积；i 为横截面最小惯性半径；l/i 为长细比。

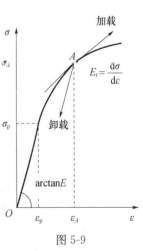

图 5-8

公式仅适用于弹性阶段，即 σ_{cr} 小于材料的比例极限，这个条件可表示成

$$l/i \geqslant \sqrt{\frac{\pi^2 E}{\sigma_p}} \qquad (5\text{-}16)$$

式中，σ_p 为材料的比例极限（近似等于弹性极限）。

对于长度较小的压杆，往往是在荷载达到欧拉临界荷载之前杆中的轴向应力已超过材料的比例极限，此时必须考虑材料的塑性变形。下面介绍两种压杆塑性失稳的理论。

5.2.2 压杆塑性失稳的切线模量理论

轴向压杆材料通常具有的应力-应变曲线如图 5-9 所示。在应力达到 σ_p 以后则为一曲线，其斜率为变量：

$$E_t = \frac{\mathrm{d}\sigma}{\mathrm{d}\varepsilon} \qquad (\mathrm{a})$$

E_t 称为切线模量。

切线模量理论就是假定当压杆临界应力 σ_{cr} 超过了比例极限，其弹性模量 E 应以相应于该临界应力的切线模量 E_t 来代替，用弹性状态求临界荷载的同样方法，导出两端铰支轴向压杆塑性状态的临界荷载为

$$P_t = \frac{\pi^2 E_t I}{l^2} \qquad (5\text{-}17)$$

P_t 称为切线模量临界荷载。

式（5-17）中 E_t 为变量，直接利用该式需反复迭代。为了方便应用，将此式也写成临界应力形式，即

$$(\sigma_{cr})_t = \frac{P_t}{A} = \frac{\pi^2 E_t}{(l/i)^2} \qquad (5\text{-}18)$$

根据此式画出 $(\sigma_{cr})_t$-l/i 曲线，以供直接查用。由此所得曲线仅适用于具有相应的应力-应变曲线的某种材料。

图 5-9

5.2.3 压杆塑性失稳的双模量理论

1. 假设

为了建立双模量理论，采用下列假设：

（1）弯曲应力和弯曲应变间的关系与材料在轴向拉伸（压缩）时的应力-应变关系相同；

（2）采用平截面假设，因而纵向纤维的应变与该纤维离中性轴的距离成正比。

如图 5-10 所示，图（a）为两端简支受轴力的压杆，处于微弯状态；图（b）为荷载-位移曲线，此时轴向压力 P_{cr} 保持不变，且杆中临界应力 $\sigma_{cr}=\dfrac{P_{cr}}{A}$ 在弯曲前已超过材料的比例极限。图（c）为杆件的模截面，截面单轴对称。图（d）为杆微弯时的截面应力图，凹侧应力有所增加而凸侧应力有所减少。图（e）为杆微段 ds 的变形图。

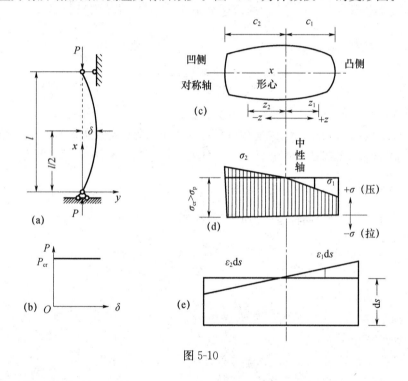

图 5-10

在压杆凸侧和凹侧离中性轴各为 z_1 和 z_2 处的弯曲拉应变和压应变各为

$$\varepsilon_1=\frac{z_1}{\rho} \quad \varepsilon_2=\frac{z_2}{\rho} \tag{b}$$

压杆弯曲后，凸侧卸载而凹侧加载，拉应力和压应力各为

$$\sigma_1=E\varepsilon_1 \quad \sigma_2=E_t\varepsilon_2 \tag{c}$$

拉应力区为卸载，采用弹性模量 E。压应力为加载，但弯曲应力 σ_2 与轴向应力 σ_{cr} 相比较小，因而上式中近似地采用与 σ_{cr} 相对应的切线模量 E_t，并用于整个弯曲压应力区。

中性轴位置的确定：整个截面上的弯曲应力的总和为零，得

$$\int_0^{c_1} \sigma_1 \, \mathrm{d}A + \int_{-c_2}^0 \sigma_2 \, \mathrm{d}A = 0$$

利用式（b）和式（c），上式可写成

$$E S_1^* + E_t S_2^* = 0 \tag{5-19}$$

式中，$S_1^* = \displaystyle\int_0^{c_1} z_1 \, \mathrm{d}A$ 和 $S_2^* = \displaystyle\int_{-c_2}^0 z_2 \, \mathrm{d}A$ 分别为中性轴以右和以左截面对该轴的静矩。利用此式可以确定中性轴的位置。

弯曲应力合成的内力偶矩应等于外力偶矩，即

$$\int_0^{c_1} \sigma_1 z_1 \, \mathrm{d}A + \int_{-c_2}^0 \sigma_2 z_2 \, \mathrm{d}A = Py$$

将（b）、（c）及 $\dfrac{1}{\rho} = -y''$ 代入，则得出

$$y'' (E I_1^* + E_t I_2^*) + Py = 0 \tag{d}$$

式中，$I_1^* = \displaystyle\int_0^{c_1} z_1^2 \, \mathrm{d}A$ 和 $I_2^* = \displaystyle\int_{-c_2}^0 z_2^2 \, \mathrm{d}A$ 分别为中性轴以右和以左截面对该中性轴的惯性矩。

如令

$$E_r = \frac{E I_1^* + E_t I_2^*}{I} \tag{e}$$

式中，I 为整个截面对形心轴的惯性矩，则式（d）可以写为

$$E_r I y'' + Py = 0 \tag{5-20}$$

此式与弹性阶段的挠曲线微分方程的形式相同，只是用 E_r 代替了 E。由此对比得出临界荷载为

$$P_r = \frac{\pi^2 E_r I}{l^2} \tag{5-21a}$$

临界应力为

$$(\sigma_{cr})_r = \frac{\pi^2 E_r}{(l/i)^2} \tag{5-21b}$$

E_r 称为**折算模量**，P_r 称为**折算模量临界荷载**，这个理论称为**折算模量理论式双模量理论**。

由式（e）可知，E_r 值不仅与材料应力-应变关系有关，而且与杆件截面的形状有关。由于 $E > E_r > E_t$，因此 $P_e > P_r > P_t$。

2. 两种典型截面的折算模量

（1）矩形截面。

如图 5-11（a）所示 $b \times h$ 矩形截面，杆件沿 h 方向弯曲。由式（5-19）及 $c_1 + c_2 = h$ 可求得

$$c_1 = \frac{h \sqrt{E_t}}{\sqrt{E} + \sqrt{E_t}} \quad c_2 = \frac{h \sqrt{E}}{\sqrt{E} + \sqrt{E_t}}$$

再利用式（e），可以求出

$$E_r = \frac{4 E E_t}{(\sqrt{E} + \sqrt{E_t})^2} \tag{f}$$

（2）理想I形截面。

取如图 5-11（b）所示 I 形截面，两个翼缘相等，腹板厚度较薄略去不计，杆件在腹板平面内弯曲，采用同样方法可求得此截面的折算模量为

$$E_r = \frac{2EE_t}{E+E_t} \qquad (g)$$

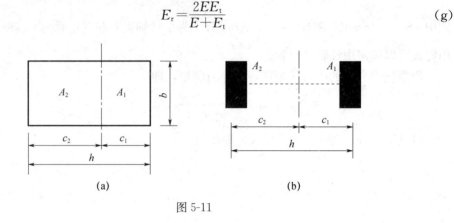

(a)   (b)

图 5-11

截面形状不同，E_r 的计算公式也随之而异。但由（f）和（g）两式算得同种材料的 E_r 值，通常相差都在 5% 以内。因此实用上可采用矩形截面的 E_r 公式来计算所有工程常用截面的折算模量。

双模量理论与切线模量理论一样，直接应用式（5-21）需要反复试算。为了应用方便，也可以预先画出 $(\sigma_{cr})_t$-l/i 曲线供查用。

5.2.4 两个理论的比较

双模量理论在理论上较切线模量理论严密，但事实上许多压杆的试验结果反而与切线模量理论结果更为接近。图 5-12 所示为 24 号钢压杆屈曲理论与试验结果的比较，虚线为欧拉曲线，中间实线为双模量理论曲线，另一实线为切线模量理论曲线。实际上，压杆和施加的轴向荷载都可能存在缺陷，这样必然使得杆件在弯曲的同时仍然在继续加载，若弯曲引起的纤维拉应力小于继续加载时增加的压应力，则在压杆的凸侧就没有卸载现象，因而试验结果也就与切线模量理论的结果更接近。自此以后，对压杆的塑性屈曲多用切线模量理论。

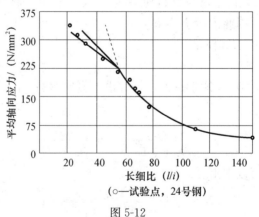

（○—试验点，24号钢）

图 5-12

5.3　圆杆的弹塑性扭转

5.3.1　弹性扭转

现在来分析在等直圆杆的两端，作用有大小相等、转向相反的扭矩 T 时的扭转问题，如图 5-13 所示。材料力学中对圆杆扭转变形作出如下假设：截面的直径在变形过程中没有弯曲和伸缩，原来的截面变形后仍为圆形平面，且任意两个截面变形后距离不变而只发生相对转动。根据上述假设，推导出圆杆横截面上的剪应力为

$$\tau = \frac{Tr}{I_p} \tag{a}$$

式中，I_p 为截面极惯性矩，且 $I_p = \frac{\pi}{2}R^4$；r 为截面上任意点的半径。

其他应力分量为零。

单位长度扭转角：

$$\alpha = \frac{T}{GI_p} \tag{b}$$

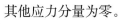

图 5-13

5.3.2　弹塑性扭转

设圆杆为理想弹塑性材料。

屈服条件：扭转为纯剪应力状态，$\sigma_1 = \tau$，$\sigma_2 = 0$，$\sigma_3 = -\tau$。所以，Mises 屈服条件和 Tresca 屈服条件可统一写成

$$\tau = k \tag{c}$$

Mises 屈服条件为 $k = \frac{\sigma_s}{\sqrt{3}}$；Tresca 屈服条件为 $k = \frac{\sigma_s}{2}$。

随着扭矩的增加，圆杆最外层开始屈服，设 r_s 为截面弹、塑性区分界线半径，如图 5-14 所示，则应力分布可写成如下形式：

$$\tau = \begin{cases} \dfrac{r}{r_s}k & \text{（弹性区 } 0 \leqslant r \leqslant r_s\text{）} \\ k & \text{（塑性区 } r_s \leqslant r \leqslant R\text{）} \end{cases} \tag{d}$$

弹塑性扭矩为

$$T = \int_0^{r_s} 2\pi\left(\frac{r}{r_s}k\right)r^2 \mathrm{d}r + \int_{r_s}^R 2\pi kr^2 \mathrm{d}r = \frac{2}{3}\pi R^3 k\left[1 - \frac{1}{4}\left(\frac{r_s}{R}\right)^3\right] \tag{e}$$

此式即 $T\text{-}r_s$ 关系式，已知 T 可确定 r_s 值。当式中 $r_s = R$ 时，圆杆外层开始屈服，可得其**弹性极限扭矩**为

$$T_e = \frac{1}{2}\pi R^3 k \tag{5-22}$$

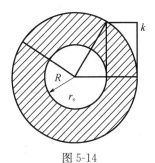

图 5-14

当式中 $r_s=0$ 时，圆杆截面全部屈服，得其**塑性极限扭矩**为

$$T_s=\frac{2}{3}\pi R^3 k \tag{5-23}$$

从而有

$$\frac{T_s}{T_e}=\frac{4}{3}=1.33 \tag{f}$$

5.3.3 残余应力和残余转角

圆形截面杆件受扭矩 $T>T_e$ 作用，将 T 全部除去后，残余应力为

$$\tilde{\tau}=\tau-\Delta\tau$$

在弹性区，$0\leqslant r\leqslant r_s$：

$$\tilde{\tau}=\frac{r}{r_s}k-\frac{T}{I_p}r \tag{g}$$

在塑性区，$r_s\leqslant r\leqslant R$：

$$\tilde{\tau}=k-\frac{T}{I_p}r \tag{h}$$

残余转角为

$$\tilde{\alpha}=\alpha-\Delta\alpha=\frac{k}{Gr_s}-\frac{T}{GI_p} \tag{i}$$

残余应力如图 5-15 所示，图中取 $k=\frac{\sigma_s}{\sqrt{3}}$。

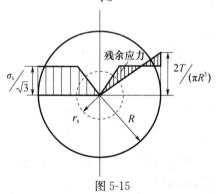

图 5-15

5.4 非圆截面杆的塑性极限扭转

非圆截面杆因扭转而变形时，每一截面不仅转动且产生翘曲，并不再保持为平面。由于弹、塑性区的分界面一般不能事先加以确定，因此，求解非圆截面杆弹塑性扭转问题的解析解是很困难的。但是，如果杆为理想塑性材料，整个截面全部进入塑性时的塑性极限扭矩只用平衡方程和屈服条件就可以加以确定。下面就来讨论非圆截面杆扭转的塑性极限分析。首先简单介绍其弹性分析。

5.4.1 弹性分析

采用直角坐标系 $Oxyz$，使 z 轴与杆轴线平行，x 轴和 y 轴位于杆横截面内，如

图 5-16所示。根据弹性力学，此时杆的位移为

$$\begin{cases} u=-\alpha yz \\ v=\alpha xz \\ w=\alpha\Phi(x,\ y) \end{cases} \tag{5-24}$$

式中，α 是杆单位长度的扭转角；$\Phi(x,\ y)$ 称为扭转函数，它表明了杆截面的翘曲程度。

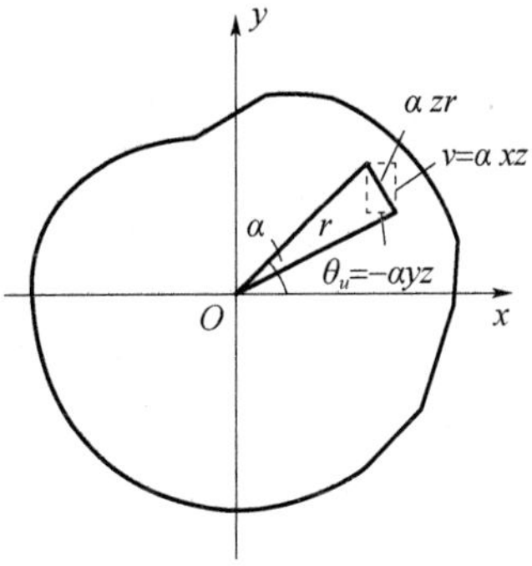

与这组位移相应的应变分量为

$$\begin{cases} \varepsilon_x=\varepsilon_y=\varepsilon_z=\gamma_{xy}=0 \\ \gamma_{xz}=\alpha\left(\dfrac{\partial\Phi}{\partial x}-y\right) \\ \gamma_{yz}=\alpha\left(\dfrac{\partial\Phi}{\partial y}+x\right) \end{cases} \tag{5-25}$$

按照广义胡克定律，与此相应的应力分量为

$$\sigma_x=\sigma_y=\sigma_z=\tau_{xy}=0 \tag{5-26a}$$

$$\tau_{xz}=G\alpha\left(\frac{\partial\Phi}{\partial x}-y\right) \tag{5-26b}$$

$$\tau_{yz}=G\alpha\left(\frac{\partial\Phi}{\partial y}+x\right) \tag{5-26c}$$

图 5-16

在现在的情况下，平衡方程式简化为

$$\frac{\partial\tau_{xz}}{\partial x}+\frac{\partial\tau_{yz}}{\partial y}=0 \tag{5-27}$$

将式（5-26b）及式（5-26c）代入上式，由此得出函数 $\Phi(x,\ y)$ 必须满足下列方程：

$$\frac{\partial^2\Phi}{\partial x^2}+\frac{\partial^2\Phi}{\partial y^2}=0 \tag{5-28}$$

说明，Φ 是调和函数。

由于在杆的侧边上没有外力，且 $l_z=0$，在应力边界条件中总有二式能被满足，而另一式要求在杆的侧面上，即在横截面的边界曲线上，有

$$l_x\tau_{xz}+l_y\tau_{yz}=0$$

将表达式（5-26b）及（5-26c）代入，得

$$l_x\left(\frac{\partial\Phi}{\partial x}-y\right)+l_y\left(\frac{\partial\Phi}{\partial y}+x\right)=0$$

因为在边界上有

$$l_x=\frac{\mathrm{d}y}{\mathrm{d}s} \qquad l_y=-\frac{\mathrm{d}x}{\mathrm{d}s}$$

所以，边界条件要求

$$\frac{\partial\Phi}{\partial x}\mathrm{d}y-\frac{\partial\Phi}{\partial y}\mathrm{d}x=x\mathrm{d}x+y\mathrm{d}y \tag{5-29}$$

于是，弹性扭转问题归结于求满足于调和方程式（5-28）及边界条件式（5-29）的扭转函数 Φ。

另外，根据杆端的边界条件有

$$T = \iint (x\tau_{yz} - y\tau_{xz}) \mathrm{d}x\mathrm{d}y$$

将式（5-26b）及式（5-26c）代入上式，即得扭矩 T 和单位长度扭转角 α 的关系式：

$$T = G\alpha \iint \left(x^2 + y^2 + x\frac{\partial \Phi}{\partial y} - y\frac{\partial \Phi}{\partial x} \right) \mathrm{d}x\mathrm{d}y \tag{5-30}$$

由平衡方程式（5-27）知，可引入另一函数 $\psi(x, y)$，使得

$$\begin{cases} \tau_{xz} = \dfrac{\partial \psi}{\partial y} \\[2mm] \tau_{yz} = -\dfrac{\partial \psi}{\partial x} \end{cases} \tag{5-31}$$

则平衡式（5-27）可自动满足。函数 $\psi(x, y)$ 就称为**扭转应力函数**。根据式（5-26）和式（5-31）有

$$\frac{\partial \psi}{\partial x} = -G\alpha \left(\frac{\partial \Phi}{\partial y} + x \right)$$

$$\frac{\partial \psi}{\partial y} = G\alpha \left(\frac{\partial \Phi}{\partial x} - y \right)$$

将它们分别对 x、y 求一次偏导，然后相加得

$$\nabla^2 \psi = \frac{\partial^2 \psi}{\partial x^2} + \frac{\partial^2 \psi}{\partial y^2} = -2G\alpha \tag{5-32}$$

即应力函数应满足 Poisson 方程。

将式（5-31）代入周边边界条件有

$$\tau_{xz}l_x + \tau_{yz}l_y = \frac{\partial \psi}{\partial y}\frac{\mathrm{d}y}{\mathrm{d}s} + \frac{\partial \psi}{\partial x}\frac{\mathrm{d}x}{\mathrm{d}s} = \frac{\mathrm{d}\psi}{\mathrm{d}s} = 0$$

所以

$$\psi = 常数 = C \quad （在周边上）$$

对单连域（实心杆）这个常数可任意选择。由式（5-31）可知，ψ 中加上或减掉一个常数对应力没有影响。所以，可以取 $C = 0$，则

$$\psi = 0 \quad （在周边上） \tag{5-33}$$

根据杆端边界条件有

$$T = \iint (x\tau_{yz} - y\tau_{xz}) \mathrm{d}x\mathrm{d}y = -\iint \frac{\partial \psi}{\partial x} x\, \mathrm{d}x\mathrm{d}y - \iint \frac{\partial \psi}{\partial y} y\, \mathrm{d}x\mathrm{d}y$$

采用分部积分法，并注意在周边上 $\psi = 0$（图 5-17），则

$$T = -\int \left[x\psi - \int \psi \mathrm{d}x \right]_{x_1}^{x_2} \mathrm{d}y - \int \left[y\psi - \int \psi \mathrm{d}y \right]_{y_3}^{y_4} \mathrm{d}x$$

$$= -\int \left[x_2\psi_2 - x_1\psi_1 - \int_{x_1}^{x_2} \psi \mathrm{d}x \right] \mathrm{d}y - \int \left[y_4\psi_4 - y_3\psi_3 - \int_{y_3}^{y_4} \psi \mathrm{d}y \right] \mathrm{d}x$$

$$= 2\iint \psi \mathrm{d}x\mathrm{d}y \tag{5-34}$$

综上所述，若能找到应力函数 ψ，它在杆横截面周边上的值为零，在截面内满足式（5-32），则截面上的应力可根据式（5-31）确定，而任一点的总剪应力为

$$\tau = \sqrt{\tau_{xz}^2 + \tau_{yz}^2} = \sqrt{\left(\frac{\partial \psi}{\partial x} \right)^2 + \left(\frac{\partial \psi}{\partial y} \right)^2} = |\operatorname{grad}\psi| \tag{5-35}$$

即总剪应力 τ 等于 $\psi(x,y)$ 梯度的模。单位长度扭转角 α 由式（5-30）加以确定。注意要结合式（5-31）和式（5-26）。

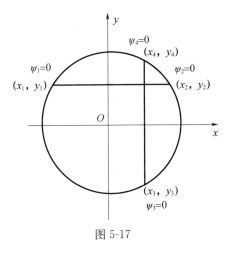

图 5-17

5.4.2 塑性极限分析

若原来不受力的杆承受单调增加的扭矩 T 作用，只要 T 保持在 T_e 以下，则杆处于弹性状态，其应力可由满足式（5-28）及边界条件式（5-29）的扭转函数来确定，也可以由满足式（5-32）和边界条件式（5-33）的应力函数来确定。当扭矩 T 达到 T_e 时，则在截面上一点或若干点处开始屈服。T_e 就称为弹性极限扭矩。T 超过 T_e 以后，截面上的塑性区进一步扩大，最后使得整个截面都处于塑性状态，如果杆为理想塑性材料，则杆的承载能力已达到极限，这时的扭矩称为塑性极限扭矩。因为在这里只限于讨论杆为理想塑性材料的情况，故在塑性区内各点处的应力应满足以下屈服条件：

$$\tau=\sqrt{\tau_{xz}^2+\tau_{yz}^2}=k \tag{5-36}$$

$$k=\begin{cases}\dfrac{\sigma_s}{\sqrt{3}} & \text{（按 Mises 条件）}\\[2mm]\dfrac{\sigma_s}{2} & \text{（按 Tresca 条件）}\end{cases} \tag{5-37}$$

根据平衡条件式（5-27）和屈服条件式（5-36）就可以确定应力。如果仍引用应力函数 $\psi(x,y)$，使 ψ 与应力 τ_{xz}、τ_{yz} 具有式（5-31）的关系，则平衡方程式（5-27）自动满足，但 ψ 仍应满足侧边的边界条件式（5-33）和杆端的边界条件式（5-34）。而根据式（5-35）和式（5-36），在截面内任意一点处应有

$$\tau=\sqrt{\left(\frac{\partial\psi}{\partial x}\right)^2+\left(\frac{\partial\psi}{\partial y}\right)^2}=|\,\mathrm{grad}\psi\,|=k \tag{5-38}$$

假若将应力函数 $\psi(x,y)$ 看成是某一曲面的方程，设 z 是曲面的标高，则

$$z=\psi(x,y) \tag{5-39}$$

对实心杆根据式（5-33），这个曲面应和杆截面周边相连，即从周边筑起。又根据式（5-38）可知，曲面的斜率为常数 k，所以，该曲面应为等倾曲面，即曲面任一点的切平面和底面（杆横截面）的夹角都相等。这样的曲面称为**应力曲面**。由式（5-34）和

式（5-39），塑性极限扭矩为

$$T_s = 2\iint \phi \, dx \, dy = 2\iint z(x, y) \, dx \, dy$$

式中的积分就是杆横截面和应力曲面所包围的空间的体积 V，所以，塑性极限扭矩 T_s 应为该体积 V 的 2 倍，即

$$T_s = 2V \tag{5-40}$$

如果我们能根据应力曲面的特征，对不同截面的杆作出它们的应力曲面，则很容易根据式（5-40）求得它们的塑性极限扭矩 T_s。下面就举例说明。

【例 5-1】 求圆形截面杆的 T_s。

解 圆形截面上的等倾曲面显然是一个圆锥面，所以应力曲面如图 5-18 所示。

斜率 $\dfrac{H}{R} = k$，所以 $H = Rk$。

体积 $V = \dfrac{1}{3}\pi R^2 H = \dfrac{1}{3}\pi R^3 k$。

扭矩 $T_s = 2V = \dfrac{2}{3}\pi R^3 k$。

【例 5-2】 求矩形（$a \times b$）截面杆的 T_s。

解 矩形截面杆的应力曲面如图 5-19 所示。

斜率 $\dfrac{H}{b/2} = k$，所以，$H = \dfrac{1}{2}bk$。

体积 $V = (a - b)\dfrac{bH}{2} + 2\left(\dfrac{1}{3}b \cdot \dfrac{b}{2}H\right) = \dfrac{b^2 k}{12}(3a - b)$。

扭矩 $T_s = \dfrac{b^2 k}{6}(3a - b)$。

【例 5-3】 求正六角形截面杆的 T_s。

解 应力曲面如图 5-20 所示。

斜率 $\dfrac{H}{\left(\dfrac{a\sqrt{3}}{2}\right)} = k$，$H = \dfrac{ak\sqrt{3}}{2}$。

体积 $V = \dfrac{1}{3}\left(6 \times \dfrac{1}{2}a \times \dfrac{\sqrt{3}}{2}a\right) \times H = \dfrac{3}{4}a^3 k$。

扭矩 $T_s = \dfrac{3}{2}a^3 k$。

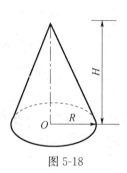

图 5-18

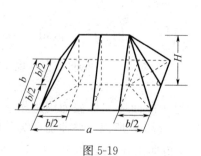

图 5-19

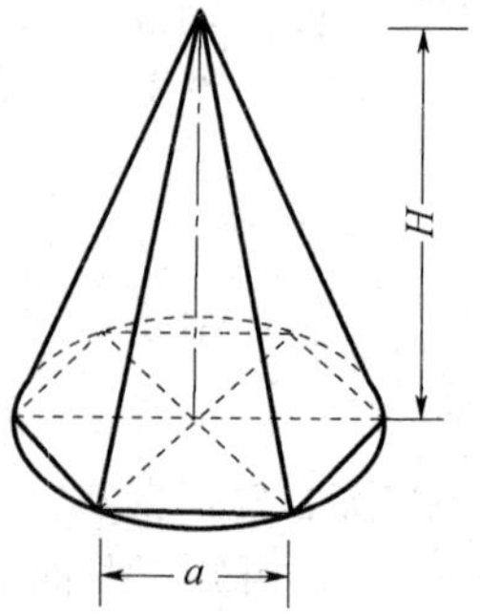

图 5-20

5.4.3 沙堆比拟法[*]

当杆截面的形状比较复杂时，应力曲面不易确定，运用上述方法求塑性极限扭矩还是比较困难的。为此，可以用试验的方法确定塑性极限情形时的应力曲面，即将砂子等颗粒状材料堆在和杆截面具有相同形状的水平放置的平板上，此时砂堆的表面将具有相同的斜率，其值可由砂的内摩擦角确定。这样一个曲面是和应力曲面相类似的，两者的体积之间只相差一个换算因子，此换算因子可由 k 和砂的摩擦系数之比确定。测出砂堆的体积，乘以这个因子再乘以 2，即得塑性极限扭矩 T_s。这种方法就称为砂堆比拟法，它和弹性扭转的薄膜比拟法是相应的。如果测量砂堆体积比较不便，也可以用测量砂堆质量来代替。例如，在所要考虑的截面上堆好砂，称出这堆砂的质量为 W，然后在半径为 R 的圆截面上堆上同样的砂，也称出它的质量为 $W_圆$，于是圆和给定的截面都发生塑性屈服时所需的极限扭矩之比，和 $W_圆$ 对 W 之比是一样的，即

$$T_s = (T_s)_圆 \frac{W}{W_圆} \tag{5-41}$$

而圆形截面杆的极限扭矩 $(T_s)_圆$ 是已知的，用这个方法可以很容易求得任意形状截面的极限扭矩。

以上介绍的均为理想弹塑性材料的塑性极限扭矩问题。事实上，由于材料都或多或少地带有硬化，不可能使截面完全屈服。另外，远在全部截面进入屈服之前，杆已不再保持棱直形，即杆截面形状要发生改变，杆轴的长度也要改变，在塑性变形充分发展的情况下这是不容忽视的。但是，尽管存在这些缺点，上述方法仍对塑性扭转问题提供了一个较好的近似值。另外，考虑弹、塑性区共存的扭转问题是一个非常困难的问题，大部分问题是用数值方法解决的。

5.5 理想弹塑性材料的厚壁球壳

现在研究受内压 q，内半径为 a，外半径为 b 的球形壳体，如图 5-21 所示。根据壳体的几何形状和受力情况，可以推断壳体的应力和位移对称于球心，对于这类球对称问题的研究，宜采用球面坐标系。由于对称性，剪应变 $\gamma_{r\theta}$、$\gamma_{\theta\varphi}$、$\gamma_{\varphi r}$，以及剪应力 $\tau_{r\theta}$、$\tau_{\theta\varphi}$、$\tau_{\varphi r}$ 等于零，且 $\varepsilon_\theta = \varepsilon_\varphi$、$\sigma_\theta = \sigma_\varphi$。根据受力特性可知，$\sigma_r \leqslant 0$，而 $\sigma_\theta = \sigma_\varphi > 0$，如按 $\sigma_1 \geqslant \sigma_2 \geqslant \sigma_3$ 排列，则有

$$\sigma_1 = \sigma_2 = \sigma_\theta = \sigma_\varphi \qquad \sigma_3 = \sigma_r$$

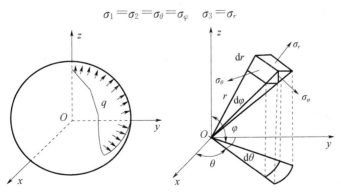

图 5-21

类似地有

$$\varepsilon_1=\varepsilon_2=\varepsilon_\theta=\varepsilon_\varphi \quad \varepsilon_3=\varepsilon_r$$

在这样的情况下，显然有

$$\mu_\sigma=\mu_\varepsilon=1$$

在加载过程中，应力主方向和应变主方向重合且保持不变，Lode 参数也恒保持不变，则加载是简单的，可以用全量理论来解决这类问题。

在球对称的情况下，应力 σ_r、σ_θ 应该满足如下平衡方程：

$$\frac{\mathrm{d}\sigma_r}{\mathrm{d}r}+2\frac{\sigma_r-\sigma_\theta}{r}=0 \tag{5-42}$$

应变分量为

$$\varepsilon_r=\frac{\mathrm{d}u}{\mathrm{d}r} \quad \varepsilon_\theta=\varepsilon_\varphi=\frac{u}{r} \tag{5-43}$$

式中，u 是径向位移。

ε_r 和 ε_θ 应满足如下应变连续性方程：

$$\frac{\mathrm{d}\varepsilon_\theta}{\mathrm{d}r}+\frac{\varepsilon_\theta-\varepsilon_r}{r}=0 \tag{5-44}$$

边界条件为

$$\begin{cases} \sigma_r\big|_{r=a}=-q \\ \sigma_r\big|_{r=b}=0 \end{cases} \tag{5-45}$$

5.5.1 弹性状态

如果压力 q 不大，则球壳处于弹性状态。由广义胡克定律得

$$\begin{cases} \varepsilon_r=\dfrac{\sigma_r-2\nu\sigma_\theta}{E} \\ \varepsilon_\theta=\varepsilon_\varphi=\dfrac{\sigma_\theta-\nu\ (\sigma_r+\sigma_\theta)}{E} \end{cases} \tag{a}$$

或

$$\begin{cases} \sigma_r=\dfrac{E}{(1+\nu)\ (1-2\nu)}\ \big[\ (1-\nu)\ \varepsilon_r+2\nu\varepsilon_\theta\big] \\ \sigma_\theta=\sigma_\varphi=\dfrac{E}{(1+\nu)\ (1-2\nu)}\ (\varepsilon_\theta+\nu\varepsilon_r) \end{cases} \tag{b}$$

将式（5-43）代入式（b），得用位移表示的应力为

$$\begin{cases} \sigma_r=\dfrac{E}{(1+\nu)\ (1-2\nu)}\Big[(1-\nu)\ \dfrac{\mathrm{d}u}{\mathrm{d}r}+2\nu\ \dfrac{u}{r}\Big] \\ \sigma_\theta=\dfrac{E}{(1+\nu)\ (1-2\nu)}\Big(\dfrac{u}{r}+\nu\ \dfrac{\mathrm{d}u}{\mathrm{d}r}\Big) \end{cases} \tag{c}$$

再将式（c）代入平衡方程式（5-42），整理化简后为

$$\frac{\mathrm{d}^2u}{\mathrm{d}r^2}+\frac{2}{r}\frac{\mathrm{d}u}{\mathrm{d}r}-\frac{2}{r^2}u=0$$

解此微分方程得

$$u=Ar+Br^{-2} \tag{d}$$

式中，A 和 B 均为积分常数。

将位移式（d）代入式（c），并利用边界条件式（5-45），求得积分常数：

$$A=\frac{(1-2\nu)\ qa^3}{E\ (b^3-a^3)} \qquad B=\frac{q\ (1+\nu)\ a^3b^3}{2E\ (b^3-a^3)}$$

代回式（d），得

$$u=\frac{q\ (1+\nu)\ (1-2\nu)\ a^3}{Er^2\ (b^3-a^3)}\left[\frac{r^3}{1+\nu}+\frac{b^3}{2(1-2\nu)}\right] \tag{5-46}$$

将位移 u 代入式（c），得应力分量为

$$\begin{cases}\sigma_r=\dfrac{a^3q}{r^3\ (b^3-a^3)}\ (r^3-b^3)\\[3mm]\sigma_\theta=\dfrac{a^3q}{2r^3\ (b^3-a^3)}\ (2r^3+b^3)\end{cases} \tag{5-47}$$

将 σ_1、σ_2 和 σ_3 代入 Tresca 和 Mises 两个常用屈服条件，得壳体屈服条件均为

$$\sigma_\theta-\sigma_r=\sigma_s \tag{5-48}$$

利用式（5-47），则有

$$\sigma_\theta-\sigma_r=\frac{a^3q}{r^3\ (b^3-a^3)}\frac{3b^3}{2}=\sigma_s$$

其最大值在球壳内壁 $r=a$ 处，内壁开始屈服时，球壳达到弹性极限状态，由屈服条件得相应的弹性极限压力为

$$q_e=\frac{2\sigma_s\ (b^3-a^3)}{3b^3} \tag{5-49}$$

由上式可以看出，当 b 趋于无穷大时，q_e 趋于 $\frac{2}{3}\sigma_s$，为一常数。因此，对于此类压力容器而言，如果只允许它们处于弹性状态，就不能通过增加壁厚的办法来提高其承载能力。为了提高承载能力，必须让它们处于弹塑性状态。

5.5.2 弹塑性状态

当压力 $q<q_e$ 时，球壳处于纯弹性状态。当 $q=q_e$ 时，壳体内壁开始屈服。压力进一步增加时，塑性区由内向外扩展，壳体进入弹塑性状态，对应于某一 q 值，半径为 r_s 的球面将壳体划分为塑性区和弹性区两部分，如图 5-22 所示。已经假定壳体为理想弹塑性材料，因此，塑性区的应力既要满足平衡方程式（5-42），又要满足屈服条件式（5-48）。根据这两个条件就可以确定出壳体塑性区的应力，称为静定问题。将式（5-48）代入式（5-42），得到

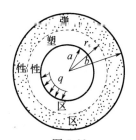

图 5-22

$$\frac{\mathrm{d}\sigma_r}{\mathrm{d}r}-\frac{2\sigma_s}{r}=0$$

积分上式，得到

$$\sigma_r=2\sigma_s\ln r+C \tag{e}$$

以及

$$\sigma_\theta=\sigma_\varphi=\sigma_s+\sigma_r=\sigma_s\ (1+2\ln r)\ +C \tag{f}$$

利用边界条件

$$\sigma_r \mid_{r=a} = -q$$

确定积分常数

$$C = -(q + 2\sigma_s \ln a)$$

将 C 值代入式（e）和式（f），得塑性区（$a \leqslant r \leqslant r_s$）中的应力为

$$\begin{cases} \sigma_r = 2\sigma_s \ln \dfrac{r}{a} - q \\[2mm] \sigma_\theta = \sigma_\varphi = \sigma_s \left(1 + 2\ln \dfrac{r}{a}\right) - q \end{cases} \tag{5-50}$$

在式（5-47）中令 $q=q_e$、$a=r_s$，就得到弹性区（$r_s \leqslant r \leqslant b$）中的应力为

$$\begin{cases} \sigma_r = -\dfrac{2\sigma_s r_s^3}{3b^3 r^3}(b^3 - r^3) \\[2mm] \sigma_\theta = \sigma_\varphi = \dfrac{\sigma_s r_s^3}{3b^3 r^3}(2r^3 + b^3) \end{cases} \tag{5-51}$$

塑性区边界面半径 r_s 取决于 q 的大小。为了求出 r_s 与 q 的关系，可以利用弹、塑性区交界面（$r=r_s$ 处）径向应力的连续条件，即

$$\sigma_r（塑）\mid_{r=r_s} = \sigma_r（弹）\mid_{r=r_s}$$

分别在式（5-50）和式（5-51）的第一式中令 $r=r_s$，并使两者相等，得

$$q = \frac{2\sigma_s}{3}\left(3\ln \frac{r_s}{a} + 1 - \frac{r_s^3}{b^3}\right) \tag{5-52}$$

解此超越方程，即可由已知的 q 求出相应的 r_s。

5.5.3　塑性极限状态

当 $r_s = b$ 时，壳体全部达到塑性状态。由于材料为无强化的理想弹塑性材料，壳体全部达到塑性状态后，其承载能力已经达到极限状态。根据式（5-52），塑性极限内压力值为

$$q_s = 2\sigma_s \ln \frac{b}{a} \tag{5-53}$$

将此值代入式（5-50），即得塑性极限状态时的应力为

$$\begin{cases} \sigma_r = 2\sigma_s \ln \dfrac{r}{b} \\[2mm] \sigma_\theta = \sigma_\varphi = \sigma_s \left(1 + 2\ln \dfrac{r}{b}\right) \end{cases} \tag{5-54}$$

5.6　理想弹塑性材料的厚壁圆筒

现在来分析内半径为 a、外半径为 b 的厚壁圆筒，在其内表面受均匀的内压力 q 作用。假定筒由不可压缩理想弹塑性材料制成。根据筒的几何形状及受力情况，可以判定筒是处于轴对称的平面应变状态。选用柱坐标系且使 z 轴与筒轴线重合。

5.6.1　弹性状态

当压力 q 较小时，整个厚壁筒处于弹性状态。假设材料是不可压缩的，取 $\nu = \dfrac{1}{2}$，

由弹性力学得此时的应力为

$$
\begin{cases}
\sigma_r = -\dfrac{q}{\dfrac{b^2}{a^2}-1}\left(\dfrac{b^2}{r^2}-1\right) \\[4mm]
\sigma_\theta = \dfrac{q}{\dfrac{b^2}{a^2}-1}\left(\dfrac{b^2}{r^2}+1\right) \\[4mm]
\sigma_z = \dfrac{1}{2}(\sigma_r+\sigma_\theta) = \dfrac{q}{\dfrac{b^2}{a^2}-1}
\end{cases}
\tag{5-55}
$$

由于厚壁圆筒处于轴对称的平面应变状态，剪应力分量全部为零，σ_r、σ_θ、σ_z 就是主应力；按 $\sigma_1 \geqslant \sigma_2 \geqslant \sigma_3$ 来排列，由式（5-55）知应取 $\sigma_1 = \sigma_\theta$、$\sigma_2 = \sigma_z$、$\sigma_3 = \sigma_r$。它们沿筒径向的分布情况，如图 5-23 所示。

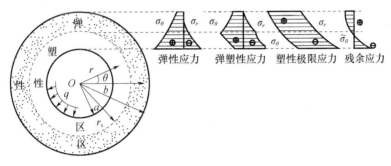

图 5-23

由式（2-43）得弹性状态的应力强度为

$$
\bar{\sigma} = \frac{\sqrt{3}\, b^2}{\dfrac{b^2}{a^2}-1}\frac{q}{r^2}
$$

最大的应力强度产生于筒的内壁，即

$$
(\bar{\sigma})_{\max} = (\bar{\sigma})_{r=a} = \frac{\sqrt{3}\, b^2}{\dfrac{b^2}{a^2}-1}\frac{q}{a^2}
$$

根据 Mises 屈服条件，当这个数值达到屈服应力 σ_s 时，内壁进入塑性状态，与此相应的内压力为

$$
q_e = \left(1-\frac{a^2}{b^2}\right)\frac{\sigma_s}{\sqrt{3}}
\tag{5-56}
$$

它即为弹性极限压力，只有当 $q \leqslant q_e$ 时，圆筒才能完全处于弹性状态。

5.6.2　弹塑性状态

当 $q = q_e$ 时，在筒的内壁处开始产生塑性变形。随着 q 的增加，靠近筒内壁的附近形成塑性区，弹、塑性区的分界面应是一个圆柱面，如图 5-23 所示，设它的半径为 r_s （$a \leqslant r_s \leqslant b$）。

首先，分析塑性区应力情况。由于材料是不可压缩的，即 $\varepsilon_m = 0$，厚壁筒又处于平面应变状态，有 $\varepsilon_z = 0$，则由全量本构方程

$$\sigma_z - \sigma_m = \frac{2\bar{\sigma}}{3\bar{\varepsilon}}(\varepsilon_z - \varepsilon_m)$$

得出

$$\sigma_z = \sigma_m = \frac{1}{3}(\sigma_r + \sigma_\theta + \sigma_z)$$

因此有

$$\sigma_z = \frac{1}{2}(\sigma_r + \sigma_\theta)$$

根据式（2-43），有

$$\bar{\sigma} = \frac{\sqrt{3}}{2}\sqrt{(\sigma_r - \sigma_\theta)^2} = \frac{\sqrt{3}}{2}(\sigma_\theta - \sigma_r) \tag{a}$$

根据筒的受力性质及其弹性解答，假设 σ_θ 为拉应力，σ_r 为压应力，在开方时取 $(\sigma_\theta - \sigma_r)$，以使 $\bar{\sigma}$ 为正值。

在塑性区，无强化的理想塑性材料处于屈服状态，若采用 Mises 屈服条件，由式（a）则有

$$\sigma_\theta - \sigma_r = \frac{2}{\sqrt{3}}\sigma_s \tag{5-57}$$

对于平面轴对称问题，静力平衡方程为

$$\frac{d\sigma_r}{dr} + \frac{\sigma_r - \sigma_\theta}{r} = 0 \tag{5-58}$$

将式（5-57）代入式（5-58），得到

$$d\sigma_r = \frac{2}{\sqrt{3}}\sigma_s \frac{dr}{r}$$

积分后得

$$\sigma_r = \frac{2}{\sqrt{3}}\sigma_s \ln r + C \tag{5-59}$$

由于塑性区靠近筒的内壁，所以可利用边界条件 $\sigma_r|_{r=a} = -q$ 来确定积分常数 C，再代入式（5-59），最后求得塑性区的应力为

$$\begin{cases} \sigma_r = -q + \frac{2}{\sqrt{3}}\sigma_s \ln\frac{r}{a} \\ \sigma_\theta = -q + \frac{2}{\sqrt{3}}\sigma_s\left(1 + \ln\frac{r}{a}\right) \\ \sigma_z = -q + \frac{2}{\sqrt{3}}\sigma_s\left(\frac{1}{2} + \ln\frac{r}{a}\right) \end{cases} \tag{5-60}$$

应力沿筒径向分布情况如图 5-23 所示。

此时，圆筒的弹性区相当于内缘刚屈服的厚壁圆筒，其内半径为 r_s，外半径为 b。所以，关于弹性区的应力，只要在式（5-55）中令 $q = q_e$ 和 $a = r_s$，就可以得出：

$$\begin{cases} \sigma_r = -\dfrac{q_e}{\dfrac{b^2}{r_s^2}-1}\left(\dfrac{b^2}{r^2}-1\right) \\[3mm] \sigma_\theta = \dfrac{q_e}{\dfrac{b^2}{r_s^2}-1}\left(\dfrac{b^2}{r^2}+1\right) \\[3mm] \sigma_z = \dfrac{q_e}{\dfrac{b^2}{r_s^2}-1} \end{cases} \tag{b}$$

根据式（5-56），此时的 q_e 应为

$$q_e = \left(1-\dfrac{r_s^2}{b^2}\right)\dfrac{\sigma_s}{\sqrt{3}} \tag{c}$$

将式（c）代入式（b），则得弹性区的应力为

$$\begin{cases} \sigma_r = -\dfrac{\sigma_s}{\sqrt{3}}\dfrac{r_s^2}{b^2}\left(\dfrac{b^2}{r^2}-1\right) \\[3mm] \sigma_\theta = \dfrac{\sigma_s}{\sqrt{3}}\dfrac{r_s^2}{b^2}\left(\dfrac{b^2}{r^2}+1\right) \\[3mm] \sigma_z = \dfrac{\sigma_s}{\sqrt{3}}\dfrac{r_s^2}{b^2} \end{cases} \tag{5-61}$$

图 5-23 绘出了它们的分布情况。

在弹、塑性区的分界处，径向应力是连续的，即

$$\sigma_r\,（塑）\big|_{r=r_s} = \sigma_r\,（弹）\big|_{r=r_s}$$

利用这个应力连续条件，由式（5-60）和式（5-61），得出联系内压力 q 与 r_s 的关系式：

$$q = \dfrac{2\sigma_s}{\sqrt{3}}\left[\ln\dfrac{r_s}{a}+\dfrac{1}{2}\left(1-\dfrac{r_s^2}{b^2}\right)\right] \tag{5-62}$$

由上式即可根据 q 的大小确定塑性区的范围。

5.6.3　塑性极限状态

在弹塑性状态，由于弹性区包围着塑性区，限制了塑性变形的发展。随着 q 的增加，塑性区可以不断地扩大。最后，整个筒进入了塑性状态，塑性变形就可不受限制地自由发展。这时，厚壁筒已达到塑性极限状态。在式（5-62）中令 $r_s=b$，就得到塑性极限压力为

$$q_s = \dfrac{2\sigma_s}{\sqrt{3}}\ln\dfrac{b}{a} \tag{5-63}$$

这个公式被广泛地用在厚壁圆柱形管和容器的强度计算中。将式（5-60）中的 q 改用式（5-63）的 q_s，就得到了处于塑性极限状态时厚壁筒的应力分量为

$$\begin{cases} \sigma_r = \dfrac{2\sigma_s}{\sqrt{3}}\ln\dfrac{r}{b} \\[3mm] \sigma_\theta = \dfrac{2\sigma_s}{\sqrt{3}}\left(1+\ln\dfrac{r}{b}\right) \\[3mm] \sigma_z = \dfrac{2\sigma_s}{\sqrt{3}}\left(\dfrac{1}{2}+\ln\dfrac{r}{b}\right) \end{cases} \tag{5-64}$$

应力 σ_r 和 σ_θ 的分布情况示于图 5-23。

5.6.4 残余应力

厚壁筒在进入弹塑性状态之后，即使将内压力 q 全部卸除，变形也不能完全恢复，不仅会有残余变形，还会有残余应力。应用卸载定律，可以求出残余应力。为此，可以用式（5-55)先求出以 q 为假想荷载按纯弹性计算所得的应力；然后，由卸载前的应力［塑性区见式（5-60)，弹性区见式（5-61)］减去这些按纯弹性计算所得的应力，即为残余应力：

$$\begin{cases} \widetilde{\sigma}_r = \dfrac{2}{\sqrt{3}}\sigma_s \ln \dfrac{r}{a} - q + \dfrac{q}{\dfrac{b^2}{a^2}-1}\left(\dfrac{b^2}{r^2}-1\right) \\[4mm] \widetilde{\sigma}_\theta = \dfrac{2}{\sqrt{3}}\sigma_s\left(1+\ln\dfrac{r}{a}\right) - q - \dfrac{q}{\dfrac{b^2}{a^2}-1}\left(\dfrac{b^2}{r^2}+1\right) \qquad (a\leqslant r\leqslant r_s) \\[4mm] \widetilde{\sigma}_z = \dfrac{2}{\sqrt{3}}\sigma_s\left(\dfrac{1}{2}+\ln\dfrac{r}{a}\right) - q - \dfrac{q}{\dfrac{b^2}{a^2}-1} \end{cases}$$

以及

$$\begin{cases} \widetilde{\sigma}_r = -\left[\dfrac{\sigma_s}{\sqrt{3}}\dfrac{r_s^2}{b^2} + \dfrac{q}{\dfrac{b^2}{a^2}-1}\right]\left(\dfrac{b^2}{r^2}-1\right) \\[4mm] \widetilde{\sigma}_\theta = \left[\dfrac{\sigma_s}{\sqrt{3}}\dfrac{r_s^2}{b^2} - \dfrac{q}{\dfrac{b^2}{a^2}-1}\right]\left(\dfrac{b^2}{r^2}+1\right) \qquad (r_s\leqslant r\leqslant b) \\[4mm] \widetilde{\sigma}_z = \left[\dfrac{\sigma_s}{\sqrt{3}}\dfrac{r_s^2}{b^2} - \dfrac{q}{\dfrac{b^2}{a^2}-1}\right] \end{cases}$$

图 5-23 示出了环向残余应力 $\widetilde{\sigma}_\theta$ 的分布情况。内壁附近的残余应力为压应力，这就好像是对厚壁筒施加了预应力，从而可以提高筒的承载能力。这种借预加塑性变形来提高结构承载能力的技术，在工程上得到了广泛的应用。

5.6.5 变形

在小变形的情况下，考虑到平面应变状态以及材料的不可压缩性，应有

$$\varepsilon_r + \varepsilon_\theta = 0 \tag{5-65}$$

根据几何方程，应有

$$\varepsilon_r = \frac{\mathrm{d}u}{\mathrm{d}r} \qquad \varepsilon_\theta = \frac{u}{r} \tag{5-66}$$

将它们代入式（5-65)，有

$$\frac{\mathrm{d}u}{\mathrm{d}r} + \frac{u}{r} = 0$$

此方程的解为

$$u = \frac{B}{r} \tag{d}$$

式中，B 为积分常数。

这里获得的位移解答并没有涉及应力-应变关系，只要筒是处于平面应变状态和材料为不可压缩的，则无论对弹性区域或塑性区域，它都是成立的。相应的应变为

$$\varepsilon_\theta = -\varepsilon_r = \frac{B}{r^2} \tag{e}$$

根据材料的不可压缩性，$\nu = \frac{1}{2}$ 和 $E = 3G$，由广义胡克定律并考虑到式（5-61），则弹性区内应有

$$\varepsilon_\theta = \frac{1}{3G}\left[\sigma_\theta - \frac{1}{2}(\sigma_r + \sigma_z)\right] = \frac{1}{2G}\frac{\sigma_s}{\sqrt{3}}\left(\frac{r_s}{r}\right)^2 \tag{f}$$

将式（f）和式（e）比较，则有

$$B = \frac{1}{2G}\frac{\sigma_s}{\sqrt{3}}r_s^2 \tag{g}$$

将式（g）代入式（d），得

$$u = \frac{1}{2G}\frac{\sigma_s}{\sqrt{3}}\frac{r_s^2}{r} \tag{5-67}$$

将上式再代入式（5-66），则应变为

$$\varepsilon_r = -\varepsilon_\theta = -\frac{1}{2G}\frac{\sigma_s}{\sqrt{3}}\frac{r_s^2}{r^2} \tag{5-68}$$

这说明在加载过程中应变是成比例增加的。因此，在此情况下满足简单加载的条件。

当达到塑性极限状态时，外围的弹性区已不存在，无法约束塑性变形的发展，所以塑性变形可以自由地扩展，这时 B 的数值就不能被确定。

5.6.6 讨论

由 5.6.1 和 5.6.2 的分析可知，该问题的 Mises 屈服条件为

$$\sigma_\theta - \sigma_r = \frac{2}{\sqrt{3}}\sigma_s = 1.155\sigma_s$$

而 Tresca 屈服条件为

$$\sigma_\theta - \sigma_r = \sigma_s$$

因此将按 Tresca 屈服条件计算的结果中乘以一系数 $2/\sqrt{3}$，就变成了按 Mises 屈服条件计算的结果。显然 Mises 屈服条件比 Tresca 屈服条件得到的塑性极限压力大 15.5%。

5.7 硬化材料的厚壁圆筒

如果厚壁圆筒由硬化材料制成，而其他条件不变，则在此情况下，除平衡方程和屈服条件以外，还要利用物理方程和几何方程才能求解。

根据上一节的分析，有

$$\sigma_\theta - \sigma_r = \frac{2}{\sqrt{3}} \bar{\sigma} \tag{a}$$

又因为

$$\varepsilon_r = -\varepsilon_\theta = -\frac{B}{r^2} \qquad \varepsilon_z = 0 \qquad \varepsilon_{rz} = \varepsilon_{\theta z} = \varepsilon_{r\theta} = 0 \tag{b}$$

应变强度为

$$\bar{\varepsilon} = \frac{\sqrt{2}}{3} \sqrt{(\varepsilon_r - \varepsilon_\theta)^2 + \varepsilon_r^2 + \varepsilon_\theta^2} = \frac{2}{\sqrt{3}} \frac{B}{r^2} \tag{c}$$

根据单一曲线假设 $\bar{\sigma} = \Phi(\bar{\varepsilon})$ 及式（a），有

$$\sigma_\theta - \sigma_r = \frac{2}{\sqrt{3}} \Phi(\bar{\varepsilon})$$

现将上式代入平衡方程

$$\frac{\mathrm{d}\sigma_r}{\mathrm{d}r} + \frac{\sigma_r - \sigma_\theta}{r} = 0$$

则得

$$\mathrm{d}\sigma_r = \frac{2}{\sqrt{3}} \Phi(\bar{\varepsilon}) \frac{\mathrm{d}r}{r}$$

将该式从 r 到 b 的范围内积分，则

$$\sigma_r = (\sigma_r)_{r=b} - \frac{2}{\sqrt{3}} \int_r^b \Phi(\bar{\varepsilon}) \frac{\mathrm{d}r}{r}$$

由边界条件$(\sigma_r)_{r=b} = 0$，得

$$\sigma_r = -\frac{2}{\sqrt{3}} \int_r^b \Phi(\bar{\varepsilon}) \frac{\mathrm{d}r}{r}$$

将式（c）代入上式，统一积分变量，则

$$\sigma_r = -\frac{2}{\sqrt{3}} \int_r^b \Phi\left(\frac{2}{\sqrt{3}} \frac{B}{r^2}\right) \frac{\mathrm{d}r}{r} \tag{5-69}$$

按照筒内壁的边界条件$(\sigma_r)_{r=a} = -q$，则

$$q = \frac{2}{\sqrt{3}} \int_a^b \Phi\left(\frac{2}{\sqrt{3}} \frac{B}{r^2}\right) \frac{\mathrm{d}r}{r} \tag{5-70}$$

若已知材料的性质即函数 Φ 已确定，就可以定出常数 B，从而确定应力 σ_r、σ_θ。如 Φ 为幂函数，即设

$$\Phi(\bar{\varepsilon}) = A\bar{\varepsilon}^m$$

式中，A 和 m 是材料常数。

由式（5-70）得

$$B^m = -\frac{2qm\left(\frac{\sqrt{3}}{2}\right)^{m+1}}{(b^{-2m} - a^{-2m})A}$$

将 B 值代入式（5-69），并积分得圆筒的应力为

$$\sigma_r = -q \frac{a^{2m}(r^{2m} - b^{2m})}{(a^{2m} - b^{2m})r^{2m}}$$

以及

$$\sigma_\theta = -q\,\frac{a^{2m}\,\left[\,r^{2m}+\,(2m-1)\,\,b^{2m}\,\right]}{r^{2m}\,(a^{2m}-b^{2m})}$$

5.8 旋转圆盘

假设一等厚度的薄圆盘（半径为 b）是由理想弹塑性材料制成的。此盘绕 z 轴做等速旋转。z 轴通过圆心 O 并与盘面垂直。由于离心惯性力的作用，在盘内产生应力及应变。盘比较薄，离心力又在盘的平面内，可以简化为平面应力问题，即 $\sigma_z = \tau_{zr} = \tau_{z\theta} = 0$。由于对称性，可知剪应力 $\tau_{\theta r}$ 为零，而 σ_r 和 σ_θ 为主应力。其相应的主应变和位移的关系为

$$\varepsilon_\theta = \frac{u}{r}, \ \ \varepsilon_r = \frac{\mathrm{d}u}{\mathrm{d}r} \tag{a}$$

在此情况下，由于离心惯性力（体力）的存在，平衡方程为

$$\frac{\mathrm{d}\sigma_r}{\mathrm{d}r} + \frac{\sigma_r - \sigma_\theta}{r} + \rho\omega^2 r = 0 \tag{b}$$

式中，ρ 为单位体积的质量；ω 为圆盘的旋转角速度。

以下就几个不同的变形阶段分别进行分析。

5.8.1 弹性状态

按位移求解平面应力状态时，胡克定律为下列形式：

$$\sigma_r = \frac{E}{1-\nu^2}\,(\varepsilon_r + \nu\varepsilon_\theta)$$

$$\sigma_\theta = \frac{E}{1-\nu^2}\,(\varepsilon_\theta + \nu\varepsilon_r)$$

将式（a）代入上式，得

$$\begin{cases} \sigma_r = \dfrac{E}{1-\nu^2}\left(\dfrac{\mathrm{d}u}{\mathrm{d}r} + \nu\,\dfrac{u}{r}\right) \\[3mm] \sigma_\theta = \dfrac{E}{1-\nu^2}\left(\dfrac{u}{r} + \nu\,\dfrac{\mathrm{d}u}{\mathrm{d}r}\right) \end{cases} \tag{c}$$

将式（c）代入式（b），加以整理简化得

$$r^2\,\frac{\mathrm{d}^2 u}{\mathrm{d}r^2} + r\,\frac{\mathrm{d}u}{\mathrm{d}r} - u + \rho\omega^2\,(1-\nu^2)\,r^3/E = 0 \tag{d}$$

该微分方程的解为

$$u = Ar + \frac{C}{r} - \frac{\rho\omega^2\,(1-\nu^2)}{8E}r^3 \tag{e}$$

式中，A，C 为积分常数。

将式（e）代入式（c）得

$$\begin{cases} \sigma_r = \dfrac{E}{(1-\nu^2)}\left[A\,(1+\nu)\, - \dfrac{\rho\omega^2\,(1-\nu^2)\,(3+\nu)}{8E}r^2 + \,(\nu-1)\,\dfrac{C}{r^2}\right] \\[4mm] \sigma_\theta = \dfrac{E}{(1-\nu^2)}\left[A\,(1+\nu)\, - \dfrac{\rho\omega^2\,(1-\nu^2)\,(1+3\nu)}{8E}r^2 - \,(\nu-1)\,\dfrac{C}{r^2}\right] \end{cases} \tag{f}$$

对实心圆盘，C 必须为零，否则在 $r=0$ 处位移和应力均为无穷大，这是不可能的。而在盘边缘的边界条件为

$$(\sigma_r)_{r=b}=0$$

则由式（f）给出

$$A=\frac{\rho\omega^2\ (1-\nu)\ (3+\nu)}{8E}b^2 \tag{g}$$

最后可求得弹性阶段的位移和应力为

$$u=\frac{\rho\omega^2\ (1-\nu^2)\ r}{8E}\left(\frac{3+\nu}{1+\nu}b^2-r^2\right) \tag{5-71}$$

$$\begin{cases} \sigma_r=\dfrac{\rho\omega^2\ (3+\nu)}{8}\ (b^2-r^2) \\[3mm] \sigma_\theta=\dfrac{\rho\omega^2\ (3+\nu)}{8}\left[b^2-\dfrac{r^2\ (1+3\nu)}{3+\nu}\right] \end{cases} \tag{5-72}$$

在上述情况下，圆盘的屈服条件，以使用 Tresca 条件为方便。根据式（5-72），假定 σ_r 和 σ_θ 均为拉应力，且 $\sigma_\theta>\sigma_r>\sigma_z=0$，所以 Tresca 条件为

$$\sigma_\theta=\sigma_s \tag{h}$$

σ_θ 的最大值在盘心处，所以屈服由盘心开始，则由

$$(\sigma_\theta)_{r=0}=\frac{\rho\omega^2\ (3+\nu)}{8}b^2=\sigma_s$$

可得弹性极限转速为

$$\omega_e=\frac{1}{b}\sqrt{\frac{8\sigma_s}{\rho(3+\nu)}} \tag{5-73}$$

5.8.2　弹塑性状态

当转速继续增加，即 $\omega>\omega_e$ 时，圆盘将部分为塑性、部分为弹性，且塑性区在盘心附近。根据问题的对称性，设其弹、塑性区分界线是半径为 r_s 的圆。

在塑性区，由于弹性区内 $\sigma_\theta \geqslant \sigma_r \geqslant 0$，主应力的大小也可以按照这一顺序来估计，所以屈服条件仍然是式（h）。将式（h）代入式（b）有

$$r\frac{\mathrm{d}\sigma_r}{\mathrm{d}r}+\sigma_r=\sigma_s-\rho\omega^2 r^2$$

其通解为

$$\sigma_r=\sigma_s-\frac{\rho\omega^2 r^2}{3}+D\frac{1}{r}$$

对于实心圆盘，必须取积分常数 $D=0$。所以，实心圆盘塑性区内的应力为

$$\begin{cases} \sigma_r=\sigma_s-\dfrac{\rho\omega^2 r^2}{3} \\[3mm] \sigma_\theta=\sigma_s \end{cases} \tag{5-74}$$

关于外部的弹性区，可以看成是内半径为 r_s、外半径为 b 的空心旋转圆盘（图 5-24）。它在 $r=r_s$ 处已经屈服，则

$$(\sigma_\theta)_{r=r_s}=\sigma_s \tag{i}$$

同时，在 $r=r_s$ 处径向应力应该是连续的，即根据式（5-74），有

$$(\sigma_r)_{r=r_s}=\sigma_s-\frac{\rho\omega^2 r_s^2}{3} \tag{j}$$

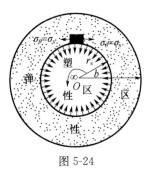

图 5-24

另外，还有外缘处的应力边界条件：

$$(\sigma_r)_{r=b}=0 \tag{k}$$

此时微分方程（d）以及通解（e）仍然成立，可由应力的弹性解答式（f），利用上面的式（i）、式（j）、式（k）三个条件解出常数 A、C 以及 r_s 与 ω 的关系式。最后可得转速为

$$\omega=\frac{1}{bM}\sqrt{\frac{\sigma_s}{\rho}} \tag{5-75}$$

其中：

$$M^2=\frac{8+(1+3\nu)(y^2-1)^2}{24}$$

$$y=\frac{r_s}{b}$$

以及弹性区应力为

$$\begin{cases} \sigma_r=\dfrac{\sigma_s}{24M^2}\Big[3(3+\nu)-(1+3\nu)\dfrac{r_s^4}{r^2 b^2}\Big]\Big(1-\dfrac{r^2}{b^2}\Big) \\[4mm] \sigma_\theta=\dfrac{\sigma_s}{24M^2}\Big[\dfrac{r_s^4}{b^4}\Big(1+\dfrac{b^2}{r^2}\Big)(1+3\nu)+3(3+\nu)-3(1+3\nu)\dfrac{r^2}{b^2}\Big] \end{cases} \tag{5-76}$$

5.8.3 塑性极限阶段

当 $r_s=b$ 时，整个盘都进入塑性状态。此时，令 $r_s=b$（即 $y=1$），由式（5-75）得塑性极限转速：

$$\omega_s=\frac{\sqrt{3}}{b}\sqrt{\frac{\sigma_s}{\rho}} \tag{5-77}$$

将塑性极限转速式（5-77）代入式（5-74），可以看出，塑性区内的 σ_r 仍保持为拉，且其值小于 σ_θ（$=\sigma_s$），因此，在选定 Tresca 屈服条件的具体形式时，所设定的主应力大小顺序 $\sigma_\theta \geqslant \sigma_r \geqslant 0$ 与实际结果相一致。

由式（5-73）和式（5-77）可得塑性极限转速与弹性极限转速之比：

$$\frac{\omega_s}{\omega_e}=\sqrt{\frac{3(3+\nu)}{8}} \tag{5-78}$$

当 $\nu=0.3$ 时，此比值等于 1.112；当 $\nu=\frac{1}{3}$ 时，等于 1.118；当 $\nu=\frac{1}{2}$ 时，等于 1.146。也就是说，塑性极限转速比弹性极限转速分别提高了 11.2%、11.8% 和 14.6%。

习　　题

5-1　已知材料的屈服极限为 σ_s，试求图中截面塑性极限弯矩的值，设材料是理想塑性材料。

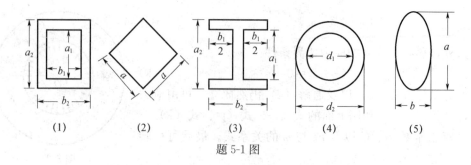

题 5-1 图

5-2 设有一个理想弹塑性材料制成的内半径为 a、外半径为 b 的空心圆截面直杆,其内外半径之比为 γ。试求:弹性极限扭矩 T_e 和塑性极限扭矩 T_s 以及弹、塑性区分界半径 r_s 与扭矩 T 的关系。

5-3 由于考虑材料的塑性性质,试求受弯杆件承载能力比弹性极限时增加的百分比,杆的截面为正方形,圆形,内外半径比为 $\gamma = a/b$ 的圆环,正方形沿对角线受弯,工字形截面,其尺寸如图所示。

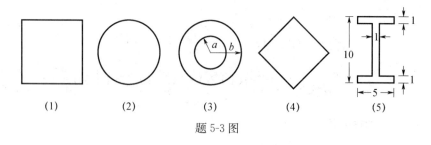

题 5-3 图

5-4 已知屈服条件沿圆盘半径按如下规律变化:$\sigma = \sigma_s \left(1 + \dfrac{r}{b}\right)$,试求此等厚度旋转圆盘在极限状态下的转速 ω_s,以及径向和环向应力的表达式。

5-5 设有理想弹塑性材料做成的高为 $2h$、宽为 b 的矩形截面梁,受外力作用,弹性核高度 $y_s = h/2$,试求此时弯矩值,并求出卸载后残余曲率半径与受载时曲率半径之比。

5-6 理想弹塑性材料厚壁球壳,内半径为 7.6cm,外半径为 17.6cm,受内压 q 作用,试求此厚壁球壳的弹性极限压力 q_e、塑性极限应力 q_s,以及当弹性半径 $r_s = 12.6\text{cm}$ 时的内压 q 值。材料屈服极限 $\sigma_s = 60\text{kN/mm}^2$。

5-7 试用砂堆比拟法,计算如图所示截面的塑性极限扭矩。

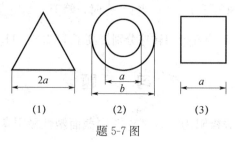

题 5-7 图

(1) 边长为 $2a$ 的等边三角形；

(2) 外半径为 b、内半径为 a 的圆筒；

(3) 边长为 a 的正方形。

5-8　一内半径为 a、外半径为 b 的理想弹塑性球壳，受内压力 q（$q_e < q < q_s$）后完全卸载，求卸载后壳中残余应力。

5-9　已知厚壁筒内半径为 a、外半径为 b，理想弹塑性材料屈服极限为 σ_s，试求在如下情况时筒内壁进入塑性状态时内压 q 的值。

(1) 二端封闭；（2) 二端自由 $\sigma_z = 0$；（3) 二端受约束 $\varepsilon_z = 0$。

5-10　设有一封闭厚壁圆筒，服从 Mises 屈服条件，同时受内压 q 及扭矩 T 的作用，如果外径与内径之比 $\dfrac{b}{a} = \gamma$，试求内表面与外表面都达到屈服状态时 $\dfrac{T}{q}$ 的表达式。

第6章 理想刚塑性材料的平面应变问题

平面应变问题的概念与弹性力学中的平面应变问题一样，即对于长的棱柱形物体，荷载（包括体力）垂直于柱体的轴线 Z（母线），并沿 Z 轴方向均匀作用于柱体的侧面，这类问题就可以作为平面应变问题处理。

对于理想塑性材料，存在塑性极限荷载。当达到塑性极限荷载时，荷载不增而变形可以不断增长。如果只求塑性极限荷载，无须从弹塑性状态一步步求解，可采用刚塑性模型，其结果和弹塑性结果完全一样。本章将讨论平面应变条件下理想刚塑性材料的极限荷载以及在塑性区域内的应力和变形分布。由于忽略弹性变形，以下所述的刚性区实际上将包括弹性区和与弹性变形同量级的约束塑性区。

6.1 平面应变问题的基本方程

在平面应变问题中，物体内各点的位移平行于 xy 平面，并且与 z 轴无关，即有

$$u_x = u_x(x, y) \quad u_y = u_y(x, y) \quad u_z = 0 \tag{6-1}$$

速度分量为

$$v_x = v_x(x, y) \quad v_y = v_y(x, y) \quad v_z = 0 \tag{6-2}$$

对应的应变张量和应变率张量分别为

$$\varepsilon = \begin{bmatrix} \varepsilon_x & \dfrac{1}{2}\gamma_{xy} & 0 \\[2mm] \dfrac{1}{2}\gamma_{xy} & \varepsilon_y & 0 \\[2mm] 0 & 0 & 0 \end{bmatrix} \tag{6-3}$$

$$\dot{\varepsilon} = \begin{bmatrix} \dfrac{\partial v_x}{\partial x} & \dfrac{1}{2}\left(\dfrac{\partial v_x}{\partial y} + \dfrac{\partial v_y}{\partial x}\right) & 0 \\[3mm] \dfrac{1}{2}\left(\dfrac{\partial v_x}{\partial y} + \dfrac{\partial v_y}{\partial x}\right) & \dfrac{\partial v_y}{\partial y} & 0 \\[3mm] 0 & 0 & 0 \end{bmatrix} \tag{6-4}$$

对于应力分量，根据理想刚塑性材料的 Levy-Mises 关系得

$$\dot{\varepsilon}_{ij} = \dot{\lambda} S_{ij} \tag{6-5}$$

由 $\dot{\varepsilon}_z = 0$ 得

$$S_z = \sigma_z - \sigma_m = \frac{1}{3}(2\sigma_z - \sigma_x - \sigma_y) = 0$$

求解可得

$$\sigma_z = \frac{1}{2}(\sigma_x + \sigma_y) = \sigma_m = \sigma \tag{6-6}$$

由式（6-5）还可得出 $\tau_{xz}=\tau_{yz}=0$，所以，塑性区应力张量为

$$\sigma_{ij}=\begin{bmatrix} \sigma_x & \tau_{xy} & 0 \\ \tau_{xy} & \sigma_y & 0 \\ 0 & 0 & \dfrac{1}{2}(\sigma_x+\sigma_y) \end{bmatrix} \tag{6-7}$$

显然，σ_z 是一个主应力。其余两个主应力则可按材料力学公式计算：

$$\begin{matrix} \sigma_1 \\ \sigma_3 \end{matrix} = \frac{1}{2}\ (\sigma_x+\sigma_y)\ \pm\sqrt{\frac{(\sigma_x-\sigma_y)^2}{2}+\tau_{xy}^2} \tag{6-8}$$

不难看出 σ_z 是中间主应力，因此，最大剪应力为

$$\tau_{\max}=\frac{1}{2}\ (\sigma_1-\sigma_3)\ =\sqrt{\frac{(\sigma_x-\sigma_y)^2}{2}+\tau_{xy}^2} \tag{6-9}$$

上述分析结果表明，平面应变条件下的应力状态为

$$\sigma_1=\sigma+\tau$$
$$\sigma_2=\sigma$$
$$\sigma_3=\sigma-\tau$$

这表明：在理想刚塑性材料的平面应变问题中，物体塑性区内每点的应力状态等于纯剪应力 τ 与静水应力 σ 的叠加，如图 6-1 所示。

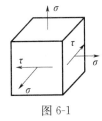

图 6-1

通过上面的分析，在塑性区，未知的应力分量只有 σ_x、σ_y、τ_{xy} 三个。它们应满足的方程：

平衡方程：不计体力（考虑即将开始流动的瞬时，因此不计惯性力）为

$$\left.\begin{matrix} \dfrac{\partial \sigma_x}{\partial x}+\dfrac{\partial \tau_{xy}}{\partial y}=0 \\[3mm] \dfrac{\partial \tau_{xy}}{\partial x}+\dfrac{\partial \sigma_y}{\partial y}=0 \end{matrix}\right\} \tag{6-10}$$

屈服条件：Mises 屈服条件为

$$\frac{1}{6}\Big[(\sigma_x-\sigma_y)^2+(\sigma_y-\sigma_z)^2+(\sigma_z-\sigma_x)^2+\frac{1}{6}\ (\tau_{xy}^2+\tau_{yz}^2+\tau_{zx}^2)\Big]=k^2$$

利用式（6-6）得

$$\left(\frac{\sigma_x-\sigma_y}{2}\right)^2+\tau_{xy}^2=k^2 \tag{6-11}$$

如果采用 Tresca 屈服条件，则所得表达式与式（6-11）相同，只是 k 的数值不同（注意：这里的 k 与第 3 章的 k 不是同一常数），对 Mises 屈服条件 $k=\dfrac{\sigma_s}{\sqrt{3}}$，对 Tresca 屈服条件 $k=\dfrac{\sigma_s}{2}$。

如果塑性区的边界条件都是应力边界条件，则可根据式（6-10）与式（6-11）两式的三个方程将 σ_x、σ_y、τ_{xy} 求出，也就是在塑性区求应力是静定问题。如果有速度边界条件，则需要将未知量 v_x、v_y 同时考虑，且还要增加下列两个方程，一个是不可压缩条件：

$$\frac{\partial v_x}{\partial x}+\frac{\partial v_y}{\partial y}=0 \tag{6-12}$$

另一个是 Levy-Mises 关系，由式（6-5）得

$$\frac{\dfrac{\partial v_x}{\partial x}}{\dfrac{1}{2}(\sigma_x-\sigma_y)}=\frac{\dfrac{\partial v_y}{\partial y}}{\dfrac{1}{2}(\sigma_y-\sigma_x)}=\frac{\dfrac{1}{2}\left(\dfrac{\partial v_x}{\partial y}+\dfrac{\partial v_y}{\partial x}\right)}{\tau_{xy}}=\dot\lambda$$

即

$$\frac{\left(\dfrac{\partial v_x}{\partial y}+\dfrac{\partial v_y}{\partial x}\right)}{\left(\dfrac{\partial v_y}{\partial y}-\dfrac{\partial v_x}{\partial x}\right)}=\frac{2\tau_{xy}}{\sigma_y-\sigma_x} \tag{6-13}$$

这样在塑性区共有五个方程，求五个未知量 σ_x、σ_y、τ_{xy}、v_x、v_y。在刚性区要求应力满足整体平衡条件，不违反屈服条件，以及 v_x、v_y 为零或做刚体运动。在刚塑性交界处，应力和速度应满足连续条件。

能满足塑性区的五个方程，刚性区的整体平衡条件，不违反屈服条件，v_x、v_y 为零或做刚体运动以及应力和速度边界条件，刚塑性交界处应力和速度连续条件的解将称为**完全解**。因为刚性区的具体应力分布是求不出的，所以不能称为真实解。如果对于刚性区的应力是否不违反屈服条件（$J_2'\leqslant k^2$）无法检验的话，则求出的极限荷载只能算是真实极限荷载的上限。

6.2　滑移线

6.2.1　滑移线的概念

由于塑性变形区内每一点都能找到一对正交的最大剪应力方向，将无限接近的最大剪应力方向连接起来，即得两族正交的曲线，线上任一点的切线方向即为该点最大剪应力方向。此两族正交的曲线称为**滑移线**，其中一族称为 α 族，另一族称为 β 族，它们布满于塑性区，形成滑移线场。

为区别两族滑移线，通常采用下述规则：若 α 与 β 线形成一右手坐标系的轴，则代数值最大的主应力 σ_1 的作用线位于第一与第三象限（图 6-2）。即从 σ_1 方向顺时针转过 $45°$就是 α 方向，逆时针转 $45°$就是 β 方向。此时 α 线两旁的最大剪应力组成顺时针方向，而 β 线两旁的最大剪应力组成逆时针方向。α 线的切线方向与 x 轴的夹角以 θ 表示，并规定以 x 轴为 θ 角的度量起始线，逆时针旋转形成的 θ 角为正值，顺时针旋转形成的 θ 角为负值。

两族滑移线的方程为

$$\left.\begin{aligned}\alpha\text{ 线：}\frac{\mathrm{d}y}{\mathrm{d}x}=\tan\theta\\[2mm]\beta\text{ 线：}\frac{\mathrm{d}y}{\mathrm{d}x}=-\cot\theta\end{aligned}\right\} \tag{6-14}$$

将屈服条件 $\left(\dfrac{\sigma_x-\sigma_y}{2}\right)^2+\tau_{xy}^2=k^2$ 用材料力学中的平面莫尔圆方法表示，则它表示一

个半径等于 k 的莫尔圆，如图 6-3 所示。由图可以证明：

$$\left.\begin{aligned}\sigma_x &= \sigma - k\sin2\theta \\ \sigma_y &= \sigma + k\sin2\theta \\ \tau_{xy} &= k\cos2\theta\end{aligned}\right\} \tag{6-15}$$

由于它们自动满足屈服条件，求 σ_x、σ_y、τ_{xy} 的问题，就变成求每一点的 $\sigma(x, y)$、$\theta(x, y)$ 的问题。

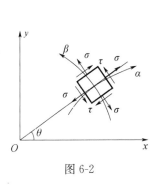

图 6-2

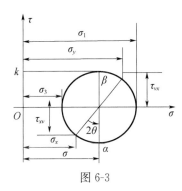

图 6-3

6.2.2 沿滑移线上的平衡方程

将用平均应力 $\sigma(x, y)$ 和滑移线 α 方向与 x 轴线的夹角 $\theta(x, y)$ 表示的应力公式式（6-15），代入平衡方程式（6-10）中，则有

$$\left.\begin{aligned}\frac{\partial\sigma}{\partial x} - 2k\left(\cos2\theta\frac{\partial\theta}{\partial x} + \sin2\theta\frac{\partial\theta}{\partial y}\right) &= 0 \\ \frac{\partial\sigma}{\partial y} - 2k\left(\sin2\theta\frac{\partial\theta}{\partial x} - \cos2\theta\frac{\partial\theta}{\partial y}\right) &= 0\end{aligned}\right\} \tag{6-16}$$

这是一组双曲线方程，取活动坐标系 $OS_\alpha S_\beta$，以 S_α 表示沿 α 线的切线方向，S_β 表示沿 β 线的切线方向，将平衡方程在坐标系 $OS_\alpha S_\beta$ 中列出（此时 $\theta=0$），则式（6-16）可改写为

$$\left.\begin{aligned}\frac{\partial}{\partial S_\alpha}(\sigma - 2k\theta) &= 0 \\ \frac{\partial}{\partial S_\beta}(\sigma + 2k\theta) &= 0\end{aligned}\right\} \tag{6-17}$$

注意到 $\dfrac{\partial\theta}{\partial S_\alpha}$ 和 $\dfrac{\partial\theta}{\partial S_\beta}$ 分别表示 θ 沿 α 方向和 β 方向的变化，因此对 θ 按哪个轴起算都一样，于是回到 Oxy 坐标系，仍将 θ 规定为从 x 轴起算，积分式（6-17）得

$$\left.\begin{aligned}\text{沿} \ \alpha \ \text{线：} \ \sigma - 2k\theta &= C_\alpha \\ \text{沿} \ \beta \ \text{线：} \ \sigma + 2k\theta &= C_\beta\end{aligned}\right\} \tag{6-18}$$

式中，参数 C_α、C_β 分别沿同一条滑移线是常数，但沿不同滑移线，一般来说是不同的数值。

式（6-18）称为 Hencky 方程，表示沿滑移线上 $\sigma(x, y)$、$\theta(x, y)$ 的变化关系。若知道滑移线的形状，则 θ 为已知。从上式可以求出滑移线上 σ 的变化。这样从某点的 σ、θ 值开始，顺着滑移线就可求得整个区域的 σ 分布。

6.2.3 沿滑移线上的速度方程

对速度方程式（6-12）和式（6-13），注意到 $\dfrac{\sigma_x-\sigma_y}{2\tau_{xy}}=-\tan2\theta$，则有

$$\left.\begin{aligned}\frac{\partial v_y}{\partial y}-\frac{\partial v_x}{\partial x}-\tan2\theta\Big(\frac{\partial v_x}{\partial y}+\frac{\partial v_y}{\partial x}\Big)=0\\[2mm]\frac{\partial v_x}{\partial x}+\frac{\partial v_y}{\partial y}=0\end{aligned}\right\}\qquad(6\text{-}19)$$

取 x、y 坐标局部地和滑移线一致，即在式（6-19）中令 $\theta=0$，可得

$$\frac{\partial v_x}{\partial x}=0,\quad\frac{\partial v_y}{\partial y}=0\qquad(6\text{-}20)$$

它们的意义是沿滑移线的正应变率等于零，即滑移线具有刚性性质，塑性区的变形只有沿滑移线方向的剪切流动。

将 v_x 和 v_y 沿 α 和 β 方向分解，得速度的坐标变换关系（图 6-4）：

$$\left.\begin{aligned}v_x=v_\alpha\cos\theta-v_\beta\sin\theta\\v_y=v_\alpha\sin\theta+v_\beta\cos\theta\end{aligned}\right\}\qquad(6\text{-}21)$$

代入式（6-20）并令 $\theta=0$，得沿滑移线的关系：

$$\frac{\partial}{\partial x}\ (v_\alpha\cos\theta-v_\beta\sin\theta)\Big|_{\theta=0}=0$$

$$\frac{\partial}{\partial y}\ (v_\alpha\sin\theta+v_\beta\cos\theta)\Big|_{\theta=0}=0$$

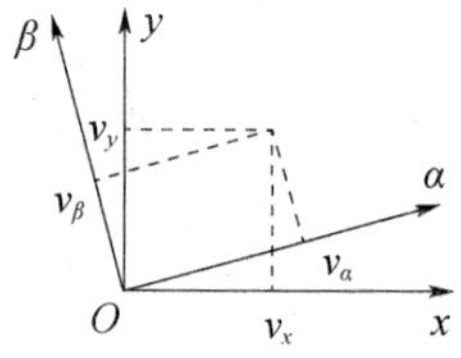

即

$$\frac{\partial v_\alpha}{\partial x}-v_\beta\frac{\partial\theta}{\partial x}=0\quad\frac{\partial v_\beta}{\partial y}+v_\alpha\frac{\partial\theta}{\partial y}=0$$

图 6-4

它们的意义是沿滑移线 $\mathrm{d}v_\alpha-v_\beta\mathrm{d}\theta$ 及 $\mathrm{d}v_\beta+v_\alpha\mathrm{d}\theta$ 等于零。这样的关系对于统一的坐标系也成立，故有以下速度关系：

$$\left.\begin{aligned}\text{沿 }\alpha\text{ 线：}\mathrm{d}v_\alpha-v_\beta\mathrm{d}\theta=0\\\text{沿 }\beta\text{ 线：}\mathrm{d}v_\beta+v_\alpha\mathrm{d}\theta=0\end{aligned}\right\}\qquad(6\text{-}22)$$

式（6-22）称为 Geiringer 方程。

6.3 滑移线的性质

根据上节的公式和结论，可以推导出滑移线的一些重要性质，这些性质在解刚塑性平面应变问题时很有用，它们主要是 H. Hencky 发现的，下面将其中比较重要的几种性质简单叙述一下。

（1）**沿着滑移线的平均应力 σ 的变化，与滑移线和 x 轴的夹角 θ 的变化成正比。**根据式（6-18），这一结论是显然的。

（2）**如果滑移线的某些线段是直线，则沿着那些直线的 σ、θ、C_α、C_β 以及应力分量** σ_x、σ_y、τ_{xy} 都是常数。

设 α 线的线段是直线，则沿该线的 $\theta=$ 常数，$C_\alpha=$ 常数，$\sigma=2k\theta+C_\alpha=$ 常数。

因此，$\sigma_x = \sigma - k\sin2\theta =$ 常数，$\sigma_y = \sigma + k\sin2\theta =$ 常数，$\tau_{xy} = k\cos2\theta =$ 常数。沿 α 线 C_β 也同样是常数（因 $\sigma + 2k\theta = C_\beta$），即 $C_{\beta_1} = C_{\beta_2} = \cdots =$ 常数。

同理可以推出，**如果在某些区域中两族滑移线均是直线，则在这种区域中的应力是均匀分布的，并且参数 C_α、C_β 是常数。**

（3）**在任何两条同族滑移线间，σ 和 θ 沿另族滑移线的变化都是常值。这条性质称为 Hencky 第一定理。**

取 α 族中两条任意的滑移线 α_1、α_2 和 β 族中两条滑移线 β_1、β_2 组成滑移线场单元网格，如图 6-5 所示。交点分别为 A、B、D、C。设沿 α_1 线 $C_\alpha = C_{\alpha_1}$，沿 α_2 线 $C_\alpha = C_{\alpha_2}$；沿 β_1 线 $C_\beta = C_{\beta_1}$，沿 β_2 线 $C_\beta = C_{\beta_2}$。

由式（6-18）可得

$$\sigma = \frac{1}{2}(C_\alpha + C_\beta)$$

$$\theta = \frac{1}{4k}(C_\beta - C_\alpha)$$

故

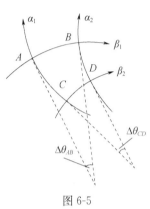

图 6-5

$$\theta_A = \frac{1}{4k}(C_{\beta_1} - C_{\alpha_1}) \qquad \theta_B = \frac{1}{4k}(C_{\beta_1} - C_{\alpha_2})$$

$$\theta_C = \frac{1}{4k}(C_{\beta_2} - C_{\alpha_1}) \qquad \theta_D = \frac{1}{4k}(C_{\beta_2} - C_{\alpha_2})$$

$$\Delta\theta_{AB} = \theta_B - \theta_A = \frac{1}{4k}(C_{\alpha_1} - C_{\alpha_2})$$

$$\Delta\theta_{CD} = \theta_D - \theta_C = \frac{1}{4k}(C_{\alpha_1} - C_{\alpha_2})$$

由此得

$$\Delta\theta_{AB} = \Delta\theta_{CD} \tag{6-23}$$

同理可得

$$\Delta\sigma_{AB} = \Delta\sigma_{CD} \tag{6-24}$$

（4）**如果一族滑移线的某一根有一段是直线，则被另一族滑移线所切截的所有该族滑移线的相应线段皆是直线，并且它们的长度相等。**这个结论可由 Hencky 第一定理推出。

设 AB 为直线段（图 6-6），则 $\Delta\theta_{AB} = 0$，根据 Hencky 第一定理：

$$\Delta\theta_{A'B'} = \Delta\theta_{AB} = 0$$

即

$$\theta_{A'} = \theta_{B'}$$

说明 $A'B'$ 也是直线段，由此即可证明被 AA' 和 BB' 线所切截的所有 β 线皆是直线。

在这种区域内沿着每一个直线线段的应力 σ_x、σ_y、τ_{xy} 保持常数。但是当由 β 的一个直线段转到另一个直线段时则有所变化，我们称这一类应力状态为**简单应力**

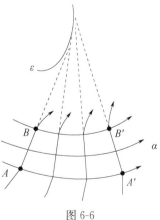

图 6-6

状态。

（5）**若沿着某一滑移线移动，则这时在交叉点处的另外一族滑移线的曲率半径的变化即为沿该线所通过的距离**（图 6-7）。滑移线的这个性质亦称 Hencky 第二定理。

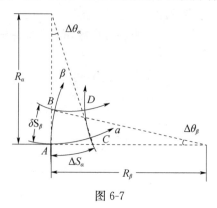

图 6-7

设 α 线和 β 线的曲率半径分别为 R_α 和 R_β，则

$$\frac{1}{R_\alpha}=\frac{\partial\theta}{\partial S_\alpha}, \quad \frac{1}{R_\beta}=-\frac{\partial\theta}{\partial S_\beta} \tag{6-25}$$

规定当 α 线（或 β 线）的曲率中心位于 β 线（α 线）增加方向的一侧时，R_α（或 R_β）取为正值，即为它们的正方向，如图 6-7 所示。由于沿着 α 线增加方向，θ 角增加；而沿着 β 线增加方向，θ 角减小。因此，式（6-25）中的两式出现不同的正、负号。

现取定 β 族中两条十分邻近的滑移线 AB 与 CD，它们与 α 线相交的弧元为 ΔS_α。由图中的几何关系，可将该弧元两端点 θ 值之差近似写为

$$\Delta\theta_\alpha=\frac{\Delta\theta_\alpha}{\delta S_\beta}\delta S_\beta\approx\frac{\widehat{AC}-\widehat{BD}}{\widehat{AB}}=-\frac{\partial(\Delta S_\alpha)}{\partial S_\beta}$$

式中，δS_β 表示沿 β 线的弧微分。

将式（6-25）可知的 $\Delta S_\alpha=R_\alpha\Delta\theta_\alpha$，代入上式中并利用 Hencky 第一定理得

$$\frac{\partial(\Delta\theta_\alpha)}{\partial S_\beta}=0$$

有

$$\Delta\theta_\alpha=-\frac{\partial(\Delta S_\alpha)}{\partial S_\beta}=-\Delta\theta_\alpha\left(\frac{\partial R_\alpha}{\partial S_\beta}\right)$$

于是得

$$\frac{\partial R_\alpha}{\partial S_\beta}=-1, \quad \frac{\partial R_\beta}{\partial S_\alpha}=-1 \tag{6-26}$$

其中第二式是用类似方法得出的。这样就证明了 Hencky 第二定理。

利用 Hencky 第二定理可以导出下列几何关系：设图 6-6 的曲线 ε 是刚硬不变形的，将一不会伸缩的细线，一端固定在 ε 的某点上，使其另一端刚好在 AA' 滑移线段的 A 点上，而距 A 端为 AB 的另一点则刚好在 B 点上。于是，当此细线拉紧并使 A 端移动时，A 端所滑的轨迹，就是 AA' 滑移线，而原来在 B 点处的另一点所滑轨迹则为 BB' 滑移线。由此可见，位于两根同族滑移线间的直线滑移线段，其长度相等。这一几何性质对

绘制滑移线网有帮助。

从 Hencky 第二定理还可以推知，如果我们沿着
一条滑移线移动，那么另一族滑移线在交点处的曲率
半径将按所移动的距离而改变。当我们朝向滑移线凹
的那一边移动时，曲率半径将缩短，并且所有同族滑
移线都凹向同一方向。因此，如果塑性状态扩张得足
够远，曲率半径最后必须变为零（图 6-8）。

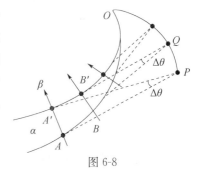

图 6-8

6.4 塑性区的边界条件

在基本方程变换为 σ、θ、v_α、v_β 的方程后，也需要将边界条件做相应的变换，其边
界条件也包括不同区域的交界线。下面分几种情形来讨论。

6.4.1 用 σ、θ 表示的应力边界条件

设已给定应力边界 S_T 上的每一点应力 σ_n、τ_{nt}。这里 n 是边界的外法线方向，它与
x 轴的夹角用 φ 表示（从 x 轴逆时针方向转 φ 角到达 n），则从 n 轴逆时针方向转 $\theta-\varphi$
角到达 α 线，如图 6-9 所示。

根据式（6-15），如果将 x 轴取在 n 轴方向上，对
应的将有

$$\sigma_n = \sigma - k\sin 2(\theta-\varphi)$$
$$\sigma_t = \sigma + k\sin 2(\theta-\varphi)$$
$$\tau_{nt} = k\cos 2(\theta-\varphi)$$

在边界上只给定 σ_n、τ_{nt} 及 φ 值（σ_t 是无法给的）。
由上式可解得

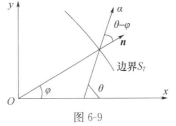

图 6-9

$$\left.\begin{aligned}
\theta &= \varphi \pm \frac{1}{2}\arccos\frac{\tau_{nt}}{k} + m\pi \\
\sigma_t &= \sigma_n \pm 2\sqrt{k^2-\tau_{nt}^2} \\
\sigma &= \sigma_n \pm \sqrt{k^2-\tau_{nt}^2}
\end{aligned}\right\} \tag{6-27}$$

在上面的公式中，arccos 取主值，m 取 0 或 1，m 的取值并不会影响滑移线场的 α
线和 β 线的确定，只是改变 α 线和 β 线的方向。但是公式中的 $+$、$-$ 符号选取，应视具
体问题的力学概念来分析确定。例如，可以根据边界上最大主应力 σ_1 的方向来确定 α 线
的方向，以确定 θ 角。

6.4.2 两个塑性区的交界线

设以 Γ 表示两个塑性区的交界线，以 n 和 t 表示交界处的法线和切线方向
（图 6-10）。如果 Γ 不是滑移线，由平衡条件求得的 σ_n 和 τ_{nt} 是连续的，但是式（6-27）
允许 σ_t、σ 和 θ 在 Γ 两边取不同的值，其间断值为

$$[\sigma_t] = |\sigma_t^+ - \sigma_t^-| = 4\sqrt{k^2-\tau_{nt}^2} \tag{6-28}$$

$$[\sigma] = |\sigma^+ - \sigma^-| = 2\sqrt{k^2 - \tau_{nt}^2} = 2k\,|\sin2(\theta-\varphi)| \qquad (6\text{-}29)$$

取 $m = 0$，Γ 两边的 θ 值分别为

$$\left.\begin{aligned}
\theta^+ &= \varphi + \frac{1}{2}\arccos\frac{\tau_{nt}}{k}\\[2mm]
\theta^- &= \varphi - \frac{1}{2}\arccos\frac{\tau_{nt}}{k}
\end{aligned}\right\} \qquad (6\text{-}30)$$

由此得

$$\theta^+ - \varphi = -(\theta^- - \varphi)$$

上式表示 Γ 线与两边的 α 线夹角相等，如图 6-10（b）所示。

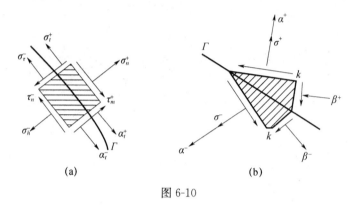

(a)   (b)

图 6-10

在交界线两侧，根据连续性的要求，法向速度 v_n 一定要连续，而切向速度 v_t 允许有间断，若把 Γ 线看成宽度极小的区域，v_t 间断意味着 $\dfrac{\partial v_t}{\partial n}$ 很大，则在应变增量 $\mathrm{d}\varepsilon_{ij}$ 中，分量 $\mathrm{d}\varepsilon_{nt}$ 比其余应变分量大很多。按 Levy-Mises 法则，$\mathrm{d}\varepsilon_{nj} = \mathrm{d}\lambda S_{ij}$，应力偏量分量 $S_{nt} = \tau_{nt}$ 将比其余分量大得多，再代入屈服条件，得 $\tau_{nt} = \pm k$。这样，Γ 线必须是滑移线，这与前面所设 Γ 线不是滑移线相矛盾，因此 v_t 也必须连续，不允许间断。

6.4.3 刚塑性交界线

根据平衡条件要求，σ_n 和 τ_{nt} 是连续的，但允许 σ_t 有间断。

对于速度，如果不计整体的刚体位移，可以认为在刚性区域内的速度 $v_\alpha = v_\beta = 0$，在塑性区域内，v_α、v_β 不能全为零（否则也成为刚性区），然而它们在交界线上 $v_n = 0$，因此 v_t 要发生间断，使塑性区相对于刚性区做相对滑动。根据前面的讨论，这条交界线必须是一根滑移线或滑移线的包络线。

6.5 简单的滑移线场

用滑移线法求解塑性平面应变问题的前提是首先要针对具体问题建立满足应力与速度边界条件的滑移线场。

在实际解题时，在整个塑性变形区所建立的滑移线场很少属于同一类型。常常是根据对前人资料的积累，或由试验结果按金属流动情况、边界条件、应力状态逐一分区考

虑。然后由几种类型的场拼联起来构成综合的滑移线场。这在很大程度上依赖于经验、直观、推理和判断。若能在前人资料的基础上，熟知某些典型的边界条件和应力状态下的滑移线场，将有助于建立类似问题的滑移线场。下面介绍一些常见的滑移线场。

6.5.1　均匀应力的滑移场

在一条直的边界上，$\sigma_n = \text{const}$，$\tau_n = 0$，则由这条边出发的滑移场是两族与边界成 $45°$ 的直滑移线。滑移线区域是一等腰三角形，在这区域内 σ、θ 都是常数，参数 C_α、C_β 也是常数。我们把这样的滑移场称为**均匀场**。如图 6-11 所示。

6.5.2　简单应力滑移场

紧接着均匀应力区的塑性区，其中有一族滑移线一定是直线，由滑移线的性质 (4)，若一族滑移线中有一根是直线，则同族其他各线段都是直线。这种滑移场称为**简单应力场**，如图 6-12 所示。其中，图 6-12（b）所示情形是在简单应力区中经常遇到的一种称为**中心场**的滑移场。此时另一族滑移线是同心圆弧，圆心是应力奇点。

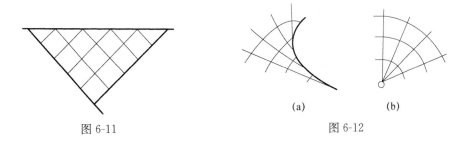

图 6-11　　　　　　　　　　　　(a)　　　　　　(b)

图 6-12

6.5.3　轴对称应力滑移场

考虑一个边界是圆，而且在圆周上没有剪应力的轴对称问题，则两族滑移线都是对数螺旋线，如图 6-13 所示。

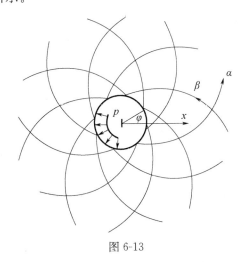

图 6-13

由于问题是轴对称的，在极坐标 (r, φ) 中，$\tau_{r\varphi}=0$。所以在每一点滑移线都与径向线交成 $45°$，以 $r=f(\varphi)$ 表示滑移线的轨迹，则有

$$\frac{\mathrm{d}r}{r\mathrm{d}\varphi}=\pm\tan\frac{\pi}{4}=\pm1$$

积分得

$$\varphi=\pm\ln r+C_1 \tag{a}$$

该式是两族正交对数螺线方程。

【例6-1】 无限长厚壁圆筒内表面沿全长受均匀径向内压 p 作用，计算使筒全部进入塑性状态时 p 值的大小。设圆筒外径 $D=2b$，内径 $d=2a$，材料屈服应力为 σ_s。

解 由于圆筒轴向"无限长"，因而塑性区的轴向相对变形量很小，按惯例认为是塑性平面应变问题，即质点的塑性流动只在各相互平行的平面（横截面）内发生，且各平面的变形情况完全相同。

根据上面的分析，筒全部进入塑性状态时塑性区的滑移场为对数螺线形，如图6-14所示。现在须判断哪一族是 a 线。

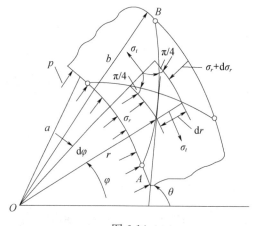

图 6-14

根据边界上 A 点的应力状态，$\sigma_1=\sigma_\varphi$，从 σ_1 方向顺时针转过 $45°$ 就是 α 方向，因此 AB 线为 α 线。沿着 α 线，自 A 向 B，φ 增大，r 也增大，则式（a）取正号。从图中还可以看出，θ 与 φ 之间的关系，即 $\theta=\varphi+\dfrac{\pi}{4}$。

由边界条件，并考虑屈服条件，则在内表面上如 A 点，取 $r=a$，$\sigma_r=-p$，$\theta_A=\ln a+C_1+\dfrac{\pi}{4}\ln a+C$；屈服准则 $\sigma_1-\sigma_3=\sigma_\varphi-\sigma_r=2k$，所以 $\sigma_\varphi=2k-p$。

内表面各点的平均正应力 $\sigma_A=\dfrac{1}{2}(\sigma_1+\sigma_3)=\dfrac{1}{2}(\sigma_\varphi+\sigma_r)=k-p$。

在外表面上如 B 点，即 $r=b$，$\sigma_r=0$，$\theta_B=\ln b+C$；屈服准则 $\sigma_1-\sigma_3=\sigma_\varphi-\sigma_r=2k$，所以 $\sigma_\varphi=2k$。

外表面各点的平均应力 $\sigma_B=\dfrac{1}{2}(\sigma_1+\sigma_3)=\dfrac{1}{2}(\sigma_\varphi+\sigma_r)=k$。

由式（6-18），沿 α 线 AB 有 $\sigma_A-2k\theta_A=\sigma_B+2k\theta_B$，将上述求得的 σ_A、σ_B、θ_A、θ_B 值

代入，得

$$k-p-2k\ln a = k-2k\ln b$$

所以

$$p = 2k\ln\frac{b}{a}$$

如按 Mises 条件，取 $k=\dfrac{\sigma_s}{\sqrt{3}}$，此解答与 5.6 中的解答相同。

6.6　基本边值问题及滑移线场的数值求解

在滑移线场中，存在以下三类边值问题：第一类问题是根据给定的滑移线来求其附近的滑移线场，称为**初始特征问题**，或称为 **Rieman 问题**。第二类问题为在边界 C—C 上给出 σ 和 θ 的值，而边界 C—C 与滑移线不重合，这类问题称为**初始值问题**或称为 **Cauchy 问题**。第三类问题为**混合问题**。可以用不同的方法求解上述边值问题，在某些情况下，还可能得到有限形式的解，但是一般地说，解弹塑性问题，往往要用数值解法，如有限差分法、有限单元法等。用有限差分法解决应力和位移速度问题是比较方便和有效的方法。

6.6.1　应力场的第一边值问题（Rieman 问题）

设在两根不同族滑移线线段 OA 和 OB 上给出了函数 σ 和 θ 的值（图 6-15），则在 OABC 曲线四边形区域内，包括从 A 点和 B 点作出的滑移线段 AC 和 BC 及在内的解是完全确定的。

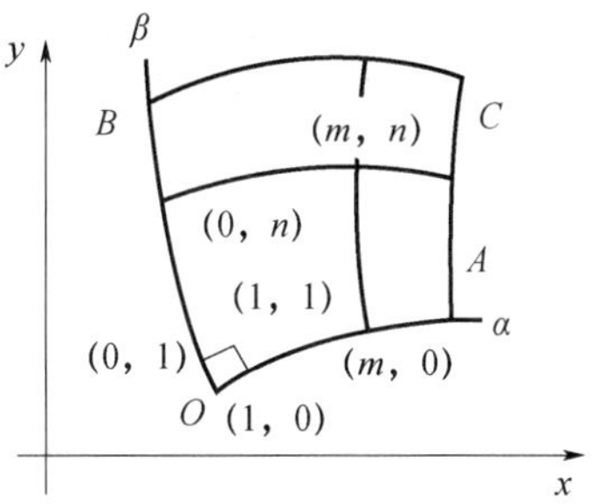

将 OA 和 OB 分为若干段，OA 线上的点为（0，0），（1，0），（2，0），…，（m，0），…，在 OB 线上的点为（0，0），（0，1）、（0，2），…，（0，n），…，在这些点上的 σ 皆为已知。用点（m，n）表示分别通过点（m，0），（0，n）的两条滑移线的交点。由 Hencky 第 定理，可得到如下的递推关系.

图 6-15

$$\left.\begin{array}{l}\theta_{m,n}=\theta_{m,n-1}+\theta_{m-1,n}-\theta_{m-1,n-1}\\ \sigma_{m,n}=\sigma_{m,n-1}+\sigma_{m-1,n}-\sigma_{m-1,n-1}\end{array}\right\} \quad (6\text{-}31)$$

滑移线网的坐标，可以用沿 α 线 $\dfrac{dy}{dx}=\tan\theta$，沿 β 线 $\dfrac{dy}{dx}=-\cot\theta$ 的差分形式给出：

$$\left.\begin{array}{l}y_{m,n}-y_{m-1,n}=(x_{m,n}-x_{m-1,n})\tan\left[\frac{1}{2}(\theta_{m,n}+\theta_{m-1,n})\right]\\ y_{m,n}-y_{m,n-1}=-(x_{m,n}-x_{m,n-1})\cot\left[\frac{1}{2}(\theta_{m,n}+\theta_{m,n-1})\right]\end{array}\right\} \quad (6\text{-}32)$$

由于 $\theta_{m,n}$ 的值可由式（6-31）给出，故（$x_{m,n}$，$y_{m,n}$）可利用以上递推关系逐次求得。因此，当边界 OA 上和 OB 上的 θ 和 σ 值已知时，就可从边界开始逐次求出区域内任意点（m，n）的坐标值（$x_{m,n}$，$y_{m,n}$）以及相应的 $\sigma_{m,n}$ 和 $\theta_{m,n}$ 值。

如果滑移线 OB 的曲率很大，在极限情形下还可能退化为一点 O。这时，在某一张角内，一切 α 线都通过 O 点。这样的问题称为退化的 Rieman 问题，如图 6-16 所示。

将角 AOC 与 OA 分成相同的等分，于是，每一根 α 线在 O 点的 θ 值是已知，亦即蜕化为一点的 β 线段上的 θ 值（$\theta_{0,n}$）为已知，而在 OA 上的 θ 值（$\theta_{m,0}$）也是已知的，于是，仍然可以利用上述递推关系来得到一个滑移线网。利用式（6-31）中的第一式，可以计算任何节点（m, n）上的 θ 值（$\theta_{m,n}$）。全部节点处的 θ 值已知之后，则由式（6-18）可计算任何节点上的 σ 值（$\sigma_{m,n}$），即沿 β 线

$$\sigma_{m,0}+2k\theta_{m,0}=\sigma_{m,1}+2k\theta_{m,1}=\cdots=\sigma_{m,n}+2k\theta_{m,n}=\text{const}$$

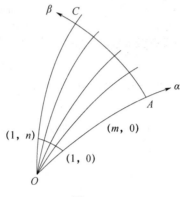

图 6-16

6.6.2 应力场的第二边值问题（Cauchy 问题）

设在某一不与任何滑移线重合，也不与任何滑移线相交两次的光滑线段 AB 上，给定了函数 σ 和 θ 的值，则在过 A 点和 B 点的 α 和 β 滑移线与 AB 所围的三角形区域 ABP（包括滑移线 AP 和 BP 本身）内的解存在而且唯一，如图 6-17 所示。

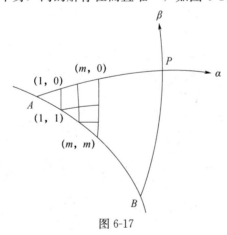

图 6-17

先将曲线 AB 用分点 $(0, 0)$, $(1, 1)$, $(2, 2)$, $\cdots$, (n, n), $\cdots$, (m, m), $\cdots$。分成若干小段。过每一分点都可作两条滑移线，由此得到一个滑移线网。节点 (m, n) 处的 σ 和 θ 值可按如下方法计算：

利用式（6-18）

$$\sigma_{m,n}-2k\theta_{m,n}=\sigma_{n,n}-2k\theta_{n,n}$$
$$\sigma_{m,n}+2k\theta_{m,n}=\sigma_{m,m}+2k\theta_{m,m}$$

得如下的递推关系：

$$\left.\begin{aligned}\sigma_{m,n}&=\frac{1}{2}\ (\sigma_{m,m}+\sigma_{n,n})\ +k\ (\theta_{m,m}-\theta_{n,n})\\ \theta_{m,n}&=\frac{1}{4k}\ (\sigma_{m,m}-\sigma_{n,n})\ +\frac{1}{2}\ (\theta_{m,m}+\theta_{n,n})\end{aligned}\right\}$$

(6-33)

滑移线网上各节点的坐标值 (x, y) 值由式（6-32）计算，但必须从边界 AB 邻近的节点开始，逐层向内推移。

6.6.3 应力场的第三边值问题（混合问题）

设在某一滑移线线段 OA 上给定了函数 σ 和 θ 的值，而在另一条非滑移线线段 OB 上给定了 θ 的值，则过 A 点的另一族滑移线 AB 与 OA 和 OB 所构成的三角形区域 OAB 内的解可以确定。

这里可能会有三种情形，现分别加以讨论。

（1）在 OB 边的 O 点上所给定的 θ 值正好等于 OA 滑移线在 O 点的 θ 值 [图 6-18（a）]。

（2）由 OB 边上 O 点的 θ 值所确定的相应 α 线方向，位于由 OA 和 OB 在 O 点所形成的交角内 [图 6-18（b）]。图中 OA' 为过 OB 边上 O 点的 α 线。

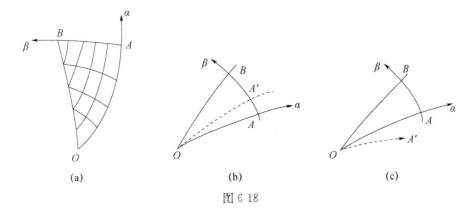

图 6-18

这时，在 OAA' 区域内，属于退化的 Rieman 问题，从 OA 边上的函数 σ 和 θ 的值及张角 AOA'，可以完全确定 OAA' 区域内（包括 OA' 上）的函数 σ 和 θ 的值。于是，在 $OA'B$ 区域内，又得到图 6-18（a）所示的混合问题。

（3）由 OB 边上 O 点的 θ 值所确定的相应 α 线方向，位于由 OA 和 OB 在 O 点所形成的交角以外 [图 6-18（c）]。这种情形较为复杂，会出现应力间断线，我们将在下一节的算例中对此进行分析。

综合以上的分析，只要研究第一种情形，即图 6-19 的情况便够了。在 OA 之上的 σ 和 θ 值为已知，困难在于确定 OC 上节点 $(1, 1)$，$(2, 2)$，…，(m, m)，…，等的位置。为此，只有采用逐次渐近的

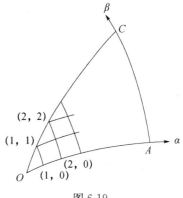

图 6-19

办法。

具体做法：先由（1，0）出发，沿 α 的法线方向引一直线交于 OC 线的 P' 点，在 OC 线上，找出 P' 点的 θ 值，按照（1，0）点及 P' 点算出 θ 角的平均值，并按此值重新由（1，0）点引一 α 线的垂直线交 OC 线于 P'' 点，如此反复几次，直到 P 点的逐次位置之间的差数满足所要求的精度为止，这样便确定了（1，1）点。此时，（2，1）、（3，1）各点可按初始特征情况（Rieman 问题）算出，而（2，2）点的位置，则应按确定（1，1）逐次逼近的方法确定。

6.6.4　速度场的边值问题

在"静定问题"的场合，滑移线及应力状态是独立于应变状态的，因此，速度场总是在滑移线场已确定之后再计算的。

如果，在两个不同族滑移线段 OA 和 OB 上（图 6-15），分别给出了法向速度［在 α 线上给出 v_β，在 β 线上给出 v_α，这样一来，就可利用式（6-22）计算相应的 v_α 和 v_β 值］；或者在这两线段上给出满足式（6-22）的 v_α 及 v_β，则属于在滑移线上已知初值的问题（Rieman 问题）。

如果在某一与滑移线不重合且与每一滑移线不相交两次的线段（边界）AB 上（图 6-17）给出了速度（即已知 v_α 及 v_β），则属于 Cauchy 问题。

假使在 OA（图 6-19）上已知 v_β［或满足式（6-22）的 v_α 及 v_β］，而在 OC 上已知 v_α 和 v_β 之间的某一关系，如 $av_\alpha + v_\beta = b$，则属于混合问题。

这里不再详述速度场的数值解法，读者可参看有关书籍。

6.7　理想刚塑性平面应变问题的完全解

我们这里只讨论塑性极限荷载下的应力和速度分布，由于刚性区的应力不能具体求出，只能保证其应力不违反屈服条件，这样求得的解称完全解，它满足下列条件：

（1）应力场必须满足平衡条件和应力边界条件，而且在塑性区域，应力还应满足屈服条件；在刚性区域，应力点不在屈服曲面之外。

（2）速度场必须满足速度边界条件及不可压缩条件，而且在塑性流动区域内，应变速率不为零，在刚性区域内，应变速率为零。

（3）应力场和速度场必须协调，即满足式（6-13）。

（4）在刚性区和塑性区的交界上，应力场和速度场应该满足必要的连续条件。

需要说明的是，即使对完全解，除物体的所有区域都发生塑性变形的情况外，刚性区的应力分布一般是不确定的，因此不能证明应力场和速度场的唯一性，从而完全解不一定是唯一的。但是，如果是完全解，就可以唯一地确定使物体开始塑性流动时的塑性极限荷载。

6.8　楔的单边受压

如图 6-20 所示，楔的张角是 2γ，在 OD 边的一段上作用垂直向下的均布荷载 p，

当 p 多大时，进入塑性极限状态。这个问题在研究边坡的稳定性问题时具有一定的意义，解题步骤如下：

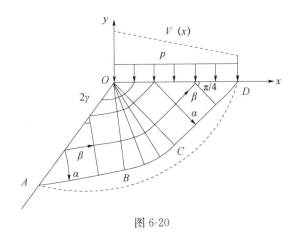

图 6-20

（1）作滑移线网，定出 α、β 线。

由 OA 边作出 OAB 场是均匀应力场（第二边值问题），剩下的 OBD 区域将是第三边值问题的第二种情况，即 OB 线上的 σ、θ 为已知，在非滑移线 OD 边上 θ 为已知。由于在点 O 两者 θ 值不一样，故 OBC 区域是退化的黎曼问题。因为与均匀应力场 OAB 紧邻着的是简单应力场，故 OBC 区域是中心场。在 OCD 区域，由于 OC 是直线，与 OC 同族的滑移线是直线，并与 OD 交成 $45°$，因此必然都是平行线。这样另一族必然也是直线，故 OCD 区域也是均匀应力场。因此，OD 边上的法向荷载 p（x）也必然是均匀分布的。

至于哪一族是 α 线则要由边界上最大主应力 σ_1 的方向来确定。在 OA 边上 $\sigma_n=0$，估计 OAB 区域应是受压的，即 OA 上 $\sigma_t<0$，这样 σ_n 就是 σ_1 方向。OB 线应是 α 线，而 AB 线是 β 线，如图 6-20 所示。如果 α、β 线搞反了，则求出的 p 值不同。

（2）确定塑性极限荷载 p_s。

在 OA 边上 $\sigma_n=\sigma_1=0$，由 $\sigma_1-\sigma_3=\sigma_n-\sigma_t=2k$，得 $\sigma_t=-2k$，所以

$$\sigma_A=\sigma_B=\frac{1}{2}(\sigma_1+\sigma_3)=\frac{1}{2}(\sigma_n+\sigma_t)=-k$$

在 OD 边上 $\sigma_n=\sigma_3=-p_s$，由 $\sigma_1-\sigma_3=\sigma_t-\sigma_n=2k$，得 $\sigma_t=-p_s+2k$，所以

$$\sigma_D=\sigma_C=\frac{1}{2}(\sigma_1+\sigma_3)=\frac{1}{2}(\sigma_n+\sigma_t)=-p_s+k$$

沿 BC 线（β 线），$\sigma_B+2k\theta_B=\sigma_C+2k\theta_C$，即

$$\sigma_B-\sigma_C=-2k(\theta_B-\theta_C)=2k\left(2\gamma-\frac{\pi}{2}\right)$$

将 σ_B、σ_C 代入上式，解得

$$p_s=2k\left(1+2\gamma-\frac{\pi}{2}\right) \tag{6-34}$$

（3）求速度分布。

在 OD 边，$v_y=-V(\overline{x})$（$\overline{x}$ 表示在 OD 上的 x 值）。注意到

$$v_y = v_\alpha \sin\theta + v_\beta \cos\theta = -\frac{\sqrt{2}}{2} v_\alpha + \frac{\sqrt{2}}{2} v_\beta$$

故在 OD 边有

$$-v_\alpha + v_\beta = -\sqrt{2} V \ (\overline{x})$$

在 $ABCD$ 线上，法向速度要和刚性区连续，故沿 $ABCD$（β 线）$v_\alpha = 0$。因此，求区域 $OABCD$ 内的速度分布是一个解速度场的第三边值问题。具体求法如下：

沿 α 线有 $dv_\alpha - v_\beta d\theta = 0$，因 α 线都是直线，$d\theta = 0$，得 $dv_\alpha = 0$，$v_\alpha = \text{const}$。但在 $ABCD$ 边上 $v_\alpha = 0$，故得到整个塑性区 $v_\alpha = 0$。

沿 β 线有 $dv_\beta = -v_\alpha d\theta = 0$，得 $v_\beta = \text{const}$。OD 边条件变成 $v_\beta = -\sqrt{2} V \ (\overline{x})$（因 $v_\alpha = 0$），故沿 β 线有

$$v_\beta = -\sqrt{2} V \ (\overline{x}) \tag{6-35}$$

（4）校核应变率与应力成正比的条件。

这个条件主要要求剪应变率与剪应力一致，即

$$\dot{\lambda} = \frac{\dfrac{\partial v_\alpha}{\partial S_\beta} + \dfrac{\partial v_\beta}{\partial S_\alpha}}{2k} \geqslant 0$$

由于 $v_\alpha = 0$，上式变为 $\dfrac{\partial v_\beta}{\partial S_\alpha} \geqslant 0$。因为 $dS_\alpha = \dfrac{\sqrt{2}}{2} d\overline{x}$，则 $\dfrac{\partial v_\beta}{\partial S_\alpha} = \dfrac{2}{\sqrt{2}} \cdot \dfrac{\partial v_\beta}{\partial \overline{x}}$，再结合式（6-35）得

$$\frac{\partial v_\beta}{\partial S_\alpha} = -2 \frac{dV(\overline{x})}{d\overline{x}}$$

即

$$\frac{dV(\overline{x})}{d\overline{x}} \leqslant 0 \tag{6-36}$$

这一点从图 6-20 上可以得到解释。式（6-36）表示左边的质点比右边的下滑得快，这样滑动产生的剪应力与我们求出的应力场中的剪应力是一致的，否则滑动趋势与剪应力符号相矛盾。

（5）校核刚性区的条件。

在刚性区 $v_\alpha = v_\beta = 0$ 的条件是满足的，但刚性区的应力是否不超过屈服条件，一般不好验证。Shield 对 $2\gamma \geqslant \dfrac{3}{4}\pi$ 情形，在刚性区找到了不违反屈服条件的应力分布。因此，在这种情况求出的解是完全解。对 $2\gamma < \dfrac{3}{4}\pi$ 情形，式（6-34）只能算是 p_s 的一个上限。

（6）$2\gamma < \dfrac{\pi}{2}$ 情形的讨论。

如图 6-21 所示，由 OA 及 OD 作出的两个均匀应力场发生了重叠。对每一边来说，应力场成为图 6-18（c）的那种情形，因而要出现应力间断解。为了使图形对称起见，我们采用图 6-21 的图形。这时应力间断线 OO' 与两边 α 线的夹角相等。以 θ^+ 表示右边 α 线的 θ 角，以 θ^- 表示左边 α 线的 θ 角。由式（6-29）与式（6-30）得

$$\theta^+ = \frac{\pi}{4} + \gamma \qquad \varphi = 0$$

$$[\sigma] = 2k\sin2(\theta^+ - \varphi) = 2k\sin\left(2\gamma + \frac{\pi}{2}\right) = 2k\cos2\gamma$$

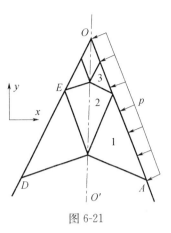

图 6-21

在右边（OAO' 内），$\sigma^+ = -p + k$，在左边（ODO' 内），$\sigma^- = -k$，则有

$$[\sigma] = \sigma^+ - \sigma^- = -p + 2k = 2k\cos2\gamma$$

由此求得

$$p_s = 2k\ (1 - \cos2\gamma) \tag{6-37}$$

关于速度场，因为在 OA 边上给出了法线方向分速度，在 OO' 上，已知 $v_y = 0$，在 $O'A$ 上，法向分速度为零，所以 $OO'A$ 区域是速度的混合边值问题，于是按图 6-21 中数字所示顺序就可算出右半楔体的速度场。因而 OO' 上的速度便完全给定了。然后在 $OO'E$ 内解 Cauchy 问题，在 $O'DE$ 内解 Rieman 边值问题，就可确定全部速度场。

6.9　刚性压模的冲压问题

若不考虑压模与介质之间的摩擦作用，因此，就可以利用前一节的结果，取 $2\gamma = \pi$，即可求解。但因现在的问题是对称的，介质可以向模的两边运动。

这样我们就作出图 6-22 的滑移场（Prandtl 解），极限荷载是

$$p_s = k(2 + \pi)$$

沿 z 方向单位长度，总压力为

$$P = 2ak(2 + \pi)$$

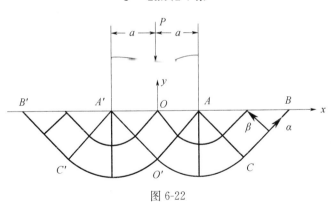

图 6-22

现在再来看速度场，在 $A'A$ 边上质点要向左右两边运动，故有 $v_\alpha = v_\beta = \frac{1}{\sqrt{2}}V$。容易求得 ACB 区域的速度分布是 $v_\alpha = \frac{1}{\sqrt{2}}V$、$v_\beta = 0$。这时 AB 段速度的向上分量是 $\frac{V}{2}$。从材料的不可压缩性也容易得到这个结果。因为 $A'A$ 段向下移动，而 AB、$B'A'$ 两端向上移

动，$AB+A'B'=2A'A$，故速度要降低一半。在本问题中 $2\gamma > \frac{3}{4}\pi$，因此求得的解是完全解。

对这一问题，也可以作另一滑移场（Hill 解），如图 6-23 所示。这个塑性区比图 6-22 的小，可以看出极限压力和在塑性区内的应力与前一个解都是一样的。但现在在 OA 边上 $v_a=\sqrt{2}V$，所以在 BCA 区域的速度场是 $v_a=\sqrt{2}V$、$v_\beta=0$。BA 段速度的向上分量是 V。从材料的不可压缩性看，这也是很明显的，因为现在 $AB+A'B'=A'A$，故向上的速度和向下的速度应相等。

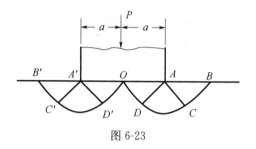

图 6-23

从这个例子中我们可以看到，两个完全解的滑移场的大小可以不同，而在两者都是塑性区的地方应力分布是相同的，所对应的极限荷载也相同，但速度场有差别。由此可以看出，以刚塑性假设为依据，利用滑移线得到的解答不是唯一的。这是因为滑移场往往是根据经验作出的，是一种可能的状态。我们只是提出了解的建议，然后证明它满足边界条件。显然，这样所得的解是不唯一的。

习　题

6-1　如图所示，具有角形切口的板条，试求此板条的极限荷载。

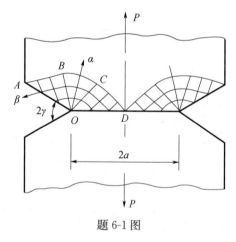

题 6-1 图

6-2　如图所示，具有尖角为 2γ 的楔体，在外力 P 的作用下，插入具有相同角度的 V 形缺口内，试分别按如下两种情况画出滑移线场并求出两种情况的极限荷载。

（1）楔体与 V 形缺口之间完全光滑；

（2）楔体与 V 形缺口接触处因摩擦作用其剪应力为 k。

6-3 如图所示的楔体，两面受压，已知 $2\gamma = \dfrac{3\pi}{4}$，分别对 $q = \dfrac{1}{2}p$ 及 $q = p$ 两种情形，求极限荷载。

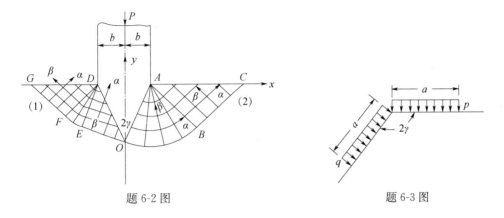

题 6-2 图 · 题 6-3 图

6-4 设具有角形深切口的厚板，其滑移场构造如图所示，试求此时该板所能承受弯矩的值。

6-5 如图所示，具有圆形切口的板条，已作出滑移场，证明 $h/a < 3.81$ 时上述滑移场成立，并求出板条拉伸的极限荷载。

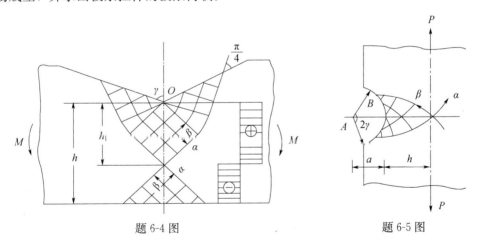

题 6-4 图 · 题 6-5 图

第7章 极限分析原理

7.1 极限状态和极限分析

在弹塑性问题中，由于应力全量和应变全量之间一般不存在单值对应关系，本构方程是非线性的，且一般只能写成增量之间的关系，因此，不能采用叠加原理，若只给出边界上荷载和位移的最终值，也不能确定物体内的应力、应变和位移。只有在给定从自然状态开始的全部边界条件变化过程的情况下，才能跟踪给定的加载历史，确定物体内应力、应变和位移的相应变化过程，经过累计，计算出最终状态下的应力、应变和位移分布。再加上随着荷载的增加，弹塑性区分界如何变化往往不易确定等因素，导致在数学上求解相当困难。

由前面各章的许多例子中可以看到，如果忽略材料的强化和物体由于变形而引起的几何尺寸的变化，则当外载达到某一定值时，理想塑性体可在外载不变的情况下发生塑性流动，即无限制的塑性变形。这时称物体或结构处于**极限状态**；所受的荷载称为物体或结构的**极限承载能力**或**极限荷载**；与之相应的速度场称为**塑性破损机构**或**塑性流动机构**。

工程中的许多问题（如塑性加工）常常并不需要知道其应力和变形随荷载增加的变化过程，只需要求出最后达到塑性极限状态时所对应的极限荷载以及该状态下的流动速度分布。对于理想弹塑性物体或结构，如果只求解它的极限承载能力，那就可以不必考虑加载历史，而直接应用极限分析原理，也就是说，可以直接求解而不必通过微分方程来求解，这样，会大大地简化求解过程。为什么一般的弹塑性问题为了求得一定的"状态"必须追溯"历史"，而求解极限状态却可以完全不顾历史呢？这是因为对于理想塑性材料，屈服曲面是固定的，不因加载历史而改变，因而在荷载空间内的极限曲面也是固定不变的，与加载历史无关。事实上，极限状态不同于一般的弹塑性状态，它是一种十分特殊的状态，具有以下两个重要性质：

（1）在极限状态下，应变率的弹性部分恒为零，即塑性流动时的应变率是纯塑性应变率。这一性质表明，如果不关心达到极限状态前的弹性变形，只关心极限荷载和相应的流动机构，那么采用理想弹塑性模型和采用理想刚塑性模型所求出的极限状态将是完全一样的。这样，就可以在极限分析时采用刚塑性模型，完全忽略掉弹性效应，或者说，可以在完全没有变形的初始构形上讨论极限状态。这样做，给极限分析带来了很大的方便与简化。回忆第5章中梁的弯曲和长柱体的扭转，它们的极限状态都与弹性效应的大小无关，这可以帮助我们理解现在这一论断。

（2）极限状态的唯一性：极限状态与加载历史无关，也与初始状态无关（事实上，初始状态总可以看成是经过某种加载历史而形成的状态）。

有了这种唯一性，我们可以只研究极限状态的应力场，而不必追究它形成的历史。与极限状态的应力场相平衡的外载就是极限荷载，所对应的速度场就是塑性破坏机构。换句话说，在极限状态下，所求的 T_i、σ_{ij}、$\dot{\varepsilon}_{ij}$ 间都有确定的相互关系。这种只寻求极限状态和极限荷载的分析方法称为**极限分析**。前面介绍的特征线场或滑移线场的方法实质上就是对平面应变问题的极限分析。

7.2 极限分析定理

7.2.1 机动场和静力场

为了建立极限分析定理，首先要引入机动场和静力场的概念。

运动许可速度场（简称**机动场**）v_i^* 的定义如下：

(1) 在 V 内满足连续条件，但可存在有限个切向速度间断面；

(2) 在速度边界 S_V 上满足 $v_i^* = 0$；

(3) 在应力边界 S_T 上满足 $\iint_{S_T} T_i v_i^* \, \mathrm{d}S > 0$ ，这意味着外力 T_i 在机动场上做正功。

而 $T_i = \eta^* \overline{T}_i$，$\overline{T}_i$ 是 S_T 上给定的面力分布规律，比例因子 η^* 称为**运动许可荷载因子**。

由机动场 v_i^* 可决定应变速率场 $\dot{\varepsilon}_{ij}^* = \frac{1}{2}$（$v_{i,j}^* + v_{j,i}^*$），然后由 $\dot{\varepsilon}_{ij}^*$ 的方向，可以在屈服面上找出 σ_{ij}^*，但这个应力场是否满足平衡条件和应力边界条件可以不顾。

静力许可应力场（简称**静力场**）σ_{ij}° 的定义如下：

(1) 在 V 内满足平衡方程 $\sigma_{ij,j}^\circ + F_i = 0$；

(2) 在 V 内不违反屈服条件，即 $f(\sigma_{ij}^\circ) \leqslant 0$；

(3) 在 S_T 上满足应力边界条件 $\sigma_{ij}^\circ n_j = T_i^\circ = \eta^\circ \overline{T}_i$，其中 n_j 为物体表面外法线的方向余弦，T_i° 是与 σ_{ij}° 相平衡的面力，比例因子 η° 则称为**静力许可荷载因子**。

由于极限荷载 T_i 本身是待求的，因此问题中的应力边界条件只是给定面力的分布规律。为便于比较，可设极限荷载为 $T_i = \eta \overline{T}_i$，式中 η 称为**极限荷载因子**。

在一般情况下，静力场 σ_{ij}° 是连续的，但也允许存在应力间断面。由应力场 σ_{ij}° 按本构方程可求得一个相应的应变率场 $\dot{\varepsilon}_{ij}^\circ$，但这个应变率场是否协调即是否能从一个速度场导出则可以不顾。

7.2.2 虚功率原理

设 σ_{ij}° 是在区域 V 内任一满足平衡方程 $\sigma_{ij,j}^\circ + F_i = 0$ 及 S_T 上应力边界条件 $\sigma_{ij}^\circ n_j = T_i^\circ$ 的应力场，又设 v_i^* 为在区域内任一满足 S_V 上速度边界条件 $v_i^* = 0$ 的速度分布，则虚功率原理可以表示为

$$\int_V F_i v_i^* \, \mathrm{d}V + \int_{S_T} T_i^\circ v_i^* \, \mathrm{d}S = \int_V \sigma_{ij}^\circ \dot{\varepsilon}_{ij}^* \, \mathrm{d}V \tag{7-1}$$

证明：由 $\dot{\varepsilon}_{ij}^* = \frac{1}{2}$（$v_{i,j}^* + v_{j,i}^*$）及 $\sigma_{ij}^\circ = \sigma_{ji}^\circ$，有

$$\int_V \overset{\circ}{\sigma}_{ij} \dot{\varepsilon}_{ij}^* \, \mathrm{d}V = \int_V \overset{\circ}{\sigma}_{ij} v_{i,j}^* \, \mathrm{d}V$$

利用分部积分，上式右端等于

$$\int_V (\overset{\circ}{\sigma}_{ij} \cdot v_i^*)_{,j} \, \mathrm{d}V - \int_V \overset{\circ}{\sigma}_{ij,j} v_i^* \, \mathrm{d}V$$

再应用 Gauss 散度定理、平衡方程和应力边界条件得

$$\int_V \overset{\circ}{\sigma}_{ij} \dot{\varepsilon}_{ij}^* \, \mathrm{d}V = \int_{S_T} \overset{\circ}{T}_i v_i^* \, \mathrm{d}S + \int_V F_i v_i^* \, \mathrm{d}V$$

证毕。

当不考虑体力时，虚功率原理为

$$\int_{S_T} \overset{\circ}{T}_i v_i^* \, \mathrm{d}S = \int_V \overset{\circ}{\sigma}_{ij} \dot{\varepsilon}_{ij}^* \, \mathrm{d}V \tag{7-2}$$

这是最常用的形式。上式左端是外力的虚功，右端是内力的虚功。

不难看出，在推导式（7-1）或式（7-2）时，要求被积函数在 V 内连续；而在极限分析中常会遇到应力场或速度场内有间断面的情形（在第 5 章和第 6 章已多次遇到这样的情形），这时我们可以把物体沿间断面分开，使应力、速度等量在每部分是连续的并应用虚功率原理，但这样做增加了一些内部边界，因而有必要对虚功率原理加以适当的修正。下面就来讨论场内有间断面时的虚功率原理。

（1）应力间断面：这种场合，如 6.4 中指出，设 Γ 为一应力间断面，且将 V 分成 V_1 和 V_2 两部分。超过间断面 Γ 时只有 σ_t 有突变，而作用于 Γ 面上的应力分量 σ_n 和 τ_{nt} 是不变的，即沿 Γ，$\sigma_n^{(1)}$ 和 $\sigma_n^{(2)}$，$\tau_{nt}^{(1)}$ 和 $\tau_{nt}^{(2)}$ 大小相等，方向相反。而在 Γ 上的速度则是连续的（应力间断面不可能同时成为速度间断面）。故在 Γ 上，诸应力分量的功率对 V_1 和 V_2 也等值反号。如果把 Γ 面看作 V_1 和 V_2 的一部分边界，Γ 上的应力分量看作这部分边界上的表面力，则对 V_1 和 V_2 分别应用式（7-1）或式（7-2），然后将两个式子的等式两边分别相加，由于两个区域消耗在 Γ 上的功率被相互抵消了，所以这部分功率不会在最后的等式中出现，结果存在应力间断面时的虚功率原理表达式仍如式（7-1）或（7-2）所示。

（2）速度间断面：由于物体变形时不能出现裂缝或重叠，故法向速度应保持连续，但切向速度则可以间断。如果将间断面看成一个薄层，速度在层内急剧且连续地变化。当薄层的厚度趋于零时，剪应变率将趋于∞，这说明速度间断面必是滑移面，沿其切向的应力必为 τ_s，并消耗塑性功率 $\int_{S_D} \tau_s |[v_t]| \, \mathrm{d}S > 0$，这里 S_D 表示速度间断面，$[v_t]$ 是切向速度间断量。将 S_D 看成是各区域的一部分边界，分别应用式（7-2），然后，将它们的等式两边分别相加，即得

$$\int_{S_T} \overset{\circ}{T}_i v_i^* \, \mathrm{d}S = \int_V \overset{\circ}{\sigma}_{ij} \dot{\varepsilon}_{ij}^* \, \mathrm{d}V + \int_{S_D} \overset{\circ}{\tau} |[v_t^*]| \, \mathrm{d}S \tag{7-3}$$

这就是存在速度间断面时的虚功率原理的表达式。其中 $\overset{\circ}{\tau}$ 是应力场 σ_{ij} 在 S_D 上的切向分量，且 $|\overset{\circ}{\tau}| \leqslant \tau_s$，$[v_t^*] = (v_t^*)^+ - (v_t^*)^-$ 是速度场 v_i^* 沿 S_D 的速度间断值。式中右边第二项积分表示消耗在速度间断面上的内功率。如果有多个速度间断面，则应对各个间断面的积分取和。

7.2.3 极限分析定理（界限定理）

（1）下限定理。由任一静力许可应力场 σ°_{ij} 求得的静力许可荷载因子 η° 是极限荷载因子 η 的下限，即 $\eta^\circ \leqslant \eta$。

证明：下面的证明中不考虑体力（如需要考虑体力则须与面力共同提出一个荷载因子）。对真实场用虚功率原理得

$$\int_V \sigma_{ij}\dot{\varepsilon}_{ij}\,\mathrm{d}V + \sum\int_{S_D}\tau_s\,|\,[v_t]\,|\,\mathrm{d}S = \int_{S_T}T_i v_i\,\mathrm{d}S = \eta\int_{S_T}\overline{T}_i v_i\,\mathrm{d}S \tag{7-4}$$

这里所有的量都不带上标°或*，表示是真实场中的量。再对静力场与真实速度场用虚功率原理得

$$\int_V \sigma^\circ_{ij}\dot{\varepsilon}_{ij}\,\mathrm{d}V + \sum\int_{S_D}|\,\tau^\circ\,|\cdot|\,[v_t]\,|\,\mathrm{d}S = \int_{S_T}T^\circ_i v_i\,\mathrm{d}S = \eta^\circ\int_{S_T}\overline{T}_i v_i\,\mathrm{d}S \tag{7-5}$$

式中，带上标°的量表示的是静力场中的量。

式（7-4）和式（7-5）相减得

$$(\eta-\eta^\circ)\int_{S_T}\overline{T}_i v_i\,\mathrm{d}S = \int_V(\sigma_{ij}-\sigma^\circ_{ij})\dot{\varepsilon}_{ij}\,\mathrm{d}V + \sum\int_{S_D}(\tau_s-|\,\tau^\circ\,|)[v_t]\,\mathrm{d}S \tag{7-6}$$

对于刚塑性材料，由 Drucker 公式给出：

$$(\sigma_{ij}-\sigma^\circ_{ij})\,\dot{\varepsilon}_{ij} = (\sigma_{ij}-\sigma^\circ_{ij})\,\dot{\varepsilon}^p_{ij}\geqslant 0$$

同时，由静力场不违反屈服条件的假定，$\tau_s - |\,\tau^\circ\,|\geqslant 0$；又因外力做的总功须为正，即 $\int_{S_T}\overline{T}_i v_i\,\mathrm{d}S > 0$。将这些不等式代入式（7-6），就给出：

$$\eta-\eta^\circ\geqslant 0 \text{ 或即 } \eta^\circ\leqslant\eta$$

证毕。

（2）上限定理。由任一运动许可速度场，按下式可以求得一个运动许可荷载因子 η^*：

$$\eta^* \equiv \frac{\int_V \sigma^*_{ij}\dot{\varepsilon}^*_{ij}\,\mathrm{d}V + \sum\int_{S^*_D}\tau_s\,|\,[v^*_t]\,|\,\mathrm{d}S}{\int_{S_T}\overline{T}_i v^*_i\,\mathrm{d}S} = \frac{D^*_i}{\overline{D}^*_e} \tag{7-7}$$

η^* 是极限荷载因子 η 的上限，即 $\eta^*\geqslant\eta$。

在式（7-7）中，$D^*_i \equiv \int_V \sigma^*_{ij}\dot{\varepsilon}^*_{ij}\,\mathrm{d}V + \sum\int_{S^*_D}\tau_s\,|\,[v^*_t]\,|\,\mathrm{d}S$ 是在机动场上耗散的塑性内功率，$\overline{D}^*_e \equiv \int_{S_T}\overline{T}_i v^*_i\,\mathrm{d}S$ 则是面力分布函数 $\overline{T}_i$ 在机动场上做的外功率。$\eta^*\overline{D}^*_e = D^*_e$ 是 $T^*_i = \eta^*\overline{T}_i$ 在机动场上做的外功率。所以，式（7-7）意味着内外功率的相等，即 $D^*_i = D^*_e$。

上限定理的证明如下：对真实应力场加上机动场应用虚功率原理得

$$\int_V \sigma_{ij}\dot{\varepsilon}^*_{ij}\,\mathrm{d}V + \sum\int_{S^*_D}\tau_{nt}\,|\,[v^*_t]\,|\,\mathrm{d}S = \eta\int_{S_T}\overline{T}_i v^*_i\,\mathrm{d}S \tag{7-8}$$

式中，τ_{nt} 是真实应力场 σ_{ij} 在机动场所假定的速度间断面 S^*_D 上的切向分量。换言之，τ_{nt} 的下标 n 和 t 应理解为 S^*_D 的法向和切向。同时，根据式（7-7）有

$$\int_V \sigma_{ij}^* \dot{\varepsilon}_{ij}^* \, \mathrm{d}V + \sum \int_{S_D^*} \tau_s \,|\, [v_t^*] \,|\, \mathrm{d}S = \eta^* \int_{S_T} \overline{T}_i v_i^* \, \mathrm{d}S \tag{7-9}$$

式（7-9）减去式（7-8）得

$$(\eta^* - \eta)\int_{S_T} \overline{T}_i v_i^* \, \mathrm{d}S = \int_V (\sigma_{ij}^* - \sigma_{ij})\dot{\varepsilon}_{ij}^* \, \mathrm{d}V + \sum \int_{S_D^*} (\tau_s - \tau_{nt}) \,|\, [v_t^*] \,|\, \mathrm{d}S \tag{7-10}$$

由 Drucker 公式，$(\sigma_{ij}^* - \sigma_{ij})\dot{\varepsilon}_{ij}^* \geqslant 0$；由于 τ_{nt} 来自真实应力场，$\tau_s - \tau_{nt} \geqslant 0$；又因机动场满足外力做正功的条件，即 $\int_{S_T} \overline{T}_i v_i^* \, \mathrm{d}S > 0$。将这些不等式代入式（7-10），就给出

$$\eta^* - \eta \geqslant 0$$

即

$$\eta^* \geqslant \eta$$

证毕。

上下限定理联合在一起给出对极限荷载因子的估计：

$$\eta^\circ \leqslant \eta \leqslant \eta^* \tag{7-11}$$

7.2.4 界限定理的推论

根据界限定理，可以作出一些对极限分析很有用的推论，它们在解决实际问题时得到了广泛的应用。下面列举几个主要推论。

（1）如果找到一个静力场 σ_{ij}°，且按流动法则所求得的 $\dot{\varepsilon}_{ij}^\circ$ 恰好又是一个机动场，则所求得的荷载因子 η° 就是极限荷载因子 η，所对应的外载 $T_i^\circ = \eta^\circ \overline{T}_i$ 就是极限荷载 T_i。

（2）如果有一个机动场 v_i^* 及其相应的应变率场 $\dot{\varepsilon}_{ij}^*$，且按屈服面与应变率向量的正交法则求得的 σ_{ij}^* 恰好又是一个静力场，则所求得的荷载因子 η^* 就是极限荷载因子 η，所对应的外载 $T_i^* = \eta^* \overline{T}_i$ 就是极限荷载 T_i。

（3）η 是 η° 的最大值，也是 η^* 的最小值，即

$$\eta = \max(\eta^\circ) = \min(\eta^*) \tag{7-12}$$

（4）如果从一个静力场 σ_{ij}° 求出的 η° 与从另一个机动场 v_i^* 求出的 η^* 在数值上相等，则它们就是 η。

（5）由于原结构的极限应力场必是新结构的静力场，在结构的任何部分提高材料的屈服极限，不会降低结构的极限荷载；反之，在结构的任何部分降低材料的屈服极限，不会提高结构的极限荷载。

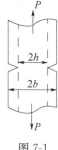

图 7-1

（6）在结构的自由边界上增加物质（不考虑自重），不会降低其极限荷载；反之，在自由边界上减少物质，不会提高其极限荷载。

推论（6）可从推论（5）推出。

（7）如材料的屈服极限放大若干倍，则极限荷载也放大同样的倍数。

根据推论（6），图 7-1 所示的开切口的受拉板条的极限荷载必在宽为 $2h$ 的均匀受拉板条的极限荷载和宽为 $2b$ 的均匀受拉板条的极限荷载之间，即

$$2ht\sigma_s \leqslant P_s \leqslant 2bt\sigma_s \tag{7-13}$$

式中，t 为板条的厚度。

另一个例子是对图 7-2 所示的外方内圆管，容易从推论（6）得出对极限内压的下述估计：

$$\sigma_s \ln \frac{b}{a} \leqslant P_s \leqslant \sigma_s \ln \frac{\sqrt{2}b}{a} = \sigma_s \left(\ln \frac{b}{a} + 0.3466 \right)$$

这里的上下限分别得自外接和内切的圆管（厚壁圆筒）。

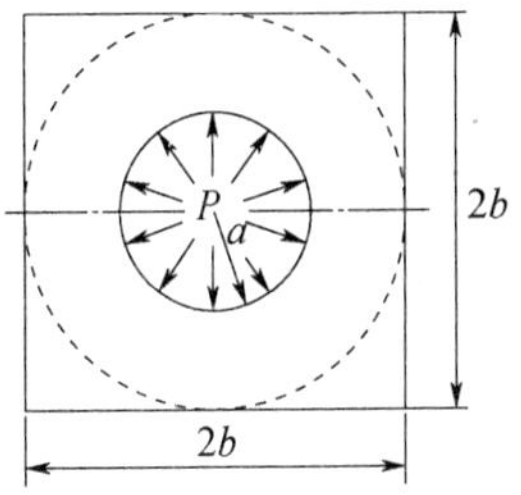

（8）设有 A、B、C 三个屈服面，A 内接于 B，B 又内接于 C。若以 η_A 和 η°_A 表示对应于屈服面 A 的极限因子和静力因子，以 η_B 表示对应于屈服面 B 的极限因子，以 η_C 和 η^*_C 表示对应于屈服面 C 的极限因子和机动因子，则有

$$\eta^\circ_A \leqslant \eta_A \leqslant \eta_B \leqslant \eta_C \leqslant \eta^*_C \tag{7-14}$$

这个推论提供了寻求极限荷载上下限的又一途径，这就是利用内接（或外接）于真实屈服面的表达式较为简单的近似屈服面来求解，相应得到的极限荷载是真实极限荷载的一个下限（或上限）。

图 7-2

7.2.5 小结

物体的极限状态是介于静力平衡与塑性流动之间的临界状态。因此，极限状态的特征是应力场为静力许可的，应变率场和位移场为运动许可的。如果只有这两个特征之一，满足前者为静力场，满足后者为机动场，相应于极限荷载的下限和上限。

7.3 界限定理的应用

7.3.1 单面切口板在两端受力偶 M 的作用

假定板足够宽，可近似地当成平面应变问题。板的截面如图 7-3 所示，板的厚度取单位 1，开切口后最小高度为 h。于是，以下应力场是静力许可的：在高度 h 范围内与无切口板纯弯曲的极限应力场相同，而在切口两侧区域内应力为零。显然，这样的应力场在与切口根部等高的面层内有应力间断。但这不妨碍这一应力场为静力许可的。与此静力场相对应，由 5.1.2 可给出外载（弯矩）的下限，即

$$M^\circ = \frac{1}{4} (2k) h^2 = \frac{1}{2} k h^2$$

式中，k 为材料的剪切屈服应力，此处假定 $\sigma_s = 2k$。

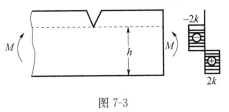

图 7-3

为达到上限，就要构造一个机动场。如图 7-4 所示，假设沿 ACB 和 ADB 有两条圆弧形速度间断线，在被这两条间断线分开的三块区域内材料都处于刚性状态。所以在区域内

塑性力学
SUXINGLIXUE

有 $\dot{\varepsilon}_{ij}^*=0$。这样，在塑性内功率 D_i^* 的计算式中右端第一项就消失了，只需要计算其第二项，也就是沿速度间断线 S_D^* 消耗的那部分塑性内功率。根据对称性，设中心部分不动，两侧的刚性区则相对于中心部分以角速度 ω 做刚体转动，于是沿间断线的切向速度间断值 $|[v_t^*]|=r\omega=\mathrm{const}$，其中 r 为圆弧 ACB 和 ADB 的半径。若每条圆弧的弧长为 s，又 $\tau_s=k$，则塑性内功率为

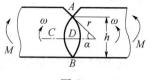

图 7-4

$$D_i^* = \sum \int_{S_D^*} \tau_s |[v_t^*]| \mathrm{d}S = 2kr\omega s$$

而外载在这一机场上所做的外功率为

$$D_e^* = 2M^*\omega$$

令 $D_e^* = D_i^*$，即得出

$$M^* = krs$$

由几何关系知 $s=2r\alpha$ 和 $r=\dfrac{h}{2}\csc\alpha$，其中 α 是圆弧 ACB 所对圆心角的一半。于是

$$M^* = krs = \frac{1}{2}kh^2\alpha\csc^2\alpha$$

为取到极小的上限估计，令 $\dfrac{\mathrm{d}M^*}{\mathrm{d}\alpha}=0$，得出 $2\alpha=\tan\alpha$，其解为 $\alpha\approx67°$，且相应有

$$M^* = 0.69kh^2$$

把上面得到的上、下限联合起来则有

$$0.5 \leqslant \frac{M^*}{kh^2} \leqslant 0.69 \tag{7-15}$$

对这一问题，Green 曾用滑移线场得到完全解，其极限荷载为

$$\frac{M}{kh^2} = 0.63 \tag{7-16}$$

上面构造的机动场，恰如一个铰链机构。因而，它可以看成是对在梁和刚架的极限分析（参见第 8 章）中经常用到的"塑性铰"的一个具体描述。

7.3.2　钝角楔的单边受压

作为应用静力法的一个例子，研究图 7-5（a）所示的单边受压的钝角楔。假设楔角 $2\gamma>\dfrac{\pi}{2}$，可设 $2\gamma=\dfrac{\pi}{2}+2\varphi$，并设应力场由两个全等的均匀应力区Ⅰ和Ⅱ所构成，在这两个区域之间，AC 为一应力间断线。

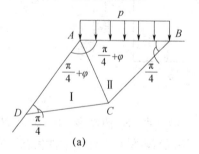

(a)

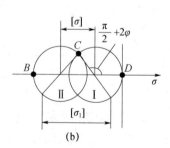

(b)

图 7-5

由于，AD 是自由边界，故在区域 I 中 $\sigma^{\mathrm{I}} = 0$，且从图 7-5（b）的莫尔应力圆可知 $\sigma_3^{\mathrm{I}} = -2k = -\sigma_{\mathrm{s}}$。在物理平面上，从 AD 到 AC 逆时针转过了 $\frac{\pi}{4} + \varphi$ 角；因此在 Mohr 圆上从 D（0，0）点逆时针转 $\frac{\pi}{2} + 2\varphi$ 就能找到 C 点。于是对于 C 点，有

$$\sigma_n = -\frac{\sigma_{\mathrm{s}}}{2}（1 + \sin 2\varphi）$$

$$\tau_{nt} = \frac{\sigma_{\mathrm{s}}}{2}\cos 2\varphi$$

跨过 AC 线时应保持 σ_n 和 τ_{nt} 连续，但 σ_t 可间断。据此，可作出通过 C 点、半径为 $\frac{\sigma_{\mathrm{s}}}{2}$ 的另一 Mohr 圆，也就是相应于区域 II 的 Mohr 圆。不难看出，区域 I 的 Mohr 圆和区域 II 的 Mohr 圆的圆心距离即跨过 AC 线时平均正应力的跳跃为

$$[\sigma] = \sigma_s \sin 2\varphi$$

进而，对应于 AB 段的 Mohr 圆上的 B 点应力为

$$\sigma_n \mid_{AB} = -\sigma_{\mathrm{s}}（1 + \sin 2\varphi） = -p$$

于是上述静力场导致一个下限估计：

$$p^{\circ} = \sigma_{\mathrm{s}}（1 + \sin 2\varphi） \tag{7-17}$$

事实上，在 6.8 中用滑移线场已求得：

$$p_{\mathrm{s}} = 2k\left(2\gamma + 1 - \frac{\pi}{2}\right) = \sigma_{\mathrm{s}}（1 + 2\varphi） > p^{\circ}$$

当 2γ 接近 $\frac{\pi}{2}$，即 2φ 很小时，式（7-17）给出的 p° 就十分接近 p_{s}。可以这样理解：上述静力场用一条应力间断线（AC）代替了滑移线场中应力连续变化的扇形区，φ 越小这扇形区越小，这种替代造成的误差也越小。对于 φ 不太小的情形，读者也可以试用由三个三角形均匀应力区构成有间断的应力场，以中间一个三角形来代替滑移线场中的扇形区，这样可以得到更好的下限估计。

基于极限分析原理的上下限方法（包括机动法和静力法）在塑性力学中是一种应用广泛而非常有效的方法。本章已对平面应变问题举了若干例子。对梁、刚架以及板的弯曲问题的应用见本书第 8 章。

习　　题

7-1　图示的半无限平面上的压模受集中力 P 的作用，已作出某种应力分布，图中的 0 表示零应力区，则这个应力场是否是静力许可的。

7-2　顶部被削平的对称楔体在顶部受均布荷载 q 作用，设机动场如图所示，其中有四条速度间断线。由此求极限荷载的上限，并在 $\psi = \frac{\pi}{6}$ 时给出 q^{*} 的数值。

7-3　图示一受拉伸、带有圆孔（半径为 r）的板条，求极限荷载 P_{s}。

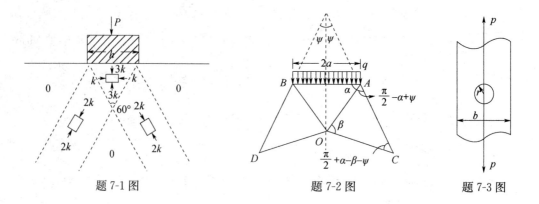

题 7-1 图   题 7-2 图   题 7-3 图

第8章 结构的塑性极限分析

8.1 结构塑性极限分析的基本概念

8.1.1 结构设计的两种方法

传统的结构设计采用的是"许用应力法"来分析结构的强度和结构各部分的尺寸。所谓许用应力法，就是要求结构的工作应力不得超过材料的许用应力。这种方法的缺点在于它没有考虑材料的塑性性质。实际上，材料的塑性性质将使结构在部分区域进入屈服以后，应力重新分布，从而使结构能承担更大的荷载。

结构设计的另一种方法是塑性极限分析的方法。当作用在理想塑性结构上的荷载达到某一数值时，结构发生塑性流动，这时结构在荷载不变的情况下变形，整个结构不能承受更大的荷载，这种状态称为塑性极限状态，这个荷载便是结构的塑性极限荷载。此时结构失去承载能力，并成为几何可变机构，因此有时结构的极限分析亦称为结构破损分析。这种方法是基于整体平衡的分析，主要是找出结构破坏时的可能机构，且在分析中考虑材料的塑性性质，允许结构内部产生局部的永久变形，使得整个结构的承载能力继续增加直到结构开始失去抵抗外力作用的能力或无法使用时为止。

从以上分析可见，结构的塑性极限分析可以更充分地发挥材料的潜力，因此，它比采用"许用应力法"设计出的结构更为经济。

下面以图 8-1（a）所示的一次超静定梁为例（材料为理想弹塑性材料），进行塑性极限分析。当集中力 P 较小时，梁上各截面的弯矩都比塑性极限弯矩 M_s 小，如图 8-1（b）所示。当荷载 P 增加到 P_1、A 端的弯矩达到 $-M_s$ 时，A 端就成为一个塑性铰，如图 8-1（c）所示。这时梁并未成为机构，仍可继续受载。在继续加载过程中，A 点的弯矩不再增加，而是 C 点的弯矩在增加，直到 $P=P_2$，C 点的弯矩达到 M_s 时，截面 C 也变成了一个塑性铰，如图 8-1（e）所示。这时，由于两个塑性铰的出现，梁成为机构。结构由于出现塑性铰而形成的机构称为塑性机构或破损机构，有时简称为机构。荷载 P_2 就是梁的塑性极限荷载 P_s。因为塑性铰 A 和 C 处的弯矩绝对值均为极限弯矩 M_s，所以极限荷载 P_s 也就容易求得。设 B 处的反力大小为 R，方向与力 P 方向相反，则有

$$\begin{cases} M_C = M_s = Rl \\ M_A = -M_s = 2Rl - P_s l \end{cases} \tag{a}$$

解得

$$P_s = 3\frac{M_s}{l}$$

从弹性分析得出，梁处于弹性极限状态（$M_A = -M_e$ 时），弹性极限荷载为

$$P_e = \frac{8}{3} \frac{M_e}{l}$$

若取截面为矩形，则有 $M_e = \frac{2}{3} M_s$，从而就有

$$P_e = \frac{16}{9} \frac{M_s}{l}$$

由此可见，在这种情况下，塑性极限分析得出的承载能力较弹性分析得出的提高了 $\frac{11}{16} = 68.8\%$。

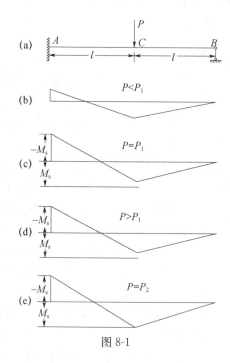

图 8-1

在此，应该特别注意求得 P_s 的过程，即仅根据梁的塑性极限状态，列出方程（a），求出塑性极限荷载 P_s，而不是先进行弹性和弹塑性过程分析，并且不考虑两个塑性铰形成的先后次序。这就表示了这种计算方法比先进行弹性分析的弹塑性分析方法要简单得多。显然易见，P_s 与弹性模量无关，这就说明对梁的材料采用理想弹塑性模型和采用理想刚塑性模型，所求得的极限荷载是完全相同的。这与 7.1 中的一般性论断相符。在下面求解问题时，我们都将假定材料是理想刚塑性的，由此可以带来不少简化。

8.1.2　塑性极限分析中的基本假设

在工程实践中，往往只需要计算结构的塑性极限荷载，而不考虑极限状态到达前的变形过程，这种分析方法称为结构的塑性极限分析，或简称为结构的极限分析。在极限分析中采用的基本假设有：

（1）材料是理想塑性的，由于理想刚塑性模型与理想弹塑性模型的极限荷载相同，所以在极限分析中，为简便计算，一般采用理想刚塑性模型；

（2）变形足够小，可以不考虑变形所引起的几何尺寸的改变；

（3）结构有足够的刚度，在达到极限荷载前，不失去稳定；

（4）所有荷载都按同一比例增加；

（5）加载速度缓慢，可以不计惯性力。

这些基本假设简化了计算，所得结果也与实际相符。

8.2 塑性极限分析的界限定理

8.2.1 极限分析的上、下限定理

对于工程中广泛采用的梁和刚架结构，一般不考虑轴向力及剪力对屈曲条件的影响，总可以引进截面上的弯矩 M 作为广义应力，同时以截面的转角 θ 作为相应的广义应变。这样，结构内的应力-应变状态则不由 σ 和 ε 来描述，而由 M 和 θ 来描述。从而，我们可以定义下述三种状态：

（1）真实极限状态——真实场：外力 P_s（$=\eta P$）为极限荷载，与之相对应的广义位移 Δ，截面 i 的弯矩 M_i 和相应的转角 θ_i。这里，P 为单位荷载，η 称为真实乘子。

由真实极限状态求出的结构塑性极限荷载，应满足以下条件：平衡条件，外力 P_s 与内力 M 互相平衡；不破坏塑性极限弯矩条件，也就是屈服条件，即 $-M_s \leqslant M \leqslant M_s$；结构必须形成破损机构。满足以上条件的解答称为塑性极限分析的完全解。

当外荷载不是一个单个的力而是一个力系时，要求力系的分布规律已知，也就是力系中不同力的相互比值恒定，因而总可以用其中一个力的大小来表征整个力系量值的大小。这就是说，上面用一个单一的量值 P_s 来给出结构的极限荷载，并不排除结构承受一分布规律已知力系的一般情形。

（2）运动许可状态——机动场：一组满足破损机构条件（包含运动约束条件）的位移 Δ^* 和转角 θ^*，且对应的外力 $P^* = \eta^* P$ 在 Δ^* 上做正功，即 $\int P^* \Delta^* \, \mathrm{d}x > 0$。这里，$\eta^*$ 称为机动乘子。

机动场是几何上允许的，并且使外力做正功的位移场，但它并不一定就是极限状态时的位移场。此时所对应的内力场不一定满足极限弯矩条件。

（3）静力许可状态——静力场：一组满足平衡条件的弯矩分布 M°_i，它与外力 $P^{\circ} = \eta^{\circ} P$ 相平衡，并且各处的弯矩在数值上都不超过极限弯矩 M_s，即 $|M^{\circ}_i| \leqslant M_s$。这里 η° 称为静力乘子。

静力场是满足平衡条件及边界条件，并且不违背屈服条件的内力场，真实场一定是静力场。破损机构是极限状态下的机构，对应的内力场是静力许可的，也就是静力场。

定义了上述三种状态，则可以进一步讨论塑性极限分析中的上、下限定理，为此先介绍如下的虚功原理。

虚功原理：若一个结构在一组外力作用下平衡，则它们在任何虚位移过程中所做的总外力功，等于应力（广义应力）在对应于虚位移的应变（广义应变）上所做的总内力功。

证明可参考 7.2.2 的虚功率原理的证明。

（1）上限定理。

设取定一机动场 Δ^*、θ^*，则由下式（形式上同内、外功等式）可以求得极限荷载的一个上限 $\eta^* P$ $(=P^*)$，即 $\eta^* \geqslant \eta$。

$$\eta^* \equiv \frac{\sum M_i^* \theta_i^*}{\int P\Delta^* \mathrm{d}x}$$

式中，M_i^* 是与 θ_i^* 相对应的，且 $M_i^* = M_s \cdot \mathrm{sgn}\theta_i^*$。

证明：由 η^* 的定义式，得

$$\int P^* \Delta^* \mathrm{d}x = \sum M_i^* \theta_i^* > 0$$

式中，积分是对结构上所有荷载（包括分布荷载）而言。以机动场的位移 Δ^* 和 θ_i^* 作为虚位移，对真实极限状态的荷载及内力列出虚功方程，即为

$$\int P_s\Delta^* \mathrm{d}x = \sum M_i\theta_i^*$$

以上两式相减，得

$$(P^* - P_s)\int \Delta^* \mathrm{d}x = \sum (M_i^* - M_i)\theta_i^* \qquad \text{(a)}$$

由 $M_i^* = M_s \cdot \mathrm{sgn}\theta_i^*$，可知 $M_i^* = \pm M_s$，且 M_i^* 与 θ_i^* 总是同号。若 θ_i^* 为正，则 $M_i^* = M_s$，而 $-M_s \leqslant M_i \leqslant M_s$，故有

$$(M_i^* - M_i)\ \theta_i^* \geqslant 0$$

若 θ_i^* 为负，则 $M_i^* = -M_s$，上式仍然成立。因此，式（a）右端总不小于零，就有

$$(P^* - P_s)\int \Delta^* \mathrm{d}x \geqslant 0$$

即 $(\eta^* - \eta)\int P\Delta^* \mathrm{d}x \geqslant 0$，而外力功 $\int P\Delta^* \mathrm{d}x$ 为正值，从而得出

$$\eta^* \geqslant \eta \qquad \text{(8-1)}$$

显然，$\eta^* P$ 为极限荷载 P_s $(=\eta P)$ 的一个上限。

（2）下限定理。

设取定一个静力场 M_i°，则与之平衡的荷载 P° $(=\eta^\circ P)$ 是极限荷载的一个下限，即 $\eta^\circ \leqslant \eta$。

证明：因为静力场的内力 M_i° 和外荷载 P° 是平衡的，以极限荷载作用下的位移 Δ 和 θ_i 作为虚位移，由虚功原理得

$$\int P^\circ \Delta \mathrm{d}x = \sum M_i^\circ \theta_i$$

同样，在真实极限状态时有

$$\int P_s\Delta \mathrm{d}x = \sum M_i\theta_i$$

以上两式相减，得

$$(P_s - P^\circ)\int \Delta \mathrm{d}x = \sum (M_i - M_i^\circ)\theta_i \qquad \text{(b)}$$

若 θ_i 为正，则 $M_i = M_s$，而静力许可弯矩 M_i° 不超过 M_s，故有

$$(M_i - M_i^\circ)\ \theta_i \geqslant 0$$

若 θ_i 为负，则 $M_i = -M_s$，而静力许可弯矩 $M_i^\circ \geqslant -M_s$，上式仍然成立。因此，式（b）右端总不小于零，则有 $(P_s - P^\circ)\int\!\Delta dx \geqslant 0$，即 $(\eta - \eta^\circ)\int\!P\Delta dx \geqslant 0$，而外力功 $\int\!P\Delta dx$ 为正值，从而得出

$$\eta \geqslant \eta^\circ \tag{8-2}$$

显然，P°（$=\eta^\circ P$）为极限荷载 P_s（$=\eta P$）的一个下限，从式（8-1）和式（8-2），得出

$$\eta^\circ \leqslant \eta \leqslant \eta^* \tag{8-3}$$

于是我们得到一条重要结论，即当机动乘子等于静力乘子时，则这个值便是真实乘子。这就是说极限荷载 P_s 是唯一的。结构在极限荷载作用下，与它相平衡的弯矩在任何截面上都不超过该处的极限弯矩；而同时又产生足够多的塑性铰，使结构成为一个机构。

8.2.2　机动法和静力法

根据界限定理，在极限分析中可以采用两类方法：机动法和静力法。

1. 机动法

当结构和外荷载分布规律给定时，可先选定一种可能的破损机构，再令外载在这个机构的运动过程中所做的功等于在塑性铰上消耗的内力功，就可以得到形成这个破损机构所需的外载。根据上限定理，这样得到的荷载是真实极限荷载的一个上限。

例如，仍研究前节中的超静定梁，这时只要取图 8-2 作为破损机构，建立外力功与内力功相等的条件，就有

$$P \cdot \delta = M_s\theta + M_s \cdot 2\theta$$

式中，δ 为梁中点即 C 点的沿力 P 作用方向的位移，θ 为 A 截面的转角。

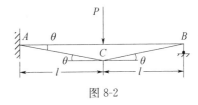

图 8-2

在塑性铰 A 处消耗的塑性功为 $M_s\theta$，在塑性铰 C 处消耗的塑性功则为 $M_s \cdot 2\theta$。在小变形条件下有几何关系 $\delta = \theta l$，于是从上式求出：

$$P^* = 3\frac{M_s}{l}$$

一般来说，这样求出的 $P^* \geqslant P_s$。而在本例中，由于 A 和 C 截面的弯矩最大，则图 8-2所示的破损机构是唯一可能的破损机构，如此求得的 P^* 也就恰等于极限荷载 P_s，当结构本身或受载情况比较复杂时，可能的破损机构往往不止一个，这时就要对各种可能的破损机构分别计算出相应的荷载，然后从中选出最小的一个作为极限荷载的上限估值。如若这种检验计算已经遍及所有可能的破损机构，可以证明 $P_s = \min（P^*）$。也可以检查与 P^* 相对应的破损机构的内力场，若是静力许可的，即不违背塑性极限弯矩条件，则 $P_s = P^*$，否则 P^* 为 P_s 的一个上限解（近似解）。

对静不定梁或刚架采用机动法时，一般并没有必要对整个结构写出弯矩分布，而可以参照以下原则来建立可能的破损机构：

（1）若结构仅承受集中力作用，则可能的塑性铰点是支座点、刚架杆件的两端、集

中力作用点。

（2）若梁的某一跨内或刚架的某一杆件上作用有分布荷载，预先无法知道塑性铰在这一梁跨或这一杆件上的位置，这时可假定塑性铰的位置用待定的几何参数 x 来描述，用机动法求出相应的 $q^* = q^*(x)$，然后由 $\dfrac{\mathrm{d}}{\mathrm{d}x} q^*(x) = 0$ 确定出 x 值以及相应的 $q^*_{\min}$。这样求得的 $q^*_{\min}$ 就是 q_s 或者 q_s 的最佳上限估值。

（3）塑性铰的数目要适当，配备铰点后静不定梁或刚架要确定成为可动机构，并且该机构只具有一个自由度。

（4）注意区分结构中原有的铰和设定的塑性铰，塑性铰是单向铰，且不能传递绝对值大于 M_s 的弯矩。另外，一般铰不消耗塑性功，而对塑性铰应逐一计算所消耗的塑性功，然后累加。

2. 静力法

对于梁或刚架，根据梁的支承条件及荷载情况画弯矩分布图，使梁内各处弯矩值不超过极限弯矩，此时的荷载为结构真实极限荷载的一个下限值 P°。也可以在弯矩可能达到最大的一些截面（注意这样的截面数目要适当，最多使梁或刚架成为具有一个自由度的可动机构），如固定端截面，刚架杆件的两端，集中力作用截面等，令其弯矩达到塑性极限弯矩，即 $|M| = M_s$，然后利用平衡方程求得整个结构内的弯矩分布图，再校核各截面的弯矩，若各处弯矩的绝对值均未超过 M_s，则所设的弯矩分布就是一个静力许可状态。根据下限定理，与这个静力场相平衡的荷载就是结构真实极限荷载的一个下限值 $P^\circ (= \eta^\circ P)$。在多个极限荷载下限值中取其最大值，便可得到极限荷载的一个较好的下限估值。也可以检查在 P° 作用下，结构已成为破坏机构则 $P_s = P^\circ$，否则 P° 为 P_s 的一个下限解（近似解）。

在用静力法求解时，若能同时考虑结构形成破坏机构所需的塑性铰数目，则得到的解答可接近或等于完全解。

例如，采用静力法求解图 8-1 中的静不定梁时，可先考察梁在弹性弯曲时的弯矩分布图 8-1（b）。这一弯矩分布在 A 和 C 截面分别达到最大负值和最大正值，于是可令 $M_A = -M_C$、$M_t = M_s$，这时容易看出梁内各截面的弯矩绝对值均未超过 M_s [图 8-1（e）]，因此，所设的弯矩分布是一个静力许可状态。若用 R 表示 B 处向上的约束反力，则从这一静力许可状态可以求出相应的外载，即由

$$M_C = Rl = M_s$$

得
$$R = \frac{M_s}{l}$$

再由
$$M_A = R \cdot 2l - P^\circ l = -M_s$$

得
$$P^\circ = 3\frac{M_s}{l}$$

这一荷载与前面按机动法求得的极限荷载上限值相等，这并不是偶然的，因为由这个静力场出发，求出的位移恰是前面的机动场。$P^* = P^\circ = P_s = 3\dfrac{M_s}{l}$ 为完全解。

对于比较复杂的结构，由于弯矩分布规律本身就难以求出，所以选取静力场一般比选取机动场要困难，换句话说，求得一个好的极限荷载下限通常要比求得一个好的上限更困难。

8.3 超静定梁的塑性极限分析

在静定梁中，若能形成一个塑性铰，则该梁具有一个自由度，从而成为破损机构。在超静定梁中，若使该梁成为具有一个自由度的机构，则需要在梁中形成塑性铰的个数要比它的超静定次数多一，才能形成破损机构。当梁的超静定次数为 n 时，则该梁成为破损机构所需的塑性铰数目为

$$r=n+1 \tag{8-4}$$

【例 8-1】 如图 8-3（a）所示两端固支梁，跨中受集中荷载，试求其极限荷载。

解 由于梁上仅有垂直荷载作用，不考虑沿梁轴方向的位移，可作为二次超静定梁求解。

（1）静力法：为求弯矩图，可将其看作图 8-3（b）的两个静定梁，分别求出其弯矩图［图 8-3（c）］，然后叠加，即可得到该超静定梁的弯矩［图 8-3（d）］。由弯矩图可知，$|M|_{\max}$ 在梁的固支端及跨中，令其达到塑性极限弯矩，即

$$-M_1=-M_s$$

$$\frac{1}{4}Pl-M_1=M_s$$

由以上两式可以求得极限荷载的下限为

$$P^\circ=\frac{8M_s}{l} \tag{a}$$

对于所讨论的梁，其超静定次数 $n=2$，形成破损机构所需的塑性铰数 $r=n+1=3$，当跨中及两个固支端截面上的弯矩（绝对值）为 M_s 时，形成三个塑性铰，亦即在 P° 作用下，该梁能够形成具有一个自由度的破损机构［图 8-3（e）］。因此，式（a）的 P° 值即为该梁的完全解 P_s。

（2）机动法：要是该梁成为具有一个自由度的破坏机构，需形成三个塑性铰，其破坏机构可选取图 8-3（e）所示机构。外力 P 所做的功为

$$W_e=P\delta$$

塑性铰处 M_s 与 θ 转向一致，内力功为

$$W_i=M_s\theta+2M_s\theta+M_s\theta=4M_s\theta=8M_s\frac{\delta}{l}$$

由 $W_e=W_i$ 可求得该破损机构所对应的极限荷载上限为

$$P^*=\frac{8M_s}{l} \tag{b}$$

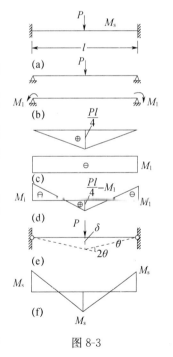

图 8-3

在 P^* 作用下，梁内弯矩如图 8-3（f）所示，该内力场有 $|M|\leqslant M_s$。因此，上式所示荷载即为完全解的极限荷载。

【例 8-2】 图 8-4 所示承受集中力作用的双跨连续梁，两个跨度中梁的塑性极限弯

矩不同，左跨为 $1.5M_s$，右跨为 M_s。试求其极限荷载。

解 用机动法求解。该梁为一次超静定梁，形成破损机构在梁中需要有两个塑性铰。在梁中可能形成塑性铰的截面有三个，即 D、B、E 处。可能的破损机构有三种，其相应的位移和相对转角如图 8-4 （a）、图 8-4 （b）、图 8-4 （c）所示。对于截面 B 上的塑性铰，应分别考虑左跨（$1.5M_s$）和右跨（M_s）上的两种情况。

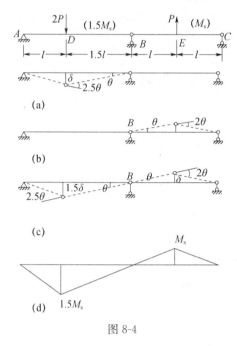

图 8-4

由破损机构 （a），当 B 处塑性铰产生于左、右两跨截面上时的破坏荷载分别为

$$P_{a_1}^*=1.75\frac{M_s}{l} \quad P_{a_2}^*=1.58\frac{M_s}{l}$$

由破损机构 （b），当 B 处塑性铰产生于右跨截面及左跨截面时的破坏荷载分别为

$$P_{b_1}^*=3\frac{M_s}{l} \quad P_{b_2}^*=3.5\frac{M_s}{l}$$

由破损机构 （c）可求得破坏荷载为

$$P_c^*=1.44\frac{M_s}{l}$$

比较上述三种破损机构的计算结果，应取其中的最小值作为极限荷载的近似值，即

$$P^*=P_c^*=1.44\frac{M_s}{l}$$

利用上式荷载可求得弯矩图 ［图 8-4 （d）］，由图中可知，左跨有 $|M|\leqslant1.5M_s$，右跨有 $|M|\leqslant M_s$，即不破坏极限弯矩条件。因此，上式的荷载即为该梁完全解的极限荷载。

必须指出，即使对于同一结构，若荷载的类型（如集中力）相同，其分布和方向也相同，塑性铰的位置也相同，但荷载间的比例不同时，则所形成的可能破损机构及最后的破损机构均不相同。如图 8-5 及图 8-6 所示三跨连续梁相同，集中力的位置与方向也相同，而荷载的比例系数不同，它们的破损机构不完全相同。当取所有可能破损机构所对应的破坏荷载的最小值时，其最后的破损形式不同。对于图 8-5，其最后破损形式为破损机构（d），而对于图 8-6，其最后的破损形式为破损机构（a）。两种不同荷载比例系数的连续梁，其最后的破损形式不同，极限荷载的近似值也不同。

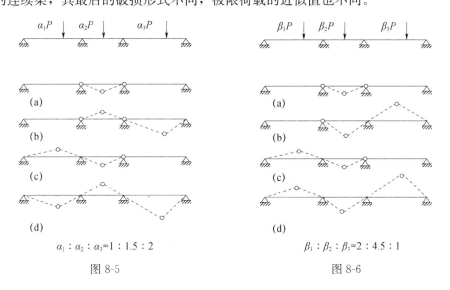

图 8-5   图 8-6

在图 8-5 中，破损机构（b）和（d）所示的中跨，或破损机构（c）所示的左跨，其荷载所做的外力功为负值，即 $\alpha_i P \delta_i < 0$，这在连续梁的极限分析中是经常出现的。根据极限分析的上限定理可知，如果在梁中满足 $\sum \alpha_i P \delta_i > 0$，即在整个结构中外力所做功的总和为正，则这种结构中出现局部做负功的破损机构也是可能存在的。图 8-6 中也有类似情况。

【例 8-3】 求图 8-7（a）所示梁的极限荷载 q_s。

解 这是一次超静定梁，除了在固定端形成塑性铰外，还需要有一个塑性铰才能成为破损机构。设第二个塑性铰在梁的中点 C 处，如图 8-7（b）所示。应用内力功与外力功相等的原理，得

$$3M_s\theta = 2q_1^* l \cdot \frac{l\theta}{2}$$

所以

$$q_1^* = 3\frac{M_s}{l^2} \tag{c}$$

塑性铰 A 处弯矩为 $-M_s$，C 处弯矩为 M_s，由平衡条件，就可算出 A 和 B 的支反力，它们分别为 $Y_A = 3.5\frac{M_s}{l}$、$Y_B = 2.5\frac{M_s}{l}$。以 A 为坐标原点，可以得弯矩分布为

$$M(x) = M_s\left[5\left(1-\frac{x}{2l}\right) - 6\left(1-\frac{x}{2l}\right)^2\right]$$

其最大值在 $\frac{x}{l} = \frac{7}{6}$ 处，并等于 $\frac{25}{24}M_s > M_s$，如图 8-7（c）所示，因此式（c）给出的 q_1^* 并非真实的极限荷载。若将图 8-7（c）所示的弯矩都乘以 $\frac{24}{25}$ 的因子，则所得结果将

与 $\dfrac{24}{25}q_1^*$ 相平衡，并且各截面上的弯矩都不超过极限弯矩 M_s，所以 $\dfrac{24}{25}q_1^*$ 是一个静力解，即

$$q^\circ = \frac{24}{25} \times 3\frac{M_s}{l^2} = 2.88\frac{M_s}{l^2} \tag{d}$$

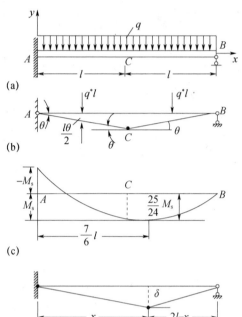

图 8-7

根据式（c）和式（d），得

$$\bar{q}_s = 2.94\frac{M_s}{l^2} \tag{e}$$

式（e）所给结果已足够准确。我们还可以进一步假定中间铰在 $x = \dfrac{7}{6}l$ 处，求出上限为

$$q_2^* = 2.92\frac{M_s}{l^2} \tag{f}$$

根据式（d）和式（f），得

$$2.88 \leqslant \frac{q_s}{\dfrac{M_s}{l^2}} \leqslant 2.92$$

为了求得 q_s，可假设中间铰出现在距固定端 A 为 x 处，如图 8-7（d）所示，由外力功与内力功相等，得

$$q^* x \cdot \frac{\delta}{2} + q^*(2l-x) \cdot \frac{\delta}{2} = M_s\left(\frac{\delta}{x} + \frac{\delta}{x} + \frac{\delta}{2l-x}\right)$$

即

$$q^* = \frac{M_s}{l}\left(\frac{2}{x} + \frac{1}{2l-x}\right)$$

因为 x 变化将包含所有可能的破损机构，所以由 $\frac{\mathrm{d}q^*}{\mathrm{d}x} = 0$，得

$$x = 2l(2-\sqrt{2})$$

代回 q^* 式，得其最小值为

$$q_s = \frac{(3+2\sqrt{2})M_s}{2l^2} \approx 2.91\frac{M_s}{l^2}$$

这就是梁的极限荷载。

【**例 8-4**】 试用机动法求图 8-8（a）所示双跨梁的极限荷载，假设有 $P = \frac{1}{2}ql$。

解 若在梁中有两个塑性铰，则该梁将成为破损机构。一个铰在支座 B 处，另一个铰将在 AB 中点或 BC 中某点形成。

若塑性铰在 BC 中的 D 处形成，并设 D 与 C 的距离为 x［图 8-8（b）］，此时有

$$w_D = w_0 \qquad \theta_B = \frac{w_0}{l-x}$$

$$\theta_D = \frac{w_0}{x} + \frac{w_0}{l-x} = \frac{lw_0}{x(l-x)}$$

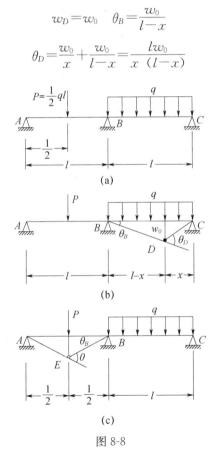

图 8-8

外力功为

$$W_e = \int_0^l qw\,\mathrm{d}x = \frac{1}{2}qlw_0$$

内力功为

$$W_i = M_s\theta_B + M_s\theta_D = M_s\frac{w_0}{l-x} + M_s\frac{lw_0}{x(l-x)}$$

由 $W_e = W_i$ 可以求得极限荷载的一个上限为

$$q_D^* = 2M_s\frac{x+l}{xl(l-x)}$$

式中的距离 x 可由 $\frac{dq_D^*}{dx} = 0$ 确定。将 q_D^* 的表达式微分得

$$\frac{dq_D^*}{dx} = \frac{2M_s}{l}\frac{x(l-x) - (x+l)(l-2x)}{x^2(l-x)^2} = 0$$

由此得

$$x(l-x) - (x+l)(l-2x) = 0$$

即

$$x^2 + 2lx - l^2 = 0$$

最后得

$$x = (\sqrt{2}-1)l = 0.41l$$

将 $x = 0.41l$ 代入 q_D^* 的表达式后，则有 $q_D^* = 11.66\dfrac{M_s}{l^2}$。

若在 AB 中点 E 处形成塑性铰 [图 8-8 (c)]，则有 $P_E^* = \dfrac{6M_s}{l}$。

由于 $P = \dfrac{1}{2}ql$，所以，在 E 处形成塑性铰时相应有

$$\frac{1}{2}q_E^*l = \frac{6M_s}{l} \text{ 即 } q_E^* = 12\frac{M_s}{l^2}$$

由以上分析可知，$q_D^* < q_E^*$，因此该梁的极限荷载为

$$q_s = 11.66\frac{M_s}{l^2}$$

【例 8-5】 已知钢梁 A 端固定，另一端由钢杆 BC 悬挂在 C 处 [图 8-9 (a)]，若拉杆的截面面积为 F，塑性截面形状系数 W_s $(M_s = \sigma_s W_s)$。当 $\alpha = \dfrac{Fl}{W_s}$ 为多大时，梁在外力 P 作用下而破坏？α 为多大时拉杆将进入塑性状态？

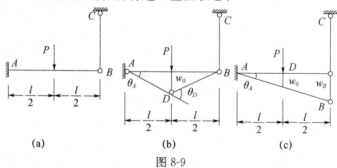

图 8-9

解 第一种破坏的可能性，如图 8-9 (b) 所示，此时破坏荷载为

$$P_1^* = \frac{6M_s}{l} = \frac{6}{l}\sigma_s W_s$$

第二种破坏的可能性是在 A 处形成塑性铰，且杆 BC 也进入塑性状态 [图 8-9 (c)]，此时有 $w_D=w_0$、$w_B=2w_0$、$\theta_A=\dfrac{2w_0}{l}$。

由内力功与外力功相等，有

$$Pw_0=M_s\frac{2w_0}{l}+N_s 2w_0$$

式中，$N_s=\sigma_s F$，$M_s=\sigma_s W_s$。

将 N_s 与 M_s 代入上式，则得

$$P_2^*=2\sigma_s\left(\frac{W_s}{l}+F\right)$$

由 $P_1^*=P_2^*$ 的条件可得

$$\alpha=\frac{Fl}{W_s}=2$$

若 $\alpha>2$，则按图 8-9 (b) 破坏；若 $\alpha<2$，则按图 8-9 (c) 破坏，即拉杆将进入塑性状态。

【例 8-6】   试用机动法求图示三跨超静定梁的塑性极限荷载 P_s。

解   (1) 单跨破坏。

有图 8-10 (b)、8-10 (c)、8-10 (d) 三种情况。

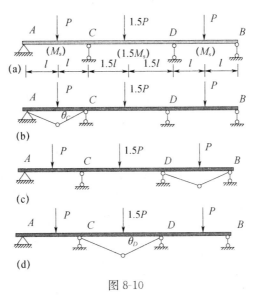

图 8-10

对图 8-10 (b) 这种破损结构形式，由内力功与外力功相等，有

$$P^* l\theta_C=3M_s\theta_C$$

所以

$$P_1^*=3\frac{M_s}{l}$$

破损结构图 8-10 (c) 与破损结构图 8-10 (b) 类似，因此相应的破坏荷载相同。

对破损结构图 8-10 (d)，由内力功与外力功相等，有

$$2.25P^* l\theta_D=1.5M_s\cdot 2\theta_D+2M_s\cdot\theta_D$$

所以

$$P_2^* = \frac{20}{9}\frac{M_s}{l}$$

由于用机动法求的破坏荷载是真实极限荷载的上限解，因此在计算内力功时，直接取塑性铰处相邻跨中极限最小弯矩值来计算。

（2）两跨破坏。

有图 8-11（b）、8-11（c）两种情况。

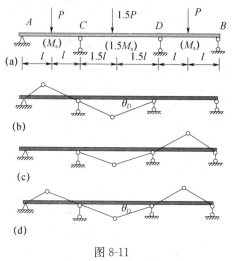

图 8-11

对图 8-11（b）这种破损结构形式，由内力功与外力功相等，有

$$2.25P^* l\theta_D - P^* l\theta_D = 1.5M_s \cdot 2\theta_D + M_s \cdot 2\theta_D + M_s \cdot \theta_D$$

所以

$$P_3^* = \frac{24}{5}\frac{M_s}{l}$$

破损结构图 8-11（c），与破损结构图 8-11（b）类似，因此相应的破坏荷载相同。

（3）整体破坏。

只有图 8-11（d）一种情况。对破损结构图 8-11（d），由内力功与外力功相等，有

$$2.25P^* l\theta_D - P^* l\theta_D - P^* l\theta_D = 1.5M_s \cdot 2\theta_D + 2M_s \cdot 2\theta_D$$

所以

$$P_4^* = 28\frac{M_s}{l}$$

那么，$\min\{P_1^*，P_2^*，P_3^*，P_4^*\} = \frac{20M_s}{9\ l}$，也就是说 $P_2^* = \frac{20M_s}{9\ l}$ 是一个较好的极限荷载的上限解。然后绘制 P_2^* 作用下该梁的弯矩图，如图 8-12 所示。

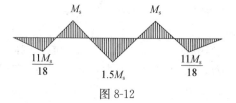

图 8-12

由该弯矩图可知，与 P_2^* 相对应的破损机构的内力场，不违背塑性极限弯矩条件，即内力场是静力许可的，因此 P_2^* 是该问题的真实极限荷载，也就说该上限解为完全解。

讨论：

（1）一般情况下，梁的超静定次数为 n 时，使梁形成破坏机构需 $n+1$ 个塑性铰，即规定 $n+1$ 个截面的弯矩达到塑性极限弯矩，此时梁的内力和塑性极限荷载都可确定，并形成整体破坏机构。

（2）如梁的塑性铰数目少于 $n+1$ 个，但足以使部分结构成为机构，该机构称为局部破坏机构。

（3）在局部破坏机构中，塑性极限荷载和变成机构的部分内力可唯一确定，若在刚性区能找到一个静力允许的内力场，则得到的上限解为完全解。

8.4 刚架的塑性极限分析

在刚架的塑性极限分析中，一般不考虑轴向力及剪力对屈服条件的影响，只考虑杆中弯矩对塑性变形的影响，而屈服条件则通过杆截面的弯矩绝对值达到所能传递的最大弯矩——极限弯矩 M_s 来表示，即 $|M|=M_s$，在杆的截面上应满足 $-M_s \leqslant M \leqslant M_s$ 的条件。在梁或刚架上，弯矩达到极限弯矩处将产生塑性铰。对于超静定梁的极限分析，当梁中形成塑性铰的个数比超静定次数多一时，则该梁就成为破损机构。这种分析方法也可用于刚架的极限分析。例如，图 8-13（a）所示的刚架，为三次超静定，当 A、B、C、D、E 有四个截面形成塑性铰时，刚架变成了机构 [图 8-13（b）和（d）]，从而丧失了承载能力；当 B、C、D 三个截面形成塑性铰时，如图 8-13（c）所示，虽然杆件 AB 和 ED 还可能再单独承载，但 BD 已局部成为破损机构，它也可能成为刚架最后的破损机构型式。刚架的最后破损型式不仅与荷载的组合有关，而且与梁和柱的塑性极限弯矩有关。

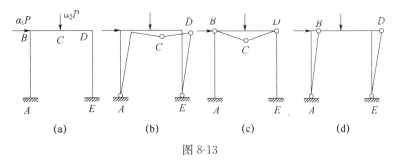

图 8-13

为了进行刚架的极限分析，需要规定截面上弯矩的正负号规则。例如，在图 8-14（a）中，假设使刚架内侧纤维受拉的弯矩为正，并以虚线表示纤维受拉的一侧。若刚架中出现塑性铰，为了使塑性功为正值，则塑性铰处杆件相对转角的符号规定应与弯矩相同。

一般对于 n 次超静定刚架，当出现 $n+1$ 个塑性铰时，结构就会变成机构而产生塑性流动。最后，可以认为每一种破损机构都是一个机动场，如果该机构中在塑性铰 x_k^* 点两侧梁段的相对转角为 θ_k^*（$k=1, 2, \cdots, n+1$），与外荷载相对应的广义位移为 Δ_α^*（$\alpha=1, 2, \cdots, r$），那么这个机动场也可以表示为 $\{\theta_k^*, \Delta_\alpha^*\}$。我们称那些使外荷载在 Δ_α^* 上所做的总功取正值的机动场为运动许可场。对于每一个运动许可场，当令外荷载做的总功与塑性铰的总耗散功相等时，便得到一个荷载值。机动法就是要在一切可能的运动许可场中寻求取值最小的外荷载。

在实际问题中，结构的超静定次数和结构中可能成塑性铰的节点数往往都很大，这时结构可能出现的塑性流动机构的数目也将很大。这就使得塑性极限荷载的计算变得十分繁复。较简便的一种方法就是在以上这些塑性流动机构中事先选取其中的某几个，并分别算出这几个机构所对应的"上限荷载"，进而考察这些"上限荷载"中取最小值的塑性流动机构，并将其塑性铰点上的弯矩值取为极限弯矩（其正负号与成铰时相对转角的方向一致），然后根据平衡条件求出其他各节点处的弯矩值。如果所有截面上弯矩的绝对值都没有超过极限弯矩，那么我们就找到了一个静力许可场，因为它同时又对应于某个运动许可场，所以以上所求得的荷载值就是真实的极限荷载。否则，以上的荷载只能是真实极限荷载的上限，而需要对其他的塑性流动机构再重新进行计算。

例如，考虑图 8-14 所示的刚架，它为两次超静定，即 $n=2$。要使刚架成为破损机构，需要形成的塑性铰个数 $r=n+1=3$。刚架中可能形成塑性铰的截面有四个，即图 8-14（b）中的截面 1、2、3、4。可能的破损机构如图 8-15 所示。

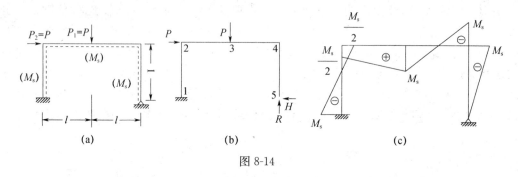

图 8-14

对于图 8-15（a）的破坏机构

外力功 $W_e=P\delta=Pl\theta$，内力功 $W_i=M_s\theta+M_s\cdot 2\theta+M_s\theta$

令 $W_e=W_i$，则得 $P_a^*=4\dfrac{M_s}{l}$。

对于图 8-15（b）的破坏机构，$P_b^*=3\dfrac{M_s}{l}$。

对于图 8-15（c）的破坏机构，转角 $\theta_1=\theta_5$，两个集中力的相应位移均为 $\theta_1 l$，由外力功与内力功相等有

$$Pl\theta_1+Pl\theta_1=M_s\theta_1+M_s\cdot 2\theta_1+M_s\cdot 2\theta_1$$

得出

$$P_c^*=\frac{5}{2}\frac{M_s}{l}$$

比较三种破损机构的破坏荷载，显然 P_c^* 最小。现在检查 P_c^* 对应的弯矩分布是否

满足极限弯矩条件 $|M| \leqslant M_s$。如果截面 1、2、3、4 上的弯矩已知，则整个刚架的弯矩图便可作出。将刚架铰支座（截面 5）用未知力 R 和 H 代替 [图 8-14 (b)]，则刚架变为静定的，就有

$$\begin{cases} M_1 = 2Rl - 2Pl \\ M_2 = 2Rl - Hl - Pl \\ M_3 = Rl - Hl \\ M_4 = -Hl \end{cases} \quad \text{(a)}$$

将 P_c^* 及 $M_1 = -M_s$、$M_3 = M_s$、$M_4 = -M_s$ 代入式（a），则可得

$$H = \frac{M_s}{l} \quad R = 2\frac{M_s}{l} \quad M_2 = \frac{M_s}{2} < M_s$$

刚架此时的弯矩图如图 8-14 (c) 所示，满足 $|M| \leqslant M_s$，从而 P_c^* 就是该刚架完全解的极限荷载，即

$$P_s = P_c^* = \frac{5M_s}{2l}$$

如果将破损机构 (a) 和 (b) 的破坏荷载及相应的塑性铰极限弯矩值代入 (a) 式，将不会满足极限条件 $|M| \leqslant M_s$，设其中 $|M|_{max} = \alpha M_s$，则将对应的破坏荷载乘以 $\frac{1}{\alpha}$ 因子，就得一个静力解，它满足极限条件，可作为极限荷载的一个下限。

【例 8-7】 使用静力法和机动法求图 8-16 所示钢架的极限荷载，已知梁和柱的塑性极限弯矩均为 M_s，$P = \frac{1}{2}ql$。

解 （1）静力法。

该刚架为二次超静定结构，当成为破损机构时，在刚架上应有 $r = n + 1 = 3$ 个塑性铰。若截面 1、2、3、4 处的弯矩值已知，则刚架的弯矩图将是唯一确定的。点 3 的位置用 x 表示。根据图 8-17 (a)，可以写出弯矩表达式为

$$\begin{cases} M_1 = Rl - ql \cdot \frac{l}{2} - Pl \\ M_2 = Rl - Hl - ql \cdot \frac{l}{2} \\ M_3 = Rx - Hl - \frac{qx^2}{2} \\ M_4 = -Hl \end{cases}$$

将 $P = \frac{1}{2}ql$ 代入上式第一式，则得

$$R = \frac{M_1}{l} + ql$$

由第四式得

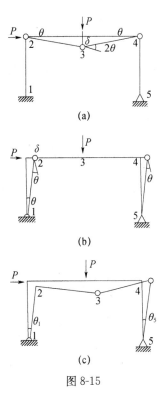

图 8-15

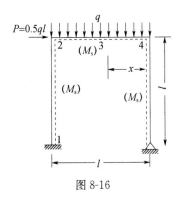

图 8-16

$$H = -\frac{M_4}{l}$$

将 R、H 值代入第二式，即 M_2 的表达式，则得

$$M_2 = M_1 + ql^2 + M_4 - \frac{ql^2}{2}$$

由上式可得

$$q = \frac{2M_2}{l^2} - \frac{2M_1}{l^2} - \frac{2M_4}{l^2} \tag{b}$$

将 H 和 R 值代入第三个式，即 M_3 的表达式，得

$$M_3 = M_1 \frac{x}{l} + qlx + M_4 - \frac{qx^2}{2}$$

由上式可得

$$q = \frac{2M_3 - 2M_1 \dfrac{x}{l} - 2M_4}{2lx - x^2} \tag{c}$$

至此得出两个独立的联系外荷载与极限弯矩之间关系的表达式，式中包含五个未知量：q、M_1、M_2、M_3、M_4。要确定五个未知量，必须补充刚架中三个截面达到塑性极限状态 $|M_i| = M_s$ 的条件。三个截面上达到极限弯矩值共有四种可能的组合，即（1，2，3）、（1，2，4）、（1，3，4，）、（2，3，4）。由弹性状态分析可知，截面 2 处弯矩绝对值最小，达不到 M_s。因此，取（1，3，4）的组合，考虑到弯矩的正负号规则，则有

$$M_1 = -M_s \quad M_3 = M_s \quad M_4 = -M_s$$

将以上弯矩值代入包含它们的式（c），得

$$q = \frac{2M_s}{l} \frac{2l + x}{x(2l - x)}$$

参数 x 由极值条件 $\dfrac{\mathrm{d}q}{\mathrm{d}x} = 0$ 确定，得出

$$x^2 + 4lx - 4l^2 = 0$$

由此求得 $x = 0.828l$。将 x 值代入 q 表达式，则有 $q = 5.8 \dfrac{M_s}{l^2}$。

为了求出静力许可状态，应将 M_2 求出。由方程式（b）得

$$M_2 = -2M_s + \frac{ql^2}{2} = 0.9M_s < M_s$$

证实了满足极限条件 $|M| \leqslant M_s$，又有对应的破损机构，则为完全解的极限荷载。

（2）机动法。

取图 8-17（b）、（c）、（d）三种破损机构分析。

破损机构（b）：

相对转角：θ_2，$\theta_4 = \theta_2 \dfrac{l-x}{x}$，$\theta_3 = \theta_2 \left(1 + \dfrac{l-x}{x}\right)$。

位移：$w_3 = \theta_2(l-x)$。

由外力功与内力功相等，得

$$\frac{1}{2} q\theta_2(l-x)l = M_s\theta_2 + M_s\theta_2\left(1 + \frac{l-x}{x}\right) + M_s\theta_2 \frac{l-x}{x}$$

化简为

$$\frac{ql}{2}(l-x)=M_s\left(1+1+\frac{l-x}{x}+\frac{l-x}{x}\right)$$

即

$$q_b^*=\frac{4}{x(l-x)}M_s$$

参数 x 由 $\dfrac{\mathrm{d}q_b^*}{\mathrm{d}x}=0$ 确定，由此得出 $x=l/2$，代入 q_b^* 表达式，则得

$$q_b^*=16\frac{M_s}{l^2}$$

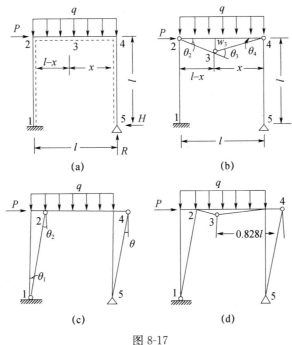

图 8-17

破损机构（c）：

根据图 8-17（c）所示破损机构，用同样方法可得

$$q_c^*=6\frac{M_s}{l^2}$$

破损机构（d）：

相对转角：$\theta_1=\theta_5$，$\theta_3=\theta_1+\dfrac{l-x}{x}\theta_1=\theta_4$

位移：$w_2=l\theta_1$，$w_3=(l-x)\theta_1$

由外力功与内力功相等，得

$$\frac{1}{2}ql\cdot l\theta_1+\frac{1}{2}(l-x)\theta_1 ql=M_s\theta_1+2M_s\left(1+\frac{l-x}{x}\right)\theta_1$$

整理成为

$$\frac{q}{2}(2l^2-lx)=M_s\left[3+\frac{2(l-x)}{x}\right]$$

由此可得

$$q_d^* = \frac{2M_s}{l} \frac{2l+x}{x(2l-x)}$$

参数 x 由 $\frac{\mathrm{d}q_d^*}{\mathrm{d}x}=0$ 确定，由此得出 $x=0.828l$，代入上式，最后得

$$q_d^* = 5.8 \frac{M_s}{l^2}$$

与前面两种破损机构破坏荷载比较，显然 q_d^* 最小，且等于已求出的刚架极限荷载，所以

$$q_s = q_d^* = 5.8 \frac{M_s}{l^2}$$

8.5 简支方形薄板的塑性极限分析

8.5.1 矩形薄板的基本方程和极限条件

进行矩形板的分析时，通常将坐标原点 O 设在中面的中心处，x、y 轴在中面内，z 轴垂直于中面，如图 8-18 所示。

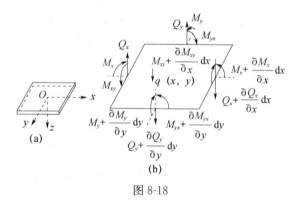

图 8-18

在此仍采用弹性薄板的有关假设：

（1）垂直于中面方向的线应变 ε_z 可以不计；

（2）中面的法线在板变形后仍为直线，且垂直于变形后的中面（直线法假设）；

（3）中面内各点没有平行于中面的位移；

（4）应力分量 σ_z、τ_{yz}、τ_{zx} 远小于其他应力分量，与其他应力分量比较，可以不考虑其影响。

若板中面的挠度为 w，则由假设（1）可知 $\varepsilon_z=0$，即 $\frac{\partial w}{\partial z}=0$，所以有 $w=w(x,y)$。由以上假设知，在中面以外的板上产生的 x、y 方向的位移分量为

$$u = -z\frac{\partial w}{\partial x} \qquad v = -z\frac{\partial w}{\partial y} \tag{a}$$

由几何方程知应变分量为

$$\varepsilon_x = -z\frac{\partial^2 w}{\partial x^2} \quad \varepsilon_y = -z\frac{\partial^2 w}{\partial y^2} \quad \gamma_{xy} = -2z\frac{\partial^2 w}{\partial x \partial y}$$

或者写成

$$\varepsilon_x = zK_x \quad \varepsilon_y = zK_y \quad \gamma_{xy} = zK_{xy} \tag{8-5}$$

另 K_x、K_y、K_{xy} 分别为板中面的曲率和扭曲率，则

$$K_x = -\frac{\partial^2 w}{\partial x^2} \quad K_y = -\frac{\partial^2 w}{\partial y^2} \quad K_{xy} = -2\frac{\partial^2 w}{\partial x \partial y} \tag{b}$$

若板的单位长度上的弯矩为 M_x、M_y，单位长度上的扭矩为 M_{xy}，单位长度上的剪力为 Q_x、Q_y，在板上作用着分布荷载 $q(x, y)$。由微元体 $\mathrm{d}x\mathrm{d}y$ 的平衡条件，可以求得其平衡方程为

$$\frac{\partial^2 M_x}{\partial x^2} + 2\frac{\partial^2 M_{xy}}{\partial x \partial y} + \frac{\partial^2 M_y}{\partial y^2} = -q(x, y) \tag{8-6}$$

当板进入塑性极限状态时，应力 σ_x、σ_y、τ_{xy} 沿板厚度分布的绝对值不变，而正负号在板中面两侧相反，这与极限状态时梁截面上的应力分布类似。对于厚度为 $2h$ 的板，其弯矩和扭矩分别为

$$M_x = \int_{-h}^{h} \sigma_x z\mathrm{d}z = \sigma_x h^2 \quad M_y = \sigma_y h^2 \quad M_{xy} = \tau_{xy} h^2 \tag{c}$$

由假设（4）略去 σ_z、τ_{zx}、τ_{zy} 对屈服的影响，则 Mises 屈服条件与平面应力问题具有相同的形式：

$$\sigma_x^2 - \sigma_x\sigma_y + \sigma_y^2 + 3\tau_{xy}^2 = \sigma_s^2$$

满足上述条件时，考虑式（c），则以内力表示的极限条件为

$$M_x^2 - M_x M_y + M_y^2 + 3M_{xy}^2 = M_s^2 \tag{8-7}$$

若以 σ_1 和 σ_2 表示板的主应力，则 Tresca 屈服条件为

$$\max(|\sigma_1|, |\sigma_2|, |\sigma_1 - \sigma_2|) = \sigma_s$$

满足上面屈服条件时，采用与式（c）类似的内力公式，则以内力表示的极限条件为

$$\max(|M_1|, |M_2|, |M_1 - M_2|) = M_s \tag{8-8}$$

式（8-7）和式（8-8）中的 M_s 对于 $2h$ 厚的板，则为

$$M_s = \sigma_s h^2 \tag{d}$$

在矩形板的塑性极限分析中，作为一般问题求解时，应满足平衡条件（包括力的边界条件）、几何条件和极限条件。除此之外，为了表示塑性区的应力分量与应变分量之间的关系，可采用全量理论的表达式，即

$$\begin{cases} \sigma_x - \sigma_m = \dfrac{2\overline{\sigma}}{3\overline{\varepsilon}}(\varepsilon_x - \varepsilon_m) \\[2mm] \sigma_y - \sigma_m = \dfrac{2\overline{\sigma}}{3\overline{\varepsilon}}(\varepsilon_y - \varepsilon_m) \\[2mm] \tau_{xy} = \dfrac{\overline{\sigma}}{3\overline{\varepsilon}}\gamma_{xy} \end{cases} \tag{e}$$

当考虑到体积不可压缩时，有 $\varepsilon_m = 0$；若不计板 z 向挤压应力，取 $\sigma_z = 0$，则

$$\sigma_m = \frac{1}{3}(\sigma_x + \sigma_y)$$

由式（c）可得

$$\sigma_x = \frac{M_x}{h^2} \quad \sigma_y = \frac{M_y}{h^2} \quad \tau_{xy} = \frac{M_{xy}}{h^2}$$

将上列各式及式（8-5）代入式（e）的第一式，得

$$\frac{M_x}{h^2} - \frac{1}{3}\frac{M_x + M_y}{h^2} = \frac{2\bar{\sigma}}{3\bar{\varepsilon}}zK_x$$

如令 $\mu = \dfrac{\bar{\varepsilon}}{2\bar{\sigma}h^2 z}$，则上式化为

$$K_x = \mu(2M_x - M_y) \tag{8-9a}$$

同样有

$$K_y = \mu(2M_y - M_x) \tag{8-9b}$$

$$K_{xy} = 6\mu M_{xy} \tag{8-9c}$$

上式中 μ 是个不确定的正值，亦即对于理想弹塑性材料的板，不能由应力状态唯一地确定其变形。

将式（8-9）考虑在内，求解的基本方程式共有八个，即平衡方程式（8-6），几何方程式（8-5），极限条件式（8-7）或式（8-8），弯矩与曲率的关系式（8-9）。未知函数有 M_x、M_y、M_{xy}、K_x、K_y、K_{xy}、w 和 μ，共计八个。但是在求解中，由于极限条件的非线性（Mises 条件）或者需要事先确定内力的主值（Tresca 条件），求其问题的完全解是比较困难的。因此，只能利用极限分析定理，求得极限荷载的界限。在大多数情况下，求其下限解的极限荷载也有一定困难，一般是利用机动法求其上限解的极限荷载。

8.5.2　简支方形薄板的极限荷载

四边简支的正方形板，边长为 $2a$，承受均布荷载的作用，如图 8-19 所示，现用静力法和机动法求其极限荷载。

1. 静力法

利用静力法求极限荷载的下限解时，可采用半逆解法，即先假设板的一部分内力，并由平衡方程及边界条件求出另外一部分内力，将全部内力代入极限条件，由此可以确定出极限荷载的下限解。

对于图 8-19 所示的简支正方形板，假设在极限状态时其的内力为

$$M_x = C(a^2 - x^2) \quad M_y = C(a^2 - y^2)$$

上式满足简支的边界条件：$M_x|_{x=\pm a} = 0$ 和 $M_y|_{y=\pm a} = 0$。将上式代入平衡方程式（8-6），则得

$$\frac{\partial^2 M_{xy}}{\partial x \partial y} = -\frac{q}{2} + 2C$$

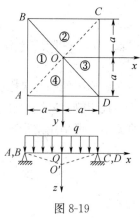

图 8-19

为满足上式，可取 $M_{xy} = \left(2C - \dfrac{q}{2}\right)xy$，则所有内力 M_x、M_y、M_{xy} 满足平衡方程和边界条件。

将内力代入 Mises 极限条件，则式（8-7）左侧为

$$M_x^2 - M_x M_y + M_y^2 + 3M_{xy}^2 = C^2(a^4 - a^2 x^2 - a^2 y^2 + x^4 - x^2 y^2 + y^4) + 3\left(2C - \frac{q}{2}\right)^2 x^2 y^2$$

上式的数值不能超过 M_s^2，可以证明其最大值可能发生在（0，0）、（0，$\pm a$）、（$\pm a$，0）、（$\pm a$，$\pm a$）处，亦即在板的中点、板的四边中点以及板的四个角点处，共计有九个点。将点的坐标值代入极限条件，得出

$$C^2 a^4 = M_s^2, \quad 3a^4\left(2C - \frac{q}{2}\right)^2 = M_s^2$$

由第一式得 $C = \dfrac{M_s}{a^2}$，代入第二式，得

$$3a^4\left(\frac{2M_s}{a^2} - \frac{q}{2}\right)^2 = M_s^2$$

求出

$$q = \left(2 \pm \frac{1}{\sqrt{3}}\right)\frac{2M_s}{a^2}$$

在上式中取其数值较大者为极限荷载的下限解，即

$$q° = 5.16\frac{M_s}{a^2} \tag{f}$$

2. 机动法

利用机动法求极限荷载的上限解时，应首先假设破损机构。根据方板的破坏试验可知，当方板破坏时形成棱锥形，塑性铰线沿板的对角线方向，如图 8-19 中虚线所示。由于板在开始破坏的瞬时，其中点的挠度 OO' 与板的其他尺寸相比是很小的，所以板破坏后形成棱锥形的棱长可用其水平投影的长度代替。因达到极限状态时，O 点的挠度大小不影响极限荷载的数值，通常假设其挠度为 1。

板的外力功为

$$W_e = q\int_A w\,\mathrm{d}A$$

上式中，$\int_A w\,\mathrm{d}A$ 为棱锥体的体枳，且有 $V = \dfrac{4}{3}a^2$，所以上式可写为

$$W_e = \frac{4}{3}qa^2$$

由于采用刚塑性变形模型，计算内力功时，只考虑塑性铰线处极限弯矩在板转动时所做的功。例如，为了计算铰线 OB 上的内力功，需求出板①和②的相对转角，为此过 AOC 线作一垂直于板的平面，如图 8-20 所示，则板①和②的相对转角为

$$\theta = \theta_1 + \theta_2 = \frac{1}{O'A} + \frac{1}{O'C} \approx \frac{1}{OA} + \frac{1}{OC} = \frac{\sqrt{2}}{a}$$

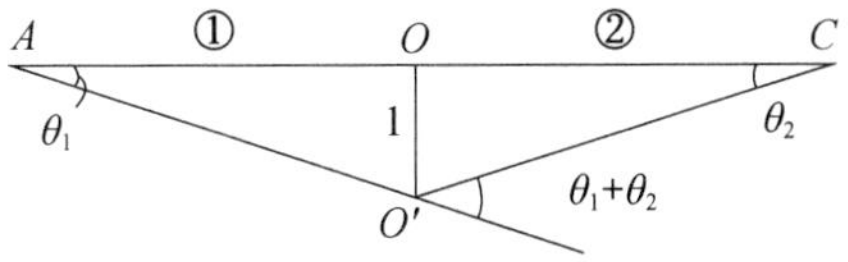

图 8-20

为计算方便，暂取 x 轴与 BO 线平行，由于 BO' 为直线，就有 $\dfrac{\partial w}{\partial x}=$ 常数，根据式（b）有 $K_x=K_{xy}=0$，利用式（8-9）得 $M_x=\dfrac{1}{2}M_y$、$M_{xy}=0$。该内力场还应满足极限条件，将 M_x 及 M_{xy} 值代入式（8-7），得

$$M_y=\frac{2}{\sqrt{3}}M_s$$

M_y 在塑性铰线 BO 上的内力功为

$$\frac{2}{\sqrt{3}}M_s\cdot\frac{\sqrt{2}}{a}\cdot BO=\frac{4}{\sqrt{3}}M_s$$

在其他三条塑性铰线 OA、OC 和 OD 上也产生如上式表达的内力功。全部内力功为

$$W_i=\frac{16}{\sqrt{3}}M_s$$

由 $W_e=W_i$ 得

$$q^*=4\sqrt{3}\frac{M_s}{a^2}=6.93\frac{M_s}{a^2}$$

结合式（f），极限荷载的界限为

$$5.16\frac{M_s}{a^2}\leqslant q_s\leqslant 6.93\frac{M_s}{a^2}$$

在实际应用中，可取上、下限的平均值作为极限荷载的近似值，即

$$q_s\approx 6.05\frac{M_s}{a^2}$$

8.6 用机动法计算多边形薄板的极限荷载

8.6.1 多边形简支板

现在研究用机动法求解周边简支多边形薄板在 O 点承受一集中力的极限荷载。这种方法是假设板进入极限状态，并且已成为几何可变机构，根据内力功等于外力功的原理，可求出极限荷载的上限。如图 8-21 所示，板的破坏形状将是以 O 点为顶点的角锥体，它的棱就是从支承周边的交点到顶点的塑性铰线（所谓塑性铰线，即当弯矩达到极限值 M_s 后，在板上形成破坏折线，此铰线和梁的塑性铰一样，能承受塑性弯矩，也是单向铰，并且通常都认为是直线）。角锥体的高度就是塑性状态时的力 P 下的挠度，假设为单位 1。由于考虑的是小挠度，所以板的挠度与板的其他尺寸相比是很小的，因而可以认为角锥体棱的水平投影等于棱长。

外力功

$$W_e=P\times 1=P \tag{a}$$

内力功只考虑塑性铰线处极限弯矩所做的功，则内力功为单位塑性弯矩 M_s 乘以塑性铰线处相对转角 θ_i 和塑性铰线长度 l_i 的总和，即

$$M_s\sum\theta_i l_i \tag{b}$$

过 O 点作铅垂平面与薄板原来的水平面相交于 AB 线，且使 AB 垂直于棱 10 的投影，如图 8-21（b）所示。设棱10两侧板块相对转角为 θ_1，由图可以求出它为

$$\theta_1 = \frac{1}{a} + \frac{1}{b}$$

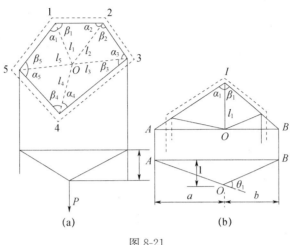

图 8-21

由图又知

$$a = l_1 \tan\alpha_1 \qquad b = l_1 \tan\beta_1$$

将上两式代入 θ_1 的表达式，则得

$$\theta_1 = \frac{1}{l_1}\ (\cot\alpha_1 + \cot\beta_1)$$

显然，对每条棱两侧板块的相对转角均可按上式计算，只要代入它们的 l_i、α_i、β_i 即可。

于是，结合式（b）有

$$W_i = M_s \sum (\cot\alpha_i + \cot\beta_i) \tag{c}$$

式中，α_i 及 β_i 为角锥休棱的水平投影与薄板周边所成的夹角，如图 8-21（a）所示。

由 $W_e = W_i$，利用式（a）、（c）可得

$$P^* = M_s \sum (\cot\alpha_i + \cot\beta_i) \tag{8-10}$$

当薄板是具有 n 个边的正多边形时，力 P 作用在板的中心，由于 $\alpha_i = \beta_i = \frac{\pi}{2} - \frac{\pi}{n}$，代入式（8-10）得正多边形板的极限荷载上限为

$$P^* = M_s \sum \left[\cot\left(\frac{\pi}{2} - \frac{\pi}{n}\right) + \cot\left(\frac{\pi}{2} - \frac{\pi}{n}\right) \right] = 2M_s n\tan\frac{\pi}{n} \tag{8-11}$$

周边简支圆板中心受集中力 P 作用时，由上式得

$$P^* = \lim_{n \to \infty} 2M_s n\tan\frac{\pi}{n} = 2M_s\pi \tag{8-12}$$

圆板处于极限状态时，形成圆锥体，即塑性铰线为无穷多，整个薄板均为塑性区。

考虑四边简支的矩形薄板，在它的形心作用有集中力 P，如图 8-22（a）所示，由图 8-22（b）可得

$$\cot\alpha_1 + \cot\beta_1 = \frac{b}{a} + \frac{a}{b}$$

将上式代入式（8-10），得其极限荷载的上限为

$$P^* = 4M_s\left(\frac{b}{a} + \frac{a}{b}\right) \tag{8-13}$$

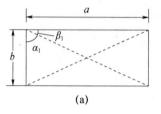
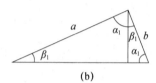

图 8-22

8.6.2 多边形固支板

现在研究当多边形薄板的周边为固定支承时，板在 O 点承受一集中力的极限荷载。此时板的破损机构与周边简支多边形板的相同，如图 8-23 所示。但此时的内力功除原径向塑性铰线上的极限弯矩 M_s 所做的内力功外，还应计入周边塑性铰线上极限弯矩 M_s 的内力功。

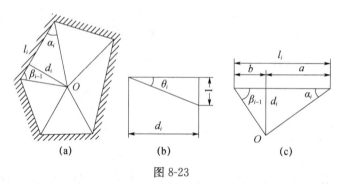

图 8-23

多边形板周边塑性铰线处极限弯矩所做内力功，等于各边上内力功的和，各边内力功则为极限弯矩 M_s 乘以边长再乘以该边相应的转角 θ_i。当荷载 P 作用下的力作用点的挠度为 1 时，由图 8-23（b）可知 $\theta_i = \frac{1}{d_i}$，其中 d_i 为荷载 P 的作用点到 l_i 边的垂线长度。从而周边塑性铰线所做内力功为

$$M_s \sum \frac{1}{d_i} l_i \tag{d}$$

由图 8-23（c）可以看出，有

$$\frac{l_i}{d_i} = \frac{a}{d_i} + \frac{b}{d_i} = \cot\alpha_i + \cot\beta_{i-1}$$

这样，式（d）可以写成

$$M_s \sum (\cot\alpha_i + \cot\beta_{i-1}) = M_s \sum (\cot\alpha_i + \cot\beta_i)$$

板的破坏形状仍然为以 O 点为顶点的角锥体,沿着它的棱所做的内力功由式(c)计算,即为

$$M_s \sum (\cot\alpha_i + \cot\beta_i)$$

因此,沿所有塑性铰线的内力功为

$$W_i = 2M_s \sum (\cot\alpha_i + \cot\beta_i)$$

外力功:

$$W_e = P \times 1$$

由 $W_e = W_i$,可得多边形固支板极限荷载上限为

$$P^* = 2M_s \sum (\cot\alpha_i + \cot\beta_i) \tag{8-14}$$

以上研究的板均在集中荷载作用下,破坏时形成角锥体形状,所以可比较容易地找到它的上限解。如果为均布荷载,破坏形状一般不是角锥体。

8.6.3 承受均布荷载的矩形简支板

如图 8-24(a)所示,承受均布荷载的矩形简支板,长为 a,宽为 b。假设在极限状态时,塑性铰线如图 8-24(a)所示,x 长度暂时作为未知数,线段 A_1A_2 的挠度为 1。

外力功应该等于"四坡顶"的体积乘以均布荷载 q,即

$$W_e = \frac{1}{3}qbx \times 1 + \frac{1}{3}qbx \times 1 + \frac{1}{2}qb(a-2x) \times 1$$

$$= q\left[\frac{2}{3}bx + \frac{1}{2}b(a-2x)\right]$$

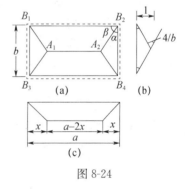

图 8-24

内力功则为四根塑性铰线 A_1B_1、A_1B_3、A_2B_2、A_2B_4 以及塑性铰线 A_1A_2 上塑性极限弯矩所做功的总和。由式(c)可得四根塑性铰线的内力功为

$$4M_s(\cot\alpha + \cot\beta) = 4M_s\left(\frac{b/2}{x} + \frac{x}{b/2}\right) = 4M_s\left(\frac{b}{2x} + \frac{2x}{b}\right)$$

由图 8-24(b)可以看出,A_1A_2 塑性铰线两侧板块的相对转角为 $2 \times \frac{1}{b/2} = \frac{4}{b}$,沿 A_1A_2 塑性铰线的内力功为

$$\frac{4}{b}(a-2x)M_s$$

总的内力功为

$$W_i = 4M_s\left[\frac{b}{2x} + \frac{2x}{b} + \frac{1}{b}(a-2x)\right] = 4M_s\left(\frac{b}{2x} + \frac{a}{b}\right)$$

由 $W_e = W_i$,可得

$$q\left[\frac{2}{3}bx + \frac{1}{2}b(a-2x)\right] = 4M_s\left(\frac{b}{2x} + \frac{a}{b}\right)$$

简化后得出

$$q = \frac{12}{b^2x} \frac{(b^2+2ax)}{(3a-2x)}M_s$$

式中的未知数 x，应由最小的外荷载条件 $\dfrac{\mathrm{d}q}{\mathrm{d}x}=0$ 得出，由上式得二次方程式：

$$x^2+\frac{b^2}{a}x-\frac{3}{4}b^2=0$$

由此得

$$x=b\left(-\frac{b}{2a}+\sqrt{\frac{b^2}{4a^2}+\frac{3}{4}}\right)$$

将 x 值代入 q 的表达式，得该板极限荷载的上限为

$$q^*=\frac{24a^2M_\mathrm{s}}{b^2\left(\sqrt{b^2+3a^2}-b\right)^2}\tag{8-15}$$

这个结果与试验所获得的值符合得很好。

8.7 轴对称圆板的极限荷载

8.7.1 基本方程和极限条件

采用静力法求极限荷载时，将用到平衡方程和极限条件。若圆板承受均布荷载，周边简支或固定时，均为轴对称问题。此时板内 $\tau_{r\theta}=0$，仅有应力分量 σ_θ 和 σ_r，且均为主应力。对于轴对称圆板中面内由坐标线围成的微元体 $\mathrm{d}r\mathrm{d}\theta$，取过点 $(r,\theta+\mathrm{d}\theta/2)$ 垂直于板中面的轴，考虑微元体对该轴矩的平衡，得其平衡方程为

$$\frac{\mathrm{d}M_r}{\mathrm{d}r}+\frac{M_r-M_\theta}{r}=Q_r\tag{a}$$

图 8-25 中给出了弯矩 M_r、M_θ 及剪力 Q_r 的正方向，通过一定的半径 r 取出分离体，由所有铅垂方向力的平衡可求出剪力 Q_r。当全板受均布荷载 q 作用时，有

$$Q_r=-\frac{1}{2}qr\tag{b}$$

平面应力状态下的 Mises 屈服条件为

$$\sigma_r^2-\sigma_r\sigma_\theta+\sigma_\theta^2=\sigma_\mathrm{s}^2$$

而弯矩与应力间的关系与矩形板相同，有

$$M_r=\sigma_r h^2\quad M_\theta=\sigma_\theta h^2\quad M_\mathrm{s}=\sigma_\mathrm{s}h^2$$

代入屈服条件，则有

$$M_r^2-M_rM_\theta+M_\theta^2=M_\mathrm{s}^2\tag{c}$$

即为对应 Mises 屈服条件的轴对称圆板塑性分析的极限条件。

同样，在平面应力状态下，轴对称圆板相应 Tresca 屈服条件用内力表达的极限条件为

$$\begin{cases}|M_r-M_\theta|=M_\mathrm{s}\\|M_r|=M_\mathrm{s}\\|M_\theta|=M_\mathrm{s}\end{cases}\tag{d}$$

它们在 M_r、M_θ 坐标平面中表示为图 8-26 所示的六边形。

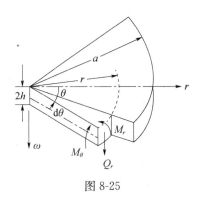

图 8-25

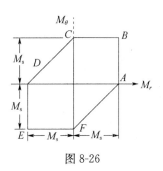

图 8-26

8.7.2 受均布荷载周边简支圆板的极限荷载

对于圆板，采用 Mises 极限条件求解时，相应的极限条件是非线性的，因而使用不便。在主应力已知的情况下，采用 Tresca 极限条件是方便的。

由弹性薄板的解答可知，此时板内有 $M_r>0$、$M_\theta>0$，且在圆板中心处，$M_r=M_\theta$，在极限状态时，$M_r=M_\theta=M_s$，对应图 8-26 中图线的 B 点。在简支边又有 $M_r=0$，极限状态时只能对应图线的 C 点。考虑圆板内弯矩的连续性，因此全板的极限条件可用图线的 BC 边来表示，即

$$M_\theta=M_s \tag{e}$$

将式（e）代入平衡方程式（a），再利用式（b），得

$$\frac{\mathrm{d}M_r}{\mathrm{d}r}+\frac{M_r-M_s}{r}=-\frac{1}{2}qr$$

变化成

$$\frac{\mathrm{d}(rM_r)}{\mathrm{d}r}=M_s-\frac{1}{2}qr^2$$

积分得

$$M_r=M_s-\frac{1}{6}qr^2+\frac{C}{r} \tag{f}$$

当 $r=0$ 时，M_r 为有限值，则必有 $C=0$。

当 $r=a$ 时，$M_r=0$，得 $M_s-\frac{1}{6}qa^2=0$，则

$$q_s=6\,\frac{M_s}{a^2} \tag{8-16}$$

即为由静力法得出的极限荷载的下限。由于它是通过假设板处于平衡状态，使用平衡方程和屈服条件，并使之满足应力的边界条件所得的，而且，轴对称内力场是唯一的，所以它就是完全解的极限荷载。

板内的弯矩为

$$M_\theta=M_s=\frac{1}{6}q_s a^2$$

由式（f）得出

$$M_r = M_s - \frac{1}{6}q_s r^2 = M_s\left(1 - \frac{r^2}{a^2}\right)$$

它们如图 8-27（b）所示。

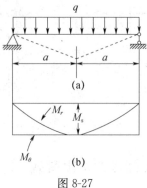

图 8-27

8.7.3 受均布荷载周边固支圆板的极限荷载

承受均布荷载的固支圆板，由弹性解答知径向弯矩有正有负，使用的极限条件将与简支板有所不同。

如图 8-28 所示，设 $r = r_b$ 时，$M_r = 0$。在板内部，即 $0 < r < r_b$ 范围内，板内弯矩符号与前面讨论的简支板相同，极限状态由图 8-26 中的 BC 边表示；而在板的 $r_b < r < a$ 范围内，极限状态对应于图 8-26 中图线的 CD 边，即为

$$M_\theta - M_r = M_s \qquad\qquad (\mathrm{g})$$

在板内部（$0 < r < r_b$）已有前面的解答，由式（f）有

$$M_{r_1} = M_s - \frac{1}{6}qr^2$$

当 $r = r_b$ 时 $M_{r_1} = 0$，得

$$M_s - \frac{1}{6}qr_b^2 = 0 \quad 即 \quad q = 6\frac{M_s}{r_b^2} \qquad\qquad (\mathrm{h})$$

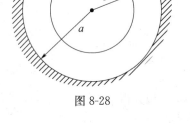

图 8-28

在板外部（$r_b < r < a$），将式（g）代入平衡方程式（a），得

$$\frac{\mathrm{d}M_r}{\mathrm{d}r} - \frac{M_s}{r} = -\frac{1}{2}qr$$

它的解为

$$M_{r_2} = M_s \ln r - \frac{1}{4}qr^2 + D$$

$$\left.\begin{array}{l} 由\ r = r_b\ 时，M_{r_2} = 0，得\ M_s \ln r_b - \frac{1}{4}qr_b{}^2 + D = 0 \\[2mm] 由\ r = a\ 时，M_{r_2} = -M_s，得\ M_s \ln a - \frac{1}{4}qa^2 + D = -M_s \end{array}\right\} \qquad (\mathrm{i})$$

由式（i）的两式相减，得

$$M_s \ln \frac{a}{r_b} - \frac{1}{4} q(a^2 - r_b{}^2) = -M_s$$

将式（h）代入上式，整理成为

$$\ln \frac{a}{r_b} - \frac{3}{2} \left(\frac{a^2}{r_b^2} - 1 \right) = -1$$

即为

$$5 + 2\ln \frac{a}{r_b} = 3 \frac{a^2}{r_b^2}$$

解出

$$r_b = 0.73a$$

将 r_b 值代回式（h），得

$$q_s = 11.3 \frac{M_s}{a^2} \tag{8-17}$$

由于轴对称内立场的唯一性，上式即为承受均布荷载周边固定圆板的极限荷载。

习 题

8-1 使用静力法和机动法求出图示超静定梁的极限荷载。

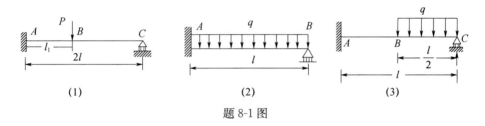

题 8-1 图

8-2 试用机动法求出图示板的极限荷载 P_s。

（1）四边简支，边长为 a 的正方形板，荷载作用在板的中点；

（2）三边简支一边自由的矩形板，在自由边中点承受集中力的作用；

（3）四边简支矩形板，在板上任意点 (x, y) 承受集中力的作用。

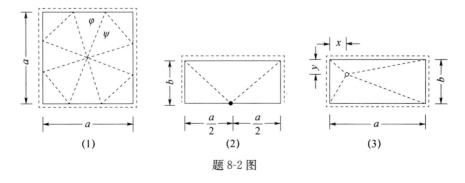

题 8-2 图

8-3 使用机动法求出图示连续梁的极限荷载。

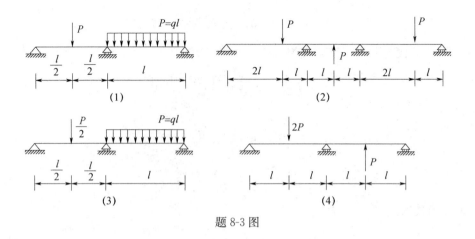

题 8-3 图

8-4 试求图示刚架的极限荷载。

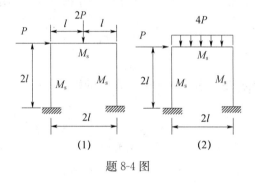

题 8-4 图

8-5 简支圆板半径为 R，受半径为 a 轴对称均布荷载作用，如图所示，试求其极限荷载。

8-6 已知半径为 R 的简支圆板受如图所示荷载的作用，试按 Tresca 屈服条件求出极限荷载 P_1 及 P_2 与塑性弯矩之间的关系。

8-7 在简支圆板上作用总量为 P，但按半径为 a 的圆周线分布的集中荷载如图所示，试求此板的极限荷载 P_s。

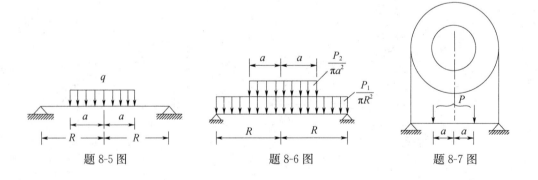

题 8-5 图　　　　题 8-6 图　　　　题 8-7 图

第 9 章　有限单元法解弹塑性问题

在前面几章中，我们讨论了塑性力学的基本理论，并对一些基本结构构件的弹塑性应用做了阐述。通过前面几章的讨论可知，结构的弹-塑性边值问题的一些基本特征（如其应力-应变呈非线性关系、结构的最终响应与加载路径紧密相关等）使得这类问题的求解十分困难，一般都要用数值方法求解，在这一章里，我们将对有限单元法在弹塑性问题中的应用做一般性的介绍。更深入的讨论，可参看有关专著或文献。

9.1　本构关系的矩阵形式

在第 4 章中，我们曾给出了塑性本构方程，其形式是以应力表示应变的。但是，在采用位移法计算时，需要用到由应变求应力的关系式。在有限单元法中常采用位移法，且使用矩阵形式。为此，我们将先导出本构方程的矩阵形式。

9.1.1　全量型本构方程的矩阵形式

全量理论的本构关系按照式（4-11）为

$$S_{ij} = \frac{2}{3} \frac{\bar{\sigma}}{\bar{\varepsilon}} e_{ij} \qquad \sigma_{\mathrm{m}} = \frac{E}{1-2\nu} \varepsilon_{\mathrm{m}}$$

由此得

$$
\begin{aligned}
\sigma_x &= S_x + \sigma_{\mathrm{m}} \\
&= \frac{2}{3} \frac{\bar{\sigma}}{\bar{\varepsilon}} (\varepsilon_x - \varepsilon_{\mathrm{m}}) + \sigma_{\mathrm{m}} \\
&= \frac{2}{3} \frac{\bar{\sigma}}{\bar{\varepsilon}} \left(\frac{2}{3} \varepsilon_x - \frac{1}{3} \varepsilon_y - \frac{1}{3} \varepsilon_z \right) + \frac{E}{3(1-2\nu)} (\varepsilon_x + \varepsilon_y + \varepsilon_z) \\
&= \frac{E}{3(1-2\nu)} \left[(1+2\beta)\varepsilon_x + (1-\beta)\varepsilon_y + (1-\beta)\varepsilon_z \right]
\end{aligned}
$$

式中：

$$\beta = \frac{2(1-2\nu)}{3E} \frac{\bar{\sigma}}{\bar{\varepsilon}} \tag{9-1}$$

类似地，还可以得出 $\tau_{yz} = \frac{1}{3} \frac{\bar{\sigma}}{\bar{\varepsilon}} \gamma_{yz} = \frac{E}{3(1-2\nu)} \frac{3}{2} \beta \gamma_{yz}$，其余各式可以此类推，即

$$\sigma_x = \frac{E}{3(1-2\nu)}\left[(1+2\beta)\varepsilon_x + (1-\beta)\varepsilon_y + (1-\beta)\varepsilon_z\right]$$

$$\sigma_y = \frac{E}{3(1-2\nu)}\left[(1-\beta)\varepsilon_x + (1+2\beta)\varepsilon_y + (1-\beta)\varepsilon_z\right]$$

$$\sigma_z = \frac{E}{3(1-2\nu)}\left[(1-\beta)\varepsilon_x + (1-\beta)\varepsilon_y + (1+2\beta)\varepsilon_z\right]$$

$$\tau_{yz} = \frac{E}{3(1-2\nu)}\frac{3}{2}\beta\gamma_{yz} \tag{9-2}$$

$$\tau_{zx} = \frac{E}{3(1-2\nu)}\frac{3}{2}\beta\gamma_{zx}$$

$$\tau_{xy} = \frac{E}{3(1-2\nu)}\frac{3}{2}\beta\gamma_{xy}$$

引进

$$\{\sigma\} = \begin{bmatrix} \sigma_x & \sigma_y & \sigma_z & \tau_{yz} & \tau_{zx} & \tau_{xy} \end{bmatrix}^{\mathrm{T}}$$

$$\{\varepsilon\} = \begin{bmatrix} \varepsilon_x & \varepsilon_y & \varepsilon_z & \gamma_{yz} & \gamma_{zx} & \gamma_{xy} \end{bmatrix}^{\mathrm{T}}$$

式中，符号 {} 表示列阵；T 表示矩阵的转置。

式（9-2）可写成矩阵形式：

$$\{\sigma\} = [D]_{\mathrm{ep}}\{\varepsilon\} \tag{9-3}$$

式中：

$$[D]_{\mathrm{ep}} = \frac{E}{3(1-2\nu)}\begin{bmatrix} 1+2\beta & 1-\beta & 1-\beta & 0 & 0 & 0 \\ 1-\beta & 1+2\beta & 1-\beta & 0 & 0 & 0 \\ 1-\beta & 1-\beta & 1+2\beta & 0 & 0 & 0 \\ 0 & 0 & 0 & \frac{3}{2}\beta & 0 & 0 \\ 0 & 0 & 0 & 0 & \frac{3}{2}\beta & 0 \\ 0 & 0 & 0 & 0 & 0 & \frac{3}{2}\beta \end{bmatrix} \tag{9-4}$$

$[D]_{\mathrm{ep}}$ 称作全量理论的弹塑性矩阵。$[D]_{\mathrm{ep}}$ 不但与材料性质有关，还与所达到的应力（或应变）水平有关。弹塑性矩阵在线弹性阶段（当 $\bar{\varepsilon} \leqslant \varepsilon_s$ 时）将自动退化为弹性矩阵。因为，当 $\bar{\varepsilon} \leqslant \varepsilon_s$ 时，$\bar{\sigma} = 3G\bar{\varepsilon}$，而

$$\beta = \frac{2(1-2\nu)}{3E}\frac{3G\bar{\varepsilon}}{\bar{\varepsilon}} = \frac{1-2\nu}{1+\nu}$$

将上式代入式（9-4），得

$$[D]_{\mathrm{ep}} = \frac{E}{(1+\nu)(1-2\nu)}\begin{bmatrix} 1-\nu & \nu & \nu & 0 & 0 & 0 \\ \nu & 1-\nu & \nu & 0 & 0 & 0 \\ \nu & \nu & 1-\nu & 0 & 0 & 0 \\ 0 & 0 & 0 & \frac{1-2\nu}{2} & 0 & 0 \\ 0 & 0 & 0 & 0 & \frac{1-2\nu}{2} & 0 \\ 0 & 0 & 0 & 0 & 0 & \frac{1-2\nu}{2} \end{bmatrix} = [D]$$

式中，$[D]$ 是弹性矩阵。

下面推导平面状态下 $[D]_{ep}$ 的表达式。其基本方法是考虑某些应力（或应变）分量为零，从而约减三维情况下的 $[D]_{ep}$。

在平面应力情况下，$\sigma_z = \tau_{yz} = \tau_{zx} = 0$，于是可消去式（9-2）中的第四式、第五式。同时，由第三个等式及 $\sigma_z = 0$ 条件可以得到 ε_z 的表达式：

$$\varepsilon_z = \frac{-(1-\beta)}{(1+2\beta)}(\varepsilon_x + \varepsilon_y)$$

将 ε_z 代入式（9-2）的前两个等式中。再加上原式中第六式，即可得到平面应力状态下的应力-应变关系式：

$$\sigma_x = \frac{\beta E}{(1-2\nu)(1+2\beta)}\left[(2+\beta)\varepsilon_x + (1-\beta)\varepsilon_y\right]$$

$$\sigma_y = \frac{\beta E}{(1-2\nu)(1+2\beta)}\left[(1-\beta)\varepsilon_x + (2+\beta)\varepsilon_y\right]$$

$$\tau_{xy} = \frac{\beta E}{(1-2\nu)(1+2\beta)}\left(\frac{1}{2}+\beta\right)\gamma_{xy}$$

令

$$\{\sigma\} = \begin{bmatrix} \sigma_x & \sigma_y & \tau_{xy} \end{bmatrix}^T, \quad \{\varepsilon\} = \begin{bmatrix} \varepsilon_x & \varepsilon_y & \gamma_{xy} \end{bmatrix}^T$$

于是平面应力状态下的弹塑性矩阵为

$$[D]_{ep} = \frac{\beta E}{(1-2\nu)(1+2\beta)}\begin{bmatrix} 2+\beta & 1-\beta & 0 \\ 1-\beta & 2+\beta & 0 \\ 0 & 0 & \frac{1}{2}+\beta \end{bmatrix} \tag{9-5}$$

在平面应变状态下，$\varepsilon_z = \gamma_{yz} = \gamma_{zx} = 0$，仍可消去式（9-2）中的第四式、第五式，而在第一式、第二式中代入 $\varepsilon_z = 0$ 的条件，再加上第六式，便可得到平面应变状态下的应力-应变关系为

$$\sigma_x = \frac{E}{3(1-2\nu)}\left[(1+2\beta)\varepsilon_x + (1-\beta)\varepsilon_y\right]$$

$$\sigma_y = \frac{E}{3(1-2\nu)}\left[(1-\beta)\varepsilon_x + (1+2\beta)\varepsilon_y\right]$$

$$\tau_{xy} = \frac{E}{3(1-2\nu)}\frac{3}{2}\beta\gamma_{xy}$$

仍取 $\{\sigma\} = \begin{bmatrix} \sigma_x & \sigma_y & \tau_{xy} \end{bmatrix}^T$、$\{\varepsilon\} = \begin{bmatrix} \varepsilon_x & \varepsilon_y & \gamma_{xy} \end{bmatrix}^T$，于是平面应变状态下的弹塑性矩阵为

$$[D]_{ep} = \frac{E}{3(1-2\gamma)}\begin{bmatrix} 1+2\beta & 1-\beta & 0 \\ 1-\beta & 1+2\beta & 0 \\ 0 & 0 & \frac{3}{2}\beta \end{bmatrix} \tag{9-6}$$

应注意到这时 σ_z 并不等于零，可以由式（9-2）的第三式求得：

$$\sigma_z = \frac{E}{3(1-2\nu)}(1-\beta)(\varepsilon_x + \varepsilon_y) \tag{9-7}$$

以上这些便是在各种状态下全量理论的弹塑性矩阵的表达式。可以看出它们中每一

个非零项都包含 β。正是这个 β 与材料的应力水平有关，使 $[D]_{\mathrm{ep}}$ 表现出非线性的特性，β 一旦确定，$[D]_{\mathrm{ep}}$ 便可求出。

9.1.2 增量型本构方程的矩阵形式

各向同性的弹塑性强化材料的增量型本构方程已由式（4-38）给出，则

$$\mathrm{d}\,\varepsilon_{ij}^{\mathrm{p}} = \frac{3}{2}\frac{\mathrm{d}\,\bar{\sigma}}{H'\bar{\sigma}}S_{ij} \tag{9-8}$$

式中，S_{ij} 可表示为

$$S_{ij} = \frac{\partial J'_2}{\partial \sigma_{ij}} = \frac{2}{3}\bar{\sigma}\frac{\partial \bar{\sigma}}{\partial \sigma_{ij}} \tag{9-9}$$

将式（9-9）代入式（9-8），得

$$\mathrm{d}\varepsilon_{ij}^{\mathrm{p}} = \frac{1}{H'}\frac{\partial \bar{\sigma}}{\partial \sigma_{ij}}\mathrm{d}\,\bar{\sigma} \tag{9-10}$$

考虑到 $\mathrm{d}\,\bar{\sigma} = \dfrac{\partial \bar{\sigma}}{\partial \sigma_{kl}}\mathrm{d}\sigma_{kl}$，则增量型本构方程又可表示为如下的形式

$$\mathrm{d}\varepsilon_{ij}^{\mathrm{p}} = \frac{1}{H'}\frac{\partial \bar{\sigma}}{\partial \sigma_{ij}}\frac{\partial \bar{\sigma}}{\partial \sigma_{kl}}\mathrm{d}\sigma_{kl} \tag{9-11}$$

引进

$$\left.\begin{array}{l}\{\mathrm{d}\varepsilon^{\mathrm{p}}\} = \begin{bmatrix} \mathrm{d}\varepsilon_x^{\mathrm{p}} & \mathrm{d}\varepsilon_y^{\mathrm{p}} & \mathrm{d}\varepsilon_z^{\mathrm{p}} & \mathrm{d}\gamma_{yz}^{\mathrm{p}} & \mathrm{d}\gamma_{zx}^{\mathrm{p}} & \mathrm{d}\gamma_{xy}^{\mathrm{p}} \end{bmatrix}^{\mathrm{T}} \\[2mm] \left\{\dfrac{\partial \bar{\sigma}}{\partial \sigma}\right\} = \begin{bmatrix} \dfrac{\partial \bar{\sigma}}{\partial \sigma_x} & \dfrac{\partial \bar{\sigma}}{\partial \sigma_y} & \dfrac{\partial \bar{\sigma}}{\partial \sigma_x} & 2\dfrac{\partial \bar{\sigma}}{\partial \tau_{yz}} & 2\dfrac{\partial \bar{\sigma}}{\partial \tau_{zx}} & 2\dfrac{\partial \bar{\sigma}}{\partial \tau_{xy}} \end{bmatrix}^{\mathrm{T}} \\[2mm] \{\mathrm{d}\sigma\} = \begin{bmatrix} \mathrm{d}\sigma_x & \mathrm{d}\sigma_y & \mathrm{d}\sigma_z & \mathrm{d}\tau_{yz} & \mathrm{d}\tau_{zx} & \mathrm{d}\tau_{xy} \end{bmatrix}^{\mathrm{T}} \end{array}\right\} \tag{9-12}$$

则式（9-12）可写成矩阵形式：

$$\{\mathrm{d}\varepsilon^{\mathrm{p}}\} = \frac{1}{H'}\left\{\frac{\partial \bar{\sigma}}{\partial \sigma}\right\}\left\{\frac{\partial \bar{\sigma}}{\partial \sigma}\right\}^{\mathrm{T}}\{\mathrm{d}\sigma\} \tag{9-13}$$

因为全应变增量包括弹性应变增量和塑性应变增量两部分，$\{\mathrm{d}\varepsilon\} = \{\mathrm{d}\varepsilon^{\mathrm{e}}\} + \{\mathrm{d}\varepsilon^{\mathrm{p}}\}$，即

$$\{\mathrm{d}\varepsilon\} = [D]^{-1}\{\mathrm{d}\sigma\} + \frac{1}{H'}\left\{\frac{\partial \bar{\sigma}}{\partial \sigma}\right\}\left\{\frac{\partial \bar{\sigma}}{\partial \sigma}\right\}^{\mathrm{T}}\{\mathrm{d}\sigma\} \tag{9-14}$$

两边同乘 $\left\{\dfrac{\partial \bar{\sigma}}{\partial \sigma}\right\}^{\mathrm{T}}[D]$，则有

$$\left\{\frac{\partial \bar{\sigma}}{\partial \sigma}\right\}^{\mathrm{T}}[D]\{\mathrm{d}\varepsilon\} = \left\{\frac{\partial \bar{\sigma}}{\partial \sigma}\right\}^{\mathrm{T}}\{\mathrm{d}\sigma\} + \frac{1}{H'}\left\{\frac{\partial \bar{\sigma}}{\partial \sigma}\right\}^{\mathrm{T}}[D]\left\{\frac{\partial \bar{\sigma}}{\partial \sigma}\right\}\left\{\frac{\partial \bar{\sigma}}{\partial \sigma}\right\}^{\mathrm{T}}\{\mathrm{d}\sigma\}$$

由此得

$$\frac{1}{H'}\left\{\frac{\partial \bar{\sigma}}{\partial \sigma}\right\}^{\mathrm{T}}\{\mathrm{d}\sigma\} = \frac{\left\{\dfrac{\partial \bar{\sigma}}{\partial \sigma}\right\}^{\mathrm{T}}[D]\{\mathrm{d}\varepsilon\}}{H' + \left\{\dfrac{\partial \bar{\sigma}}{\partial \sigma}\right\}^{\mathrm{T}}[D]\left\{\dfrac{\partial \bar{\sigma}}{\partial \sigma}\right\}} \tag{9-15}$$

将式（9-14）两边同时左乘以 $[D]$ 并移项得

$$\{\mathrm{d}\sigma\} = [D]\{\mathrm{d}\varepsilon\} - [D]\left\{\frac{\partial \bar{\sigma}}{\partial \sigma}\right\}\frac{1}{H'}\left\{\frac{\partial \bar{\sigma}}{\partial \sigma}\right\}^{\mathrm{T}}\{\mathrm{d}\sigma\}$$

将式（9-15）代入上式得

$$\{\mathrm{d}\sigma\} = [D]\{\mathrm{d}\varepsilon\} - \frac{[D]\left\{\dfrac{\partial\bar{\sigma}}{\partial\sigma}\right\}\left\{\dfrac{\partial\bar{\sigma}}{\partial\sigma}\right\}^{\mathrm{T}}[D]}{H' + \left\{\dfrac{\partial\bar{\sigma}}{\partial\sigma}\right\}^{\mathrm{T}}[D]\left\{\dfrac{\partial\bar{\sigma}}{\partial\sigma}\right\}}\{\mathrm{d}\varepsilon\}$$

$$= ([D] - [D]_{\mathrm{p}})\{\mathrm{d}\varepsilon\}$$

$$= [D]_{\mathrm{ep}}\{\mathrm{d}\varepsilon\} \tag{9-16}$$

式中，$[D]_{\mathrm{p}}$ 称为增量理论的塑性矩阵，$[D]_{\mathrm{ep}}$ 称为增量理论的弹塑性矩阵。

下面推导弹塑性矩阵 $[D]_{\mathrm{ep}}$ 的具体表达式：由

$$\left\{\frac{\partial\bar{\sigma}}{\partial\sigma}\right\} = \frac{3}{2\bar{\sigma}}[S_x \quad S_y \quad S_z \quad 2\tau_{yz} \quad 2\tau_{zx} \quad 2\tau_{xy}]^{\mathrm{T}} \tag{9-17}$$

则

$$[D]\left\{\frac{\partial\bar{\sigma}}{\partial\sigma}\right\} = \frac{3E}{2(1+\nu)(1-2\nu)\bar{\sigma}} \begin{bmatrix} 1-\nu & \nu & \nu & 0 & 0 & 0 \\ \nu & 1-\nu & \nu & 0 & 0 & 0 \\ \nu & \nu & 1 & \nu & 0 & 0 & 0 \\ 0 & 0 & 0 & \dfrac{1-2\nu}{2} & 0 & 0 \\ 0 & 0 & 0 & 0 & \dfrac{1-2\nu}{2} & 0 \\ 0 & 0 & 0 & 0 & 0 & \dfrac{1-2\nu}{2} \end{bmatrix} \begin{Bmatrix} S_x \\ S_y \\ S_z \\ 2\tau_{yz} \\ 2\tau_{zx} \\ 2\tau_{xy} \end{Bmatrix}$$

$$= \frac{3G}{\bar{\sigma}}\{S\} \tag{9-18}$$

式中：$\{S\} = [S_x \quad S_y \quad S_z \quad \tau_{yz} \quad \tau_{zx} \quad \tau_{xy}]^{\mathrm{T}}$，由式（9-18）可得

$$[D]\left\{\frac{\partial\bar{\sigma}}{\partial\sigma}\right\}\left\{\frac{\partial\bar{\sigma}}{\partial\sigma}\right\}^{\mathrm{T}}[D] = \frac{3G}{\bar{\sigma}}\{S\}\frac{3G}{\bar{\sigma}}\{S\}^{\mathrm{T}} = \frac{9G^2}{\bar{\sigma}^2}\{S\}\{S\}^{\mathrm{T}} \tag{9-19}$$

及

$$\left\{\frac{\partial\bar{\sigma}}{\partial\sigma}\right\}^{\mathrm{T}}[D]\left\{\frac{\partial\bar{\sigma}}{\partial\sigma}\right\} = \frac{3G}{\bar{\sigma}}\{S\}^{\mathrm{T}}\left\{\frac{\partial\bar{\sigma}}{\partial\sigma}\right\}$$

$$= \frac{9G}{2\bar{\sigma}^2}\{S\}^{\mathrm{T}}[S_x \quad S_y \quad S_z \quad 2\tau_{yz} \quad 2\tau_{zx} \quad 2\tau_{xy}]^{\mathrm{T}}$$

$$= 3G \tag{9-20}$$

将式（9-19）、式（9-20）代入式（9-16）中得 $[D]_{\mathrm{p}}$ 的表达式：

$$[D]_{\mathrm{p}} = \frac{1}{H'+3G}\left(\frac{3G}{\bar{\sigma}}\right)^2\{S\}\{S\}^{\mathrm{T}}$$

$$= \frac{1}{H'+3G}\left(\frac{3G}{\bar{\sigma}}\right)^2 \begin{bmatrix} S_x^2 & S_xS_y & S_xS_z & S_x\tau_{yz} & S_x\tau_{zx} & S_x\tau_{xy} \\ S_xS_y & S_y^2 & S_yS_z & S_y\tau_{yz} & S_y\tau_{zx} & S_y\tau_{xy} \\ S_xS_z & S_yS_z & S_z^2 & S_z\tau_{yz} & S_z\tau_{zx} & S_z\tau_{xy} \\ S_x\tau_{yz} & S_y\tau_{yz} & S_z\tau_{yz} & \tau_{yz}^2 & \tau_{yz}\tau_{zx} & \tau_{yz}\tau_{xy} \\ S_x\tau_{zx} & S_y\tau_{zx} & S_z\tau_{zx} & \tau_{yz}\tau_{zx} & \tau_{zx}^2 & \tau_{zx}\tau_{xy} \\ S_x\tau_{xy} & S_y\tau_{xy} & S_z\tau_{xy} & \tau_{yz}\tau_{xy} & \tau_{zx}\tau_{xy} & \tau_{xy}^2 \end{bmatrix} \tag{9-21}$$

故

$$[D]_{ep} = \frac{E}{1+\nu} \begin{bmatrix} \frac{1-\nu}{1-2\nu} - \eta S_x^2 & \frac{\nu}{1-2\nu} - \eta S_x S_y & \frac{\nu}{1-2\nu} - \eta S_x S_z & -\eta S_x \tau_{yz} & -\eta S_x \tau_{zx} & -\eta S_x \tau_{xy} \\ \frac{\nu}{1-2\nu} - \eta S_x S_y & \frac{1-\nu}{1-2\nu} - \eta S_y^2 & \frac{\nu}{1-2\nu} - \eta S_y S_z & -\eta S_y \tau_{yz} & -\eta S_y \tau_{zx} & -\eta S_y \tau_{xy} \\ \frac{\nu}{1-2\nu} - \eta S_x S_z & \frac{\nu}{1-2\nu} - \eta S_y S_z & \frac{1-\nu}{1-2\nu} - \eta S_z^2 & -\eta S_z \tau_{yz} & -\eta S_z \tau_{zx} & -\eta S_z \tau_{xy} \\ -\eta S_x \tau_{yz} & -\eta S_y \tau_{yz} & -\eta S_z \tau_{yz} & \frac{1}{2} - \eta \tau_{yz}^2 & -\eta \tau_{yz} \tau_{zx} & -\eta \tau_{yz} \tau_{xy} \\ -\eta S_x \tau_{zx} & -\eta S_y \tau_{zx} & -\eta S_z \tau_{zx} & -\eta \tau_{yz} \tau_{zx} & \frac{1}{2} - \eta \tau_{zx}^2 & -\eta \tau_{zx} \tau_{xy} \\ -\eta S_x \tau_{xy} & -\eta S_y \tau_{xy} & -\eta S_z \tau_{xy} & -\eta \tau_{yz} \tau_{xy} & -\eta \tau_{zx} \tau_{xy} & \frac{1}{2} - \eta \tau_{xy}^2 \end{bmatrix} \tag{9-22}$$

式中：

$$\eta = \frac{9G}{2\bar{\sigma}^2 (H' + 3G)} \tag{9-23}$$

附带指出，上面推导的 $[D]_{ep}$ 表达式不但适用于强化材料（$H' > 0$），也适用于理想塑性材料（$H' = 0$）。

在平面应力情况下，取 $\{d\sigma\} = [d\sigma_x \quad d\sigma_y \quad d\tau_{xy}]^T$，$\{d\varepsilon\} = [d\varepsilon_x \quad d\varepsilon_y \quad d\gamma_{xy}]^T$，经类似的推导，可得平面应力问题的弹塑性矩阵为

$$[D]_{ep} = \frac{E}{Q} \begin{bmatrix} S_y^2 + 2p & -S_x S_y + 2\nu p & -\dfrac{S_x + \nu S_y}{1+\nu} \tau_{xy} \\ -S_x S_y + 2\nu p & S_x^2 + 2p & -\dfrac{S_y + \nu S_x}{1+\nu} \tau_{xy} \\ -\dfrac{S_x + \nu S_y}{1+\nu} \tau_{xy} & -\dfrac{S_y + \nu S_x}{1+\nu} \tau_{xy} & \dfrac{R}{2(1+\nu)} + \dfrac{2H'}{9E}(1-\nu)\sigma^{-2} \end{bmatrix} \tag{9-24}$$

式中：

$$\left. \begin{aligned} p &= \frac{2H'}{9E}\sigma^{-2} + \frac{\tau_{xy}^2}{1+\nu} \\ R &= S_x^2 + 2\nu S_x S_y + S_y^2 \\ Q &= R + 2(1-\nu^2)p \\ \bar{\sigma} &= \sqrt{\sigma_x^2 + \sigma_y^2 - \sigma_x \sigma_y + 3\tau_{xy}^2} \end{aligned} \right\} \tag{9-25}$$

在平面应变情况下，$d\varepsilon_z = d\gamma_{yz} = d\gamma_{zx} = 0$。这样将式（9-22）中的第三、四、五行和列消去即可得到平面应变状态下的弹塑性矩阵。

9.2 求解弹塑性问题的迭代法

弹塑性问题的有限单元法分析完全是在弹性有限单元法的基础上发展起来的，所以有限单元法的基本公式仍然适用，只是当材料屈服以后其应力应变关系进入非线性状态，按全量理论，其关系为

$$\{\sigma\} = [D]_{ep}\{\varepsilon\}$$

上式中的弹塑性矩阵 $[D]_{ep}$ 不但与材料性质有关，还与所达到的应力（或应变）水平有关。考虑到应变是由位移所决定的，所以 $[D]_{ep}$ 又与位移 $\{\delta\}$ 有关。由于单元刚度矩阵是代表单元内的应力与节点力的平衡关系，一旦根据单元的应力水平将 $[D]_{ep}$ 确定以后，仍可按弹性有限单元法给出的虚功原理建立起单元刚度矩阵的表达式。我们把这时的单元刚度矩阵称为弹塑性刚度矩阵 $[K]_{ep}^{e}$，且有

$$[K]_{ep}^{e} = \int_{v} [B]^{T} [D]_{ep}^{e} [B] \mathrm{d}v \qquad (9\text{-}26)$$

这里 $[B]$ 是应变弹性有限单元中的应变矩阵。显然，弹塑性刚度矩阵将与单元的应变水平或者说与节点位移有关。这样，由各单元的弹性刚度矩阵 $[K]$（对于未进入塑性的单元）或弹塑性刚度矩阵 $[K]_{ep}^{e}$（对于已进入塑性的单元）组装而成的结构总体刚度短阵 $[K]$ 也必然与节点位移有关，从而使结构节点平衡方程成为非线性的，即有

$$[K(\{\delta\})]\{\delta\} = \{F\} \qquad (9\text{-}27)$$

求解非线性方程的基本思想，是把非线性方程逐步线性化，通过迭代使其逼近方程的真实解。其主要步骤如下：

（1）根据各单元的材料性态（初始状态可取为全弹性），按式（9-26）计算各单元的弹塑性刚度矩阵。

（2）由各单元的刚度矩阵 $[K]^{e}$ 集成总刚度矩阵 $[K]$。

（3）利用迭代公式式（9-28）求本次迭代的位移。

$$[K(\{\delta_i\})]\{\delta_{i+1}\} = \{F\}, \quad i=1, 2, 3, \cdots \qquad (9\text{-}28)$$

（4）按几何关系即可求出各单元本次迭代的应变 $\{\varepsilon\}$，并计算其等效应变 $\bar{\varepsilon}$。

（5）由 $\bar{\sigma} = \bar{\sigma}(\bar{\varepsilon})$ 求得单元内各点的 $\bar{\sigma}$。

（6）由 $\beta = \dfrac{2(1-2\nu)}{3E} \dfrac{\bar{\sigma}}{\bar{\varepsilon}}$，并利用式（9-4）计算每个单元内各点的 $[D]_{ep}$。

（7）重复（1）～（6）步的迭代计算步骤，直到两次迭代求得的位移（或应变）相差甚微，能满足精度要求时为止。

这样一种迭代计算可以证明是收敛的，其收敛过程可以用图 9-1 进行描述。由图中可以看到，每一步迭代所形成的刚度矩阵表示为 $F\text{-}\delta$ 曲线上的割线，因此，这种迭代法又称**割线刚度法**。

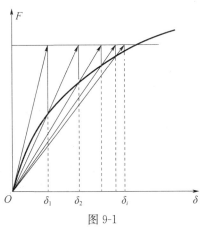

图 9-1

割线刚度法是用全量理论进行结构分析的基本方法，其特点是简单易行，计算过程中只是刚度矩阵在改变，其他运算都和弹性问题类似。另外，该法适用于强化不显著的材料。计算表明，对塑性程度不很严重的结构问题，迭代次数不要很多就能得到较为满意的结果。但是，这种方法也存在很多严重的缺点，例如当进入塑性程度较大时，收敛很慢，所需迭代次数过多，有时甚至发散。另外，该法只适用于简单加载的情形，如果不属于简单加载，并且有局部卸载，将得出错误的结果。

9.3 求解弹塑性问题的增量法

增量法以增量理论为基础，其应力-应变关系由应力微分和应变微分的形式来描述。因此，从根本上说，应用增量理论只能解决一个微分增量段内的外载-位移或应力-应变之间的关系。然而在实际计算中可以用有限的增量来逼近微分增量，即相应地把外荷载分成若干增量段，即

$$\{F\} = \sum_{k=1}^{n} \{\Delta F_k\} \tag{9-29}$$

只要每个荷载增量段适当地变小，便可以把在这一小段荷载增量内所产生的应力-应变表示为有限增量的形式：

$$\{\Delta\sigma_{k+1}\} = [D_k]\{\Delta\varepsilon_{k+1}\} \tag{9-30}$$

由于增量段取得足够小，在一个增量段内可将 $[D_k]$ 视为常量矩阵，即 $[D_k]$ 只与施加荷载增量前的应力、应变水平有关，而与应力增量 $\{\Delta_{k+1}\}$ 和应变增量 $\{\Delta\varepsilon_{k+1}\}$ 无关。这样，单元刚度矩阵为

$$[K_k]^e = \int_v [B]^T [D_k][B] \mathrm{d}v \tag{9-31}$$

其他的计算方法与线弹性问题完全一致，只是都改写成增量的形式，即

$$[K_k]\{\Delta\delta_{k+1}\} = \{\Delta F_{k+1}\} \tag{9-32}$$

第 $k+1$ 次增量后其位移、应变和应力分别为

$$\left.\begin{array}{l}\{\delta_{k+1}\} = \{\delta_k\} + \{\Delta\delta_{k+1}\} \\ \{\varepsilon_{k+1}\} = \{\varepsilon_k\} + \{\Delta\varepsilon_{k+1}\} \\ \{\sigma_{k+1}\} = \{\sigma_k\} + \{\Delta\sigma_{k+1}\}\end{array}\right\} \tag{9-33}$$

由以上分析可以看出，增量法的特点是将外荷载分作若干增量段，每增量段内进行线性化，也就是以分段折线的线性化来逼近其非线性的应力-应变关系曲线。其收敛过程可用图9-2进行描述。这种方法，每段内的计算步骤和线弹性完全类似。

由式（9-31）我们看到，似乎只要将弹-塑性矩阵 $[D]_{ep}$ 代入，就可以很容易地求得所需要的刚度矩阵，但实际上并非如此。由于一个弹-塑性体系的实际变形一般都要经过弹性阶段和弹塑性阶段。在弹塑性阶段中又有弹性卸载、弹塑性再加载等情况。因此，对于矩阵 $[D_k]$ 的取值就应区分结构的弹性区和塑性区，以及在某一级增量荷载的加载过程中由弹性区过渡到塑性区的过渡区，分别对结构内不同的特性区采用不同的计算方法。

若在某一级荷载增量荷载施加之前，结构中的某一区域是弹性的，荷载增量施加之后，该区域仍保持为弹性状态，则这个区域即为**弹性区**。在弹性区内，取 $[D_k] = [D]$。

在某级增量荷载施加前后均为塑性状态的区域即为**塑性区**。在塑性区内，取 $[D_k] = [D]_{ep}$；对于**弹性卸载区**，取 $[D_k] = [D]$。

一般来说，随着荷载的增加，结构内的塑性区将不断扩大，也就是说，在加载过程中，与塑性区相邻近的弹性区将有可能随着荷载的增加而变为塑性状态。结构内部的这种加载前为弹性状态而在荷载增量施加之后变为塑性状态的区域称为**过渡区**。弹性卸载后再按弹-塑性加载的区域也属于这种情况（图 9-3）。

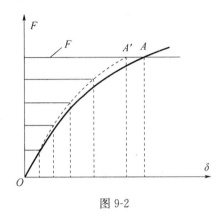

图 9-2

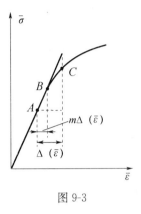

图 9-3

对于弹-塑性过渡区，由于结构材料在加载过程中由弹性变为塑性，因此，如果荷载增量不是很小，则 $[D_k]$ 无论取 $[D]$ 还是取 $[D]_{ep}$，都不太精确。可以按下式进行修正：

$$
\begin{aligned}
\{\Delta\sigma_{k+1}\} &= \int_0^{m\Delta\{\varepsilon\}} [D]\mathrm{d}\{\varepsilon\} + \int_{m\Delta\{\varepsilon\}}^{\Delta\{\varepsilon\}} [D]_{ep}\mathrm{d}\{\varepsilon\} \\
&= \int_0^{\Delta\{\varepsilon\}} [D]\mathrm{d}\{\varepsilon\} - \int_{m\Delta\{\varepsilon\}}^{\Delta\{\varepsilon\}} [D]_{ep}\mathrm{d}\{\varepsilon\} \\
&= [D_k]\{\Delta\varepsilon_{k+1}\}
\end{aligned}
\tag{9-34}
$$

式中，$m\Delta\{\varepsilon\}$ 是出现性塑变形之前的那部分应变增量。

若用等效应变来表示单元应变，则 m 值即可由等效应变来确定。首先计算单元应力达到屈服状态时所需要的应变增量 $\Delta\bar{\varepsilon}_c$，然后估算本次迭代增量所产生的等效应变增量 $\Delta\bar{\varepsilon}_{es}$，于是可以得到

$$
m = \frac{\Delta\bar{\varepsilon}_c}{\Delta\bar{\varepsilon}_{es}}
\tag{9-35}
$$

显然，对于过渡区单元，有 $0 < m < 1$。

一般来说，需要迭代若干次才能得到较为准确的 $\Delta\bar{\varepsilon}_{es}$ 估算值。第一次估算把过渡区单元看作弹性单元来处理，再用所得的结果来修正 $\Delta\bar{\varepsilon}_{es}$，通常经过二、三次迭代就会得到比较精确的结果。

需要指出的是，在以上的推导过程中，弹塑性应力增量与应变增量的关系我们采用了式（9-30）所示的近似表达式，这就使得上述的计算是近似的。这是因为，弹塑性应力-应变关系是由无限小的增量形式来表示的，而这里我们采用的是有限小的增量形式。因此，为使计算结果不至于产生太大的误差，所施加的荷载增量应当足够小。

9.4 求解弹塑性问题的初荷载法

从前两节的分析中我们可以看出，由于材料非线性的影响，用有限单元法解弹塑性问题必须采取逐步逼近（迭代法）或分段线性化近似（增量法）的方法，迭代计算其非线性的应力-应变关系。由于在迭代计算中其材料性态不断交化，故每次均需重新形成总体刚度矩阵并求逆，这样就使计算工作量十分庞大。所以，寻求更有效的计算方法，以便减少机时消耗，当然会引起人们的兴趣。下面介绍一种有效的途径，即初荷载法。

与增量理论式（9-16）类似，无论是全量理论还是增量理论，我们都将弹塑性矩阵做如下分解：

$$[D]_{ep} = [D] - [D]_p \tag{9-36}$$

对弹性单元 $[D]_p$ 取零值矩阵。于是，计算单元刚度矩阵的式（9-26）和式（9-31）便可改写成

$$[K]_{ep}^e = \int_v [B]^T ([D] - [D]_p) [B] dv = [K_0]^e - [K]_p^e \tag{9-37}$$

式中：

$$[K]_p^e = \int_v [B]^T [D]_p [B] dv \tag{9-38}$$

称作单元的塑性刚度矩阵，代表了材料的非线性部分。

节点平衡方程为

$$\left(\sum [K_0]^e - \sum_{\text{塑性单元}} [K]_p^e \right) \{\delta\} = \{F\} \tag{9-39}$$

将左端第二项移至等号右湍，并将单元的塑性刚度矩阵表达式（9-38）代入，则有

$$[K_0] \{\delta\} = \{F\} + \sum_{\text{塑性单元}} \int_v [B]^T [D]_p [B] \{\delta\}^e dv \tag{9-40}$$

而 $[B] \{\delta\}^e$ 应该是该单元的真实应变。在这里我们可以把它看成使材料性态发生变化的一种塑性初应变，即定义塑性初应变 $\{\varepsilon^0\}$：

$$\{\varepsilon^0\} = [B] \{\delta\}^e \tag{9-41}$$

对于一个进入塑性的单元，如下的积分便可看作是初应变引起的在单元节点处的等效荷载列向量：

$$\{F\}_\varepsilon^e = \int_v [B]^T [D]_p \{\varepsilon^0\} dv \tag{9-42}$$

另外，若按式（9-3）或式（9-16），把乘积 $[D]_p \{\varepsilon^0\}$ 也看成一种塑性初应力，也可定义等效塑性初应力为

$$\{\sigma^0\} = -[D]_p \{\varepsilon^0\} \tag{9-43}$$

类似地，也可得到由初应力引起的在单元节点处的等效荷载列向量：

$$\{F\}_\sigma^e = -\int_v [B]^T \{\sigma^0\} dv \tag{9-44}$$

在得到了每个塑性单元的初荷载所形成的等效节点荷载列向量之后，按通常的方法，对结构中进入塑性的单元进行叠加，我们便可以得到整个结构由于塑性初应力（或初应变）引起的等效节点荷载列向量：

$$\{F\}_\sigma = \sum_{\text{塑性单元}} \{F\}_\sigma^e \tag{9-45}$$

或

$$\{F\}_\varepsilon = \sum_{\text{塑性单元}} \{F\}_\varepsilon^e \tag{9-46}$$

这样，包含节点初荷载列向量表达的结构平衡方程式（9-27）便可改写作

$$[K_0]\{\delta\} = \{F\} + \{F\}_\sigma \tag{9-47}$$

或

$$[K_0]\{\delta\} = \{F\} + \{F\}_\varepsilon \tag{9-48}$$

上述结构平衡方程的表达形式类似于带有初荷载的有限单元法，故称它们为"**初应力法**"或"**初应变法**"（统称为"**初荷载法**"）。

上述结构平衡方程完全类似于采用迭代法解线性代数方程组时所需要的标准形式。这样，我们也可以来用类似于迭代法解线性代数方程组的步骤来计算带有等效塑性初荷载的弹塑性结构分析问题。其主要步骤如下：

（1）按全弹性组成结构总体刚度矩阵，并进行求逆。

（2）给塑性初荷载的等效节点初荷载列向量赋初值（一般初值赋零，表示各单元为全弹性）。由式（9-48），求出第一次位移值 $\{\delta\}$。

（3）其他与前述弹塑性有限元计算方法相类似，即按式（9-41）求应变，判定材料性态，对塑性单元计算其塑性矩阵。

（4）由式（9-43）求初应力，再由式（9-44）求初应力的等效节点初荷载列向量并组装成全结构的节点等效初荷载列向量。当然，也可按初应变的方式进行上述相类似的计算。

（5）重复进行（2）～（4）的各步骤求位移、应变，形成迭代计算格式，直到两次迭代求得的位移相差甚微，能满足精度要求时为止。

初应力法的收敛过程可以用图 9-4 和图 9-5 进行描述。其中图 9-4 表示增量理论的初应力法，图 9-5 表示全量理论的初应力法。

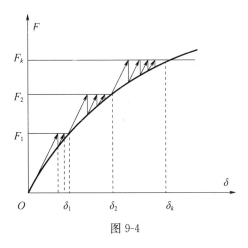

图 9-4

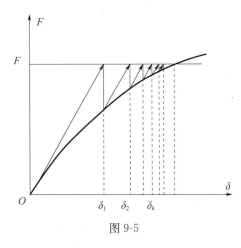

图 9-5

附　录

附录 A　习题答案

第 1 章

1-1　将 ε 和 Ψ 定义式代入结论公式左侧推导。

1-2　(1) $\varepsilon_0 = \varepsilon_s(1-m)$；$B = \dfrac{E\varepsilon_s}{(\varepsilon_s - \varepsilon_0)^m} = \dfrac{E\varepsilon_s}{(m\varepsilon_s)^m}$

　　(2) $\omega(\varepsilon) = \begin{cases} 0 & (0 \leqslant \varepsilon \leqslant \varepsilon_s) \\ 1 - \dfrac{\varepsilon_s}{\varepsilon}\left[1 + \dfrac{1}{m}\left(\dfrac{\varepsilon}{\varepsilon_s} - 1\right)\right]^m & (\varepsilon \geqslant \varepsilon_s) \end{cases}$

1-3　(1) 弹性阶段 $F_{N_1} = \dfrac{P}{1 + \dfrac{a}{b}}$

　　(2) 弹塑性阶段 $F_{N_1} = \dfrac{\dfrac{b}{a} \cdot \dfrac{E_1}{E} \cdot P + F_{N_s}\left(1 - \dfrac{E_1}{E}\right)}{1 + \dfrac{b}{a} \cdot \dfrac{E_1}{E}}$。

　　(3) 塑性阶段 $F_{N_1} = \dfrac{P - \left(1 - \dfrac{E_1}{E}\right)\left(1 - \dfrac{a}{b}\right)F_{N_s}}{1 + \dfrac{b}{a}}$，其中 $F_{N_s} = \sigma_s A_0$。

1-4　变形分三个阶段：

　　(1) 弹性阶段 $P_e = \left(1 + \dfrac{a}{b}\right)\sigma_s A_0$，$\delta = \dfrac{P_e a}{\left(1 + \dfrac{a}{b}\right)EA_0}$；

　　　　$F_{N_a} = \sigma_s A_0$，$F_{N_b} = P - \sigma_s A_0$。

　　(2) 弹塑性阶段 $\delta = \Delta b = \dfrac{(P - \sigma_s A_0)\, b}{EA_0}$。

　　(3) 塑性阶段 $F_{N_b} = \sigma_s A_0$，δ 无限增大。

1-5　(1) 弹性阶段：

　　$\begin{cases} F_{N_1} = 0.78P \\ F_{N_2} = 0.8P \\ F_{N_3} = -0.38P \end{cases}$　$(0 \leqslant P \leqslant P_1)$

　　(2) 弹塑性阶段：

$$\begin{cases} F_{N_1} = \left(1 + \dfrac{1}{\sqrt{3}}\right) P - F_{N_s} = 1.58P - F_{N_s} \\[2mm] F_{N_2} = F_{N_s} \qquad\qquad\qquad\qquad (P_1 \leqslant P \leqslant P_2) \\[2mm] F_{N_3} = \left(1 - \dfrac{1}{\sqrt{3}}\right) P - F_{N_s} = 0.42P - F_{N_s} \end{cases}$$

其中：$F_{N_b} = \sigma_s A_0$，$P_1 = 1.25 F_{N_s}$，$P_2 = 1.27 F_{N_s}$。

1-6　(1) $\sigma_1 = \sigma_2 = \sigma_s$，$\sigma_3 = -\sigma_s$

$$\begin{cases} Q = Q_s = \Delta Q = \sqrt{2}\,\sigma_s A_0 \\[2mm] P = \Delta P + P_s = -\sqrt{2}\,\sigma_s A_0 + \sigma_s A_0\,(1+\sqrt{2}) = \sigma_s A_0 \end{cases}; \quad \begin{cases} \delta_y = 2h\varepsilon_s \\[2mm] \delta_x = 4h\varepsilon_s \end{cases}$$

$$\varepsilon_1 = 3\varepsilon_s, \qquad \varepsilon_2 = 2\varepsilon_s, \qquad \varepsilon_3 = -\varepsilon_s$$

(2) $\sigma_1 = \sigma_2 = \sigma_3 = \sigma_s$

$$\begin{cases} Q = 0 \\[2mm] P = \sigma_s A_0\,(1+\sqrt{2}) \end{cases}; \quad \begin{cases} \delta_y = 4h\varepsilon_s \\[2mm] \delta_x = 2h\varepsilon_s \end{cases}; \quad \varepsilon_1 = 3\varepsilon_s, \qquad \varepsilon_2 = 4\varepsilon_s, \qquad \varepsilon_3 = \varepsilon_s$$

第 2 章

2-1　$\sigma_1 = 20$，$\sigma_2 = 0$，$\sigma_3 = -10$　　(MN/m²)

$$\begin{cases} J_1 = \sigma_1 + \sigma_2 + \sigma_3 = 10 \qquad (\text{MN/m}^2) \\[2mm] J_2 = -\,(\sigma_1\sigma_2 + \sigma_2\sigma_3 + \sigma_3\sigma_1) = 200 \qquad (\text{MN/m}^2)^2 \\[2mm] J_3 = \sigma_1\sigma_2\sigma_3 = 0 \end{cases}$$

$$\begin{cases} J_1{}' = 0 \\[2mm] J_2{}' = \dfrac{7}{3} \times 10^2 \qquad (\text{MN/m}^2)^2 \\[3mm] J_3{}' = \dfrac{20}{27} \times 10^3 \qquad (\text{MN/m}^2)^3 \end{cases}$$

2-2

$$\begin{cases} p_8 = \dfrac{1}{\sqrt{3}} \sqrt{(\sigma_1^2 + \sigma_2^2 + \sigma_3^2)} = 50\sqrt{2} \qquad (\text{MN/m}^2) \\[3mm] \sigma_8 = \dfrac{1}{3}\,(\sigma_1 + \sigma_2 + \sigma_3) = 0 \\[3mm] \tau_8 = \sqrt{p_8^2 - \sigma_8^2} = 50\sqrt{2} \qquad (\text{MN/m}^2) \end{cases}$$

2-3　利用 J'_2 的基本形式，再考虑应力偏量和应力的关系做适当的变换。

2-4　把 τ_8 和 τ_{max} 分别用主应力表示整理可得。

2-5　$\mu_\sigma = \dfrac{-P}{\sqrt{P^2 + \dfrac{4T^2}{R^2}}}$

2-6　利用 μ_σ 的主应力表达式。

2-7　$\sigma_{ij} = \begin{bmatrix} 70 & 35 & 27 \\ 35 & 10 & 0 \\ 27 & 0 & -20 \end{bmatrix}$ Pa

2-8 平面应力问题：$\bar{\sigma}=\sqrt{\sigma_x^2-\sigma_x\sigma_y+\sigma_y^2+3\tau_{xy}^2}$。

平面应变问题：$\bar{\sigma}=\sqrt{3}\sqrt{\left(\dfrac{\sigma_x-\sigma_y}{2}\right)^2+\tau_{xy}^2}$。

第 3 章

3-1 利用 Mises 屈服条件的主应力表达式、主应力偏量和主应力的关系及应力偏张量第一不变量等于零的条件。

3-2 $J_1^2-3J_2=\sigma_s^2$

3-3 $\sigma_1-\sigma_3=\dfrac{2}{\sqrt{3+\mu_\sigma^2}}\sigma_s$

3-4 Tresca 屈服条件判断该点处于塑性状态，Mises 屈服条件判断该点处于弹性状态。如主应力方向均做相反的改变即同值异号，则对被研究点所处状态的判断无影响。

3-5 Tresca 屈服条件：$\left(\dfrac{qR}{h}\right)^2+\left(\dfrac{T}{\pi R^2 h}\right)^2=\sigma_s^2$

Mises 屈服条件：$\left(\dfrac{qR}{h}\right)^2+\dfrac{3}{4}\left(\dfrac{T}{\pi R^2 h}\right)^2=\sigma_s^2$

3-6 275MPa 或 -175MPa

3-7 Tresca 屈服条件：$\dfrac{qR}{h}=\sigma_s$。Mises 屈服条件：$\dfrac{qR}{h}=\dfrac{2}{\sqrt{3}}\sigma_s$。

3-8 先写出 z 方向受约束的平面应变状态的应力分量，并求出主应力，然后代入 Mises 和 Tresca 条件的表达式即可。

3-9

Tresca 条件：
$$\begin{cases} \dfrac{\sigma_x+\sigma_y}{2}+\sqrt{\left(\dfrac{\sigma_x-\sigma_y}{2}\right)^2+\tau_{xy}^2}=\sigma_s^2 & \text{当 } \sigma_x\sigma_y\geqslant\tau_{xy}^2, \text{ 且 } \sigma_x+\sigma_y\geqslant0 \\[3mm] -\dfrac{\sigma_x+\sigma_y}{2}+\sqrt{\left(\dfrac{\sigma_x-\sigma_y}{2}\right)^2+\tau_{xy}^2}=\sigma_s^2 & \text{当 } \sigma_x\sigma_y\geqslant\tau_{xy}^2, \text{ 且 } \sigma_x+\sigma_y\leqslant0 \\[3mm] \left(\dfrac{\sigma_x-\sigma_y}{2}\right)^2+\tau_{xy}^2=\dfrac{1}{4}\sigma_s^2 & \text{当 } \sigma_x\sigma_y\leqslant\tau_{xy}^2 \end{cases}$$

Mises 条件：$\sigma_x^2-\sigma_x\sigma_y+\sigma_y^2+3\tau_{xy}^2=\sigma_s^2$

3-10 Tresca 条件：$P_s=169\text{kN}$ $\qquad M_s=8430\text{N}\cdot\text{m}$

Mises 条件：$P_s=188.4\text{kN}$ $\qquad M_s=9420\text{N}\cdot\text{m}$

3-11 $p=\dfrac{\sigma_s}{1+\dfrac{r_0}{2t_0}}$

第 4 章

4-1 $\nu(\varepsilon)=\begin{cases} \nu & 0\leqslant\varepsilon\leqslant\varepsilon_s \\[3mm] \dfrac{1}{2}\left(1-\dfrac{\varepsilon_s}{\varepsilon}\right)+\nu\dfrac{\varepsilon_s}{\varepsilon} & \varepsilon_s\leqslant\varepsilon\leqslant\varepsilon_t \\[3mm] \dfrac{1}{2}-\left(\dfrac{1}{2}-\nu\right)\left(\dfrac{E_1}{E}+\dfrac{\sigma_s-E_1\varepsilon_t}{E\varepsilon}\right) & \varepsilon\geqslant\varepsilon_t \end{cases}$

4-2 $d\varepsilon_r : d\varepsilon_\theta : d\varepsilon_z = (-1) : 1 : 0$

4-3 (1) $d\varepsilon_1 : d\varepsilon_2 : d\varepsilon_3 = 2 : (-1) : (-1)$ (2) $d\varepsilon_1 : d\varepsilon_2 : d\varepsilon_3 = 1 : 0 : (-1)$

4-4 $\tau = \dfrac{\sigma_s}{2}$ $d\varepsilon_r^p : d\varepsilon_\theta^p : d\varepsilon_z^p : d\varepsilon_{\theta z}^p : d\varepsilon_{r\theta}^p : d\varepsilon_{zr}^p = (-1) : (-1) : 2 : 6 : 0 : 0$

4-5 略

第 5 章

5-1 (1) $M_s = \dfrac{\sigma_s}{4}(b_2 a_2^2 - b_1 a_1^2)$； (2) $M_s = \dfrac{\sqrt{2}}{6}\sigma_s a^3$； (3) $M_s = \dfrac{\sigma_s}{4}(b_2 a_2^2 - b_1 a_1^2)$；

(4) $M_s = \dfrac{\sigma_s}{6}(d_2^3 - d_1^3)$； (5) $M_s = \dfrac{\sigma_s}{6}ba^2$

5-2 $T_e = \dfrac{1}{2}\pi b^3 (1-\gamma^4)k$, $T_s = \dfrac{2}{3}\pi b^3 (1-\gamma^3)k$, $T = \dfrac{2}{3}\pi b^3 \left[1 - \dfrac{1}{4}\left(\dfrac{r_s}{b}\right)^3 - \dfrac{3}{4}\gamma^3 \cdot \dfrac{a}{r_s}\right]k$

5-3 (1) 50%； (2) 69.8%； (3) $\left(\dfrac{16}{3\pi} \cdot \dfrac{1-\gamma^3}{1-\gamma^4} - 1\right) \times 100\%$； (4) 100%； (5) 24%

5-4 $\omega_s = \dfrac{3}{\sqrt{2}b}\sqrt{\dfrac{\sigma_s}{\rho}}$； $\sigma_r = \sigma_s\left(1 + \dfrac{r}{2b} - \dfrac{3}{2}\dfrac{r^2}{b^2}\right)$； $\sigma_\theta = \sigma_s\left(1 + \dfrac{r}{b}\right)$

5-5 $M = \dfrac{11}{12}\sigma_s bh^2$； $16/5$

5-6 $q_e = 3678\text{kg/cm}^2$； $q_s = 10077\text{kg/cm}^2$； $q = 8590\text{kg/cm}^2$

5-7 (1) $T_s = \dfrac{2}{3}ka^3$； (2) $T_s = \dfrac{2}{3}\pi k(b^3 - a^3)$； (3) $T_s = \dfrac{1}{3}a^3 k$

5-8 由理想弹塑性球壳弹塑性阶段应力表达式减去理想弹塑性球壳弹性阶段应力表达式。

5-9 (1) $q = \dfrac{\sigma_s}{\sqrt{3}}\left(1 - \dfrac{a^2}{b^2}\right)$； (2) $q = \dfrac{\sigma_s}{\sqrt{3}}\dfrac{\left(1 - \dfrac{a^2}{b^2}\right)}{\sqrt{1 + \dfrac{a^4}{3b^4}}}$； (3) $q = \dfrac{\sigma_s}{\sqrt{3}}\dfrac{\left(1 - \dfrac{a^2}{b^2}\right)}{\sqrt{1 + (1-2\nu)^2 \dfrac{a^4}{3b^4}}}$

5-10 $\dfrac{T}{q} = \dfrac{1}{2}\pi a^3 (1+\gamma^2)^{3/2}$

第 6 章

6-1 $P = 2ak(2 + \pi - 2\gamma)$

6-2 (1) $P = 4bk(1+\gamma)$； (2) $P = 2bk\left(1 + \dfrac{\pi}{2} + 4\gamma + \cot\gamma\right)$

6-3 $p - q = 2k\left(1 + 2\gamma - \dfrac{\pi}{2}\right)$； 当 $p = q$ 时，不屈服，求不出塑性极限荷载。

6-4 $M = \dfrac{1}{2}kh^2\left(1 + \dfrac{\pi - 2\gamma}{4 + \pi - 2\gamma}\right)$

6-5 $P = 4k(a+h)\ln\left(1 + \dfrac{h}{a}\right)$

第 7 章

7-1 静力许可的。

7-2　$q^* = 2k\dfrac{\cos(\beta-\alpha)}{\cos\alpha\sin\beta}$；　$\psi = \dfrac{\pi}{6}$，$q^* = 2k \times 1.55$

7-3　$P_s = 2k(b-2r)$

第 8 章

8-1　(1) $P_s = \dfrac{4l-l_1}{l_1(2l-l_1)}M_s$；　(2) $q^0 = 11.66\dfrac{M_s}{l^2}$，$q^* = \dfrac{12M_s}{l^2}$；　(3) $q_s = 19.2\dfrac{M_s}{l^2}$

8-2　(1) $P = 16M_s\cot\dfrac{3\pi}{8}$；　(2) $P = \left(4\dfrac{b}{a}+\dfrac{a}{b}\right)M_s$；　(3) $P = \left(\dfrac{a}{y}+\dfrac{a}{b-y}+\dfrac{b}{x}+\dfrac{b}{a-x}\right)M_s$

8-3　(1) $P = 6\dfrac{M_s}{l}$；　(2) $P = \dfrac{13M_s}{8l}$；　(3) $P = 6\dfrac{M_s}{l}$；　(4) $P = 1.33\dfrac{M_s}{l}$

8-4　(1) $P = 1.5\dfrac{M_s}{l}$；　(2) $P = 1.48\dfrac{M_s}{l}$

8-5　$q = \dfrac{6R}{a^2(3R-2a)}M_s$

8-6　$P_1 + P_2\left(3-\dfrac{2a}{R}\right) = 6\pi M_s$

8-7　$P_s = \dfrac{2\pi R}{R-a}M_s$

附录 B　直角坐标系中张量的概念

B.1　下标记法

为了研究方便，有些物理量往往用一组分量的集来描述，如一点的位置在笛卡儿坐标系下用三个坐标 x、y、z 的集来表示，又如，一点的应力状态，要用九个应力分量 σ_x、$\cdots$、τ_{xy}、$\cdots$ 的集表示，等等。为了书写简洁，便于用求和约定，这样的集可以用字母标记法来表示，即将这个物理量的所有分量都用同一个字母表示，而用标号（下标）对各分量加以区分，例如：

笛卡儿坐标写成 x_1、x_2、x_3，表示为 x_i $(i=1, 2, 3)$；

点的位移分量写成 u、v、w，表示为 u_i；

方向余弦写成 l_1、l_2、l_3，表示为 l_i；

应力分量有两个标号，表示为 σ_{ij} $(i, j=1, 2, 3)$；

在微分运算中，亦可将

$$\frac{\partial f}{\partial x}、\frac{\partial f}{\partial y}、\frac{\partial f}{\partial z}$$

分别写成

$$\frac{\partial f}{\partial x_1}、\frac{\partial f}{\partial x_2}、\frac{\partial f}{\partial x_3}$$

并用 $f_{,i}$ 表示，这里逗号表示对逗号后的字母标号所代表的变量求导。

以下如未加说明，字母标号中的字母（如 i、j、k 等）都可取数值 1、2、3（三维空间）。

B.2　求和约定

求和约定是对指标记法的补充，并考虑到在处理求和时进一步简化，我们采用下面的约定：只要物理量的一个下标在同一项中出现两次，就理解为这个下标是从 1 到 3 进行求和，例如，两个矢量 $\boldsymbol{u}$ 和 $\boldsymbol{v}$ 的点积，有

$$\boldsymbol{u} \cdot \boldsymbol{v} = u_1 v_1 + u_2 v_2 + u_3 v_3 = \sum_{i=1}^{3} u_i v_i = u_i v_i$$

由于求和一般都包含三项，所以上述表达式的最右边可缩写成 $u_i v_i$。这就是爱因斯坦提出的求和约定。同理：

$$\sigma_{ii} = \sigma_{11} + \sigma_{22} + \sigma_{33} = \sigma_x + \sigma_y + \sigma_z$$

$$S_{ij} S_{ij} = S_{11}^2 + S_{22}^2 + S_{33}^2 + S_{12}^2 + S_{21}^2 + S_{23}^2 + S_{32}^2 + S_{31}^2 + S_{13}^2$$

$$= S_x^2 + S_y^2 + S_z^2 + S_{xy}^2 + S_{yx}^2 + S_{yz}^2 + S_{zy}^2 + S_{zx}^2 + S_{xz}^2$$

然而，另一方面，指标自身可以随意选择，所以 $u_i v_i$ 和 $u_k v_k$ 代表同一求和 $u_1 v_1 + u_2 v_2 + u_3 v_3$。这些重复的下标通常称为哑下标。正因为此，有

$$\sigma_{ii} = \sigma_{jj} = \sigma_{kk} = \sigma_{11} + \sigma_{22} + \sigma_{33} = \sigma_x + \sigma_y + \sigma_z$$

$$\varepsilon_{kk} = \varepsilon_{jj} = \varepsilon_{kk} = \varepsilon_{11} + \varepsilon_{22} + \varepsilon_{33} = \varepsilon_x + \varepsilon_y + \varepsilon_z$$

另外，在等式或表达式中只有在同一项中出现两次下标标记符号，求和约定才有效，像 $u_i v_{ii}$ 这样的表达式没有特别意义。

以下是将求和约定应用于含偏导数项的例子：

$$u_{i,i} = \frac{\partial u_i}{\partial x_i} = \frac{\partial u_1}{\partial x_1} + \frac{\partial u_2}{\partial x_2} + \frac{\partial u_3}{\partial x_3} = \frac{\partial u}{\partial x} + \frac{\partial v}{\partial y} + \frac{\partial w}{\partial z}$$

$$\sigma_{ij,j} = \frac{\partial \sigma_{ij}}{\partial x_j} = \frac{\partial \sigma_{i1}}{\partial x_1} + \frac{\partial \sigma_{i2}}{\partial x_2} + \frac{\partial \sigma_{i3}}{\partial x_3} = \frac{\partial \sigma_{i1}}{\partial x} + \frac{\partial \sigma_{i2}}{\partial y} + \frac{\partial \sigma_{i3}}{\partial z}$$

另外，把每一项中仅出现一次的下标称为自由下标，约定自由下标可取从 1～3 的任意值。例如：

$$\sigma_{ij,j} + X_i = 0$$

式中，i 是自由下标，它可以从 1～3 任意取值。

因此，上式代表如下的三个方程：

$$\left.\begin{array}{l} \dfrac{\partial \sigma_x}{\partial x} + \dfrac{\partial \sigma_{xy}}{\partial y} + \dfrac{\partial \sigma_{xz}}{\partial z} + X = 0 \\[2mm] \dfrac{\partial \sigma_{yx}}{\partial x} + \dfrac{\partial \sigma_y}{\partial y} + \dfrac{\partial \sigma_{yz}}{\partial z} + Y = 0 \\[2mm] \dfrac{\partial \sigma_{zx}}{\partial x} + \dfrac{\partial \sigma_{zy}}{\partial y} + \dfrac{\partial \sigma_z}{\partial z} + Z = 0 \end{array}\right\}$$

B.3 δ_{ij} 符号（Kronecker 符号）

克朗内克（Kronecker）符号 δ_{ij} 可看成一个单位矩阵的缩写形式，即

$$\delta_{ij} = \begin{bmatrix} 1 & 0 & 0 \\ 0 & 1 & 0 \\ 0 & 0 & 1 \end{bmatrix} \quad \text{或} \quad \delta_{ij} = \begin{cases} 0, & \text{当 } i \neq j \text{ 时} \\ 1, & \text{当 } i = j \text{ 时} \end{cases}$$

即

$$\delta_{11} = \delta_{22} = \delta_{33} = 1$$

$$\delta_{12} = \delta_{21} = \delta_{31} = \delta_{13} = \delta_{23} = \delta_{32} = 0$$

进一步可知，由 $\delta_{ij} = \delta_{ji}$，所以，$\delta_{ij}$ 是对称矩阵。

不难证明存在如下关系：

$$\delta_{ij}\delta_{ij} = \delta_{ii} = \delta_{jj} = 3, \qquad \delta_{ij}\delta_{jk} = \delta_{ik}$$

$$\delta_{ij}\delta_{jk}\delta_{kl} = \delta_{il}, \qquad A_{ij}\delta_{ij} = A_{ii}$$

$$A_{ij}\delta_{jk} = A_{ik}, \qquad B_i\delta_{ij} = B_j$$

使用 e_i、e_j 分别代表正交坐标系的两个单位基矢量，它们与 δ_{ij} 显然存在如下关系：

$$e_i \cdot e_j = \delta_{ij}$$

式中，"·"表示通常意义上的矢量点积。

B.4 张量的定义

在数学和物理中经常会遇到一些几何量和物理量，有些是与坐标系的选取无关的，如平面图形的面积、有限物体的体积、质量密度和温度等，它们都可用一个数来表示，我们将这些数称为**标量**。另外一些物理量，如力、位移、速度、加速度等，可以用三维

空间中标明方向的线段来表示这些物理量，我们将这种量称为**矢量**（或**向量**）。矢量的大小和方向与坐标系的选取无关，即具有不变性。因此，习惯上常用粗体小写字母，如 **u**、**v**、**n** 等表示矢量。矢量的这种表达方式，称为**不变性记法**。这里，所谓"不变性"，意味着与坐标系的取法无关，也就是说，它并不因坐标系的改变而发生变化。

在处理具体问题时，常常需要选定坐标系，在三维空间中常采用直角坐标系（正交笛卡儿坐标系）$Oxyz$，于是，每个矢量可以写成 3 个分矢量之和。例如，位移矢量 **u** 可以表示为

$$u = u\boldsymbol{i} + v\boldsymbol{j} + w\boldsymbol{k}$$

式中，**i**、**j**、**k** 分别为沿坐标轴正方向的单位矢量；u、v、w 分别为位移矢量 **u** 在坐标系 $Oxyz$ 中的三个分量。

显然，矢量的分量与坐标系有关，当取不同的坐标系时将得到不同的分量。尽管如此，同一矢量在不同的坐标系下取得的不同分量之间，必然可以通过坐标变换关系而找到它们之间的联系，于是，就可以用满足一定坐标变换关系的三个有序数来定义矢量，每个数称为矢量的分量。这种表达方式，称为分量记法或下标记法。

张量作为一个数学实体，是矢量的发展和推广。张量也有不变性记法和下标记法两种表示法，但单纯从不变性记法来认识张量是有困难的。那么，怎么样来表达一个张量呢？实际上，我们可以借助于坐标系，把张量用类似矢量分量记法的方式来表示，于是也得到了一组有序数，称之为张量的分量。显然，与矢量的分量一样，在不同的坐标系下，张量的分量也是不相同的。同一张量在不同坐标系下所取得的不同分量，也可以通过坐标关系而找到它们之间的联系。于是，同样可以用满足一定坐标变换关系的一组有序数来定义张量，这种定义法称为张量的下标记法。

根据张量的下标记法，张量定义为在任何三维空间坐标系中，都需要用满足一定坐标变换关系的 3^n 个有序数才能确定的量，这 3^n 个数称为张量的分量的数量，n 称为张量的阶数。根据这个定义可见，标量和矢量也属于张量的范畴，它们分别代表零阶张量和一阶张量。

下面通过矢量的坐标变换关系式给出常用的二阶张量的坐标变换关系式，也就是二阶张量的明确定义。

1. 矢量的坐标变换

设在一直角坐标系 $Oxyz$ 里，任意一个矢量 **r** 的三个分量分别为 a_1、a_2、a_3，考察该矢量的各个分量的坐标变换规律。显然，如果坐标系仅做平移变换，则该矢量的各个分量是不会发生变化的；只有在坐标系做旋转变换时，其各个分量才会改变。所以，这里只讨论坐标旋转变换的情形。

让该坐标系原点 O 不动，坐标轴旋转任一角度而得一新的坐标系 $Ox'y'z'$，新旧坐标系之间的变换关系见表 B-1。

表 B-1　新旧坐标系之间的变换关系

	x	y	z
x'	$l_{1'1} = \cos(x', x)$	$l_{1'2} = \cos(x', y)$	$l_{1'3} = \cos(x', z)$
y'	$l_{2'1} = \cos(y', x)$	$l_{2'2} = \cos(y', y)$	$l_{2'3} = \cos(y', z)$
z'	$l_{3'1} = \cos(z', x)$	$l_{3'2} = \cos(z', y)$	$l_{3'3} = \cos(z', z)$

对三维空间中的同一矢量，显然它的大小和方向始终是不变的，若设它在新坐标系里的三个分量分别为 a'_1、a'_2、a'_3，则有

$$a_1\boldsymbol{i}+a_2\boldsymbol{j}+a_3\boldsymbol{k}=a'_1\boldsymbol{i}'+a'_2\boldsymbol{j}'+a'_3\boldsymbol{k}' \tag{B.1}$$

式中：$\boldsymbol{i}'$、$\boldsymbol{j}'$、$\boldsymbol{k}'$ 分别为新坐标系沿坐标轴正方向的单位矢量；对式（B.1）等号两边依次分别左乘 $\boldsymbol{i}'$、$\boldsymbol{j}'$、$\boldsymbol{k}'$，可得

$$\left.\begin{array}{l}a'_1=a_1\boldsymbol{i}'\cdot\boldsymbol{i}+a_2\boldsymbol{i}'\cdot\boldsymbol{j}+a_3\boldsymbol{i}'\cdot\boldsymbol{k}=l_{1'1}a_1+l_{1'2}a_2+l_{1'3}a_3 \\ a'_2=a_1\boldsymbol{j}'\cdot\boldsymbol{i}+a_2\boldsymbol{j}'\cdot\boldsymbol{j}+a_3\boldsymbol{j}'\cdot\boldsymbol{k}=l_{2'1}a_1+l_{2'2}a_2+l_{2'3}a_3 \\ a'_3=a_1\boldsymbol{k}'\cdot\boldsymbol{i}+a_2\boldsymbol{k}'\cdot\boldsymbol{j}+a_3\boldsymbol{k}'\cdot\boldsymbol{k}=l_{3'1}a_1+l_{3'2}a_2+l_{3'3}a_3\end{array}\right\} \tag{B.2}$$

采用张量下标记法与求和约定，式（B.2）可简写为

$$a'_{j'}=l_{j'i}a_i \tag{B.3}$$

式（B.2）是用旧坐标系里的分量来表示新坐标系里的分量的关系式，它称为矢量的坐标变换公式。

若对式（B.1）等号两边依次分别右乘 $\boldsymbol{i}$、$\boldsymbol{j}$、$\boldsymbol{k}$，则可得

$$\left.\begin{array}{l}a_1=a'_1\boldsymbol{i}'\cdot\boldsymbol{i}+a'_2\boldsymbol{j}'\cdot\boldsymbol{i}+a'_3\boldsymbol{k}'\cdot\boldsymbol{i}=l_{1'1}a'_1+l_{2'1}a'_2+l_{3'1}a'_3 \\ a_2=a'_1\boldsymbol{i}'\cdot\boldsymbol{j}+a'_2\boldsymbol{j}'\cdot\boldsymbol{j}+a'_3\boldsymbol{k}'\cdot\boldsymbol{j}=l_{1'2}a'_1+l_{2'2}a'_2+l_{3'2}a'_3 \\ a_3=a'_1\boldsymbol{i}'\cdot\boldsymbol{k}+a'_2\boldsymbol{j}'\cdot\boldsymbol{k}+a'_3\boldsymbol{k}'\cdot\boldsymbol{k}=l_{1'3}a'_1+l_{2'3}a'_2+l_{3'3}a'_3\end{array}\right\} \tag{B.4}$$

或简写为

$$a_i=l_{j'i}a'_{j'} \tag{B.5}$$

式（B.4）是用新坐标系里的分量来表示旧坐标系里的分量的关系式，它称为矢量的逆变换公式。

矢量的坐标变换公式（B.2）与逆变换公式（B.4），都反映了三维空间中的任意一个矢量的分量，在坐标旋转时所服从的变换规律。

2. 二阶张量的坐标变换

根据前面关于 n 阶张量的定义，我们可以从分量的观点出发，仿照矢量（一阶张量）的坐标变换公式（B.2）和逆变换公式（B.4），明确给出如下二阶张量的定义：

在三维空间任意点处的某一几何量或物理量，如果对于每个坐标系它都可以用 9 个有序数 T_{ij} 来表示，并且当坐标旋转变换时，它在新坐标系中的 9 个有序数 $T'_{m'n'}$ 由变换公式（B.6）所确定，则该几何量或物理量称为二阶张量，记为 T_{ij}

$$T'_{m'n'}=l_{m'i}l_{n'j}T_{ij} \tag{B.6}$$

以上关于二阶张量的定义，也给出了二阶张量的各个分量在坐标旋转变换时所服从的变换规律。

附录 C　主要符号

σ_s：屈服极限

ε_s：屈服应变

ε^e：弹性应变

ε^p：塑性应变

P_e：弹性极限荷载

P_s：塑性极限荷载

σ_{ij}：应力张量

ε_{ij}：应变张量

σ_m：平均应力

ε_m：平均应变

S_{ij}：应力偏张量

e_{ij}：应变偏张量

$\sigma_1,\ \sigma_2,\ \sigma_3$：主应力

$\varepsilon_1,\ \varepsilon_2,\ \varepsilon_3$：主应变

$\sigma'_1,\ \sigma'_2,\ \sigma'_3$：应力主轴在 π 平面上的投影

$S_1,\ S_2,\ S_3$：应力偏张量的主值

$e_1,\ e_2,\ e_3$：应变偏张量的主值

$J_1,\ J_2,\ J_3$：应力张量不变量

$J'_1,\ J'_2,\ J'_3$：应力偏张量不变量

$I_1,\ I_2,\ I_3$：应变张量不变量

$I'_1,\ I'_2,\ I'_3$：应变偏张量不变量

σ_8：八面体正应力

τ_8：八面体剪应力

γ_8：八面体剪应变

$\bar{\sigma}$：等效应力（应力强度）

$\bar{\varepsilon}$：等效应变（应变强度）

$\bar{\tau}$：等效剪应力（剪应力强度）

$\tilde{\sigma}$：残余应力

$\tilde{\varepsilon}$：残余应变

μ_σ：洛德应力参数

μ_ε：洛德应变参数

K：体积弹性模量

E：拉压弹性模量

G：剪切弹性模量

$d\sigma_{ij}$：应力增量张量

$d\varepsilon_{ij}$：应变增量张量

$\dot{\varepsilon}_{ij}$：应变率张量

M_e：弹性极限弯矩

M_s：塑性极限弯矩

$\alpha,\ \beta$：两族滑移线

$v_\alpha,\ v_\beta$：沿滑移线 $\alpha,\ \beta$ 的速度

$dv_\alpha,\ dv_\beta$：沿滑移线 $\alpha,\ \beta$ 的速度增量

P^*：塑性极限荷载上限

P^0：塑性极限荷载下限

W_e：外力功

W_i：内力功

$\{\sigma\}$：应力列阵

$\{\varepsilon\}$：应变列阵

$\{\delta\}$：节点位移列阵

$\{\delta\}^e$：单元节点位移列阵

$\{d\sigma\}$ 或 $\{\Delta\sigma\}$：应力增量列阵

$\{d\varepsilon\}$ 或 $\{\Delta\varepsilon\}$：应变增量列阵

$\{d\varepsilon^e\}$ 或 $\{\Delta\varepsilon^e\}$：弹性应变增量列阵

$\{d\varepsilon^p\}$ 或 $\{\Delta\varepsilon^p\}$：塑性应变增量列阵

$\{F\}^e$：单元节点力列阵

$\{F\}$：节点荷载列阵

$\{K\}^e$：单元刚度矩阵

$\{K\}$：总刚度矩阵

$[D]$：弹性矩阵

$[D]_{ep}$：弹塑性矩阵

$[B]$：应变矩阵

参考文献

［1］夏志皋．塑性力学［M］．上海：同济大学出版社，1991．

［2］王仁，黄文彬，黄筑平．塑性力学引论［M］．北京：北京大学出版社，1992．

［3］余同希．塑性力学［M］．北京：高等教育出版社，1989．

［4］徐秉业，陈森灿．塑性力学简明教程［M］．北京：清华大学出版社，1981．

［5］陈惠发，A.F.萨里普．土木工程材料的本构方程［M］．余天庆，王勋文，译．武汉：华中科技大学出版社，2001．

［6］蒋永秋，穆霞英．塑性力学基础［M］．北京：机械工业出版社，1981．

［7］严宗达．塑性力学［M］．天津：天津大学出版社，1988．

［8］杨贵通，树学锋．塑性力学［M］．北京：中国建材工业出版社，2000．

［9］张宏．应用弹塑性力学［M］．西安：西北工业大学出版社，2011．